Mathematik für Technische Gymnasien und Berufliche Oberschulen
Band 1

Karl-Heinz Pfeffer · Thomas Zipsner

Mathematik für Technische Gymnasien und Berufliche Oberschulen Band 1

Analysis

Springer Vieweg

Karl-Heinz Pfeffer

Thomas Zipsner
Essenheim, Deutschland

ISBN 978-3-658-09264-1
ISBN 978-3-658-09265-8 (eBook)
DOI 10.1007/978-3-658-09265-8

Die Deutsche Nationalbibliothek verzeichnet diese Publikation in der Deutschen Nationalbibliografie; detaillierte bibliografische Daten sind im Internet über http://dnb.d-nb.de abrufbar.

Springer Vieweg

Planung: Ulrike Schmickler-Hirzebruch

Gedruckt auf säurefreiem und chlorfrei gebleichtem Papier.

Springer Fachmedien Wiesbaden GmbH ist Teil der Fachverlagsgruppe Springer Science+Business Media
(www.springer.com)

Vorwort

Es war für mich eine große Ehre, als Frau Pfeffer mir die verantwortliche Überarbeitung des Lehrbuchs Ihres verstorbenen Mannes übertragen und anvertraut hat. Diese Aufgabe habe ich gerne angenommen. Als erster Band erscheint nun der Band Analysis.

Vieles wird der Leser im Buch nicht mehr vorfinden. Vor allem die eher streng mathematischen Abhandlungen und Abschnitte wurden bewusst zu Gunsten einer kurzen und prägnanten und eher „anwendungsorientierten" Darstellung herausgenommen. Etliche weiterführende Aufgaben finden sich jetzt als Zusatznutzen für den geneigten Leser im Internet beim Buch. Auch der Text wurde gestrafft und zum Teil umformuliert. Das ehemalige Kapitel Vertiefung der Differential- und Integralrechnung wurde in die entsprechenden verbleibenden sechs Kapitel integriert.

Ich hoffe, dass dies alles dazu beiträgt, den Nutzen für den Lernenden zu erhöhen und die Qualität des Lehrbuchs auf dem bekannten Niveau zu halten.

Für Anregungen und konstruktive Hinweise bin ich jederzeit dankbar. Diese können unter thomas.zipsner@springer.com erfolgen.

April 2015

Thomas Zipsner

Vorwort zur 8. Auflage

Analysis für technische Oberschulen ist das Nachfolgewerk der seit 1981 aufgelegten „Analysis für Fachoberschulen", ergänzt durch Elemente der analytischen Geometrie und Grundlagen zum Rechnen mit komplexen Zahlen. Es ist ein Lehr- und Arbeitsbuch für Lernende an Fach- und Berufsoberschulen sowie an Fachgymnasien und für Studierende an Fachhochschulen im Erstsemester, ausgerichtet auf die Fachrichtung Technik.

Die spezifisch technische Akzentuierung der Inhalte ist dabei so behutsam erfolgt, dass innermathematische Problemstellungen nicht zu kurz kommen und eine Verwendung des Buches in beruflichen Oberschulen nichttechnischer Fachrichtungen ebenfalls gut möglich ist.

Es berücksichtigt in besonderem Maße unterschiedliche mathematische Vorkenntnisse, indem wiederholende Thematik angeboten wird, die je nach Bedarf mehr oder weniger selbstständig von den Nutzern erarbeitet werden kann.

Der didaktische Leitgedanke dieses Buches beinhaltet, *grundlegende* Kenntnisse über Funktionen zu vermitteln, ohne dabei die Theorie überzubewerten. Dazu gehört es, hinführend zu den klassischen Methoden der Analysis auch die hierfür wesentlichen elementaren Rechentechniken und geometrischen Denkweisen bereitzustellen und einzuüben.

Das geschieht zunächst durch bewusst breit angelegte Überlegungen zu den linearen und quadratischen Funktionen, an die sich die einschlägigen Nullstellenermittlungen ganzrationaler Funktionen höheren Grades anschließen. Abgerundet wird die elementare Funktionenlehre durch Betrachtung der trigonometrischen Grundfunktionen und mündet ein in die Erarbeitung der allgemeinen Sinusfunktion.

Dieser Einstieg in die Analysis, je nach Lerngruppe und Lernintention abkürzbar, hat den Vorteil, dass nach der sich anschließenden optionalen Erarbeitung des Grenzwertbegriffes über Folgen bzw. über Funktionen den Lernenden die Problemstellungen der Differential- und der Integralrechnung durchsichtiger erscheinen: Grundsätzliche Vorgehensweisen werden wieder aufgegriffen (Wiederholungseffekt!) und gemäß Spiralprinzips in erweitertem Zusammenhang angewandt.

Besonders erwähnenswert ist, dass die Integralrechnung nicht über Ober- und Untersummenermittlung, sondern anschaulich-direkt über Flächeninhaltsfunktionen eingeführt wird.

Neu ist der Einbezug von Elementen der Analytischen Geometrie und grundlegender Ausführungen zum Rechnen mit komplexen Zahlen; auf „Nahtstellen" zur *Analysis* wird bewusst hingewiesen.

Viele Beispielaufgaben mit Lösungen erleichtern das selbstständige Einüben des Stoffes. Das umfangreiche, zum großen Teil ganzheitlich-anwendungsbezogene Aufgabenmaterial ermöglicht handlungsorientierte Unterrichtsansätze, schülerorientierte Übungsphasen und intensive Vorbereitung auf Lernkontrollen. Die Aufgabenanordnung ist innerhalb derselben Thematik weitmöglichst im Sinne einer methodischen Reihe schwierigkeitsgraddifferenziert erfolgt; besonders schwierige Aufgaben sind *kursiv* gekennzeichnet.

Die mit * versehenen Inhalte dienen der Abrundung. Sie können ohne Einfluss auf das weitere Vorgehen auch weggelassen werden. – Im Unterricht bieten sie sich durchaus als Themen für Referate an.

Meinen Kolleginnen und Kollegen danke ich für die über die Jahre hinweg erfolgten hilfreichen Anregungen und Bestätigungen, meiner Ehefrau Gertrud Annedore für unermüdliches Korrekturlesen.

Besonderer Dank gilt Herrn Thomas Zipsner aus dem Lektorat des Vieweg+Teubner Verlages für konstruktive Hinweise und kritische Sichtung des Manuskriptes.

Hannover, im Februar 2010 Karl-Heinz Pfeffer

Mathematische Zeichen und Begriffe

Logik

$:=$	*definitionsgemäß gleich*
$\wedge$	*und* (im Sinne von sowohl ... als auch)
$\vee$	*oder*
$\Rightarrow$	*daraus folgt*; wenn ..., dann
$\Leftrightarrow$	*äquivalent* (gleichwertig); genau dann ..., wenn ($p \Leftrightarrow q$: aus p folgt q und umgekehrt)

Relationen zwischen Zahlen

$a = b$	a gleich b
$a \neq b$	a ungleich b
$a < b$	a kleiner b
$a > b$	a größer b
$a \leq b$	a kleiner oder gleich b
$a \geq b$	a größer oder gleich b
$a \approx b$	a ungefähr gleich b

Mengen

$A, B, C, \ldots, M, N, \ldots$	Mengen
$a \in M$ $(M \ni a)$	a ist Element von M (M enthält a)
$a \notin M$	a ist nicht Element von M
$\{a, b, c, d\}$	Menge mit den Elementen a, b, c und d
$\{x \mid \ldots\}$	Menge aller x, für die gilt ...
$\{x \mid \ldots\}_M$	Menge aller $x \in M$, für die gilt ...
$\{\,\}$	leere Menge
$A = B$	A gleich B, d. h. $x \in A \Leftrightarrow x \in B$

$A \subset B \; (B \supset A)$	A ist (echte) Teilmenge von B: $x \in A \Rightarrow x \in B$ und $A \neq B$ (B ist (echte) Obermenge von A)
$A \subseteq B$	A ist echte oder unechte Teilmenge von B (d. h. $A \subset B$ oder $A = B$)
$A \not\subseteq B$	A ist nicht Teilmenge von B
$A \cap B := \{x \mid x \in A \wedge x \in B\}$	Schnittmenge (Durchschnitt) von A und B
$A \cup B := \{x \mid x \in A \vee x \in B\}$	Vereinigungsmenge von A und B

Charakteristische Mengen

$\mathbb{N} := \{1, 2, 3, \ldots\}$	Menge der natürlichen Zahlen
$\mathbb{N}_0 := \{0, 1, 2, 3, \ldots\}$	Menge der natürlichen Zahlen mit 0
$\mathbb{N}^* := \mathbb{N} \setminus \{0\}$	Menge der natürlichen Zahlen ohne 0
$\mathbb{Z} := \{\ldots, -1, 0, 1, 2, \ldots\}$	Menge der ganzen Zahlen
$\mathbb{Z}^* := \mathbb{Z} \setminus \{0\}$	Menge der ganzen Zahlen ohne 0
$\mathbb{Q} := \left\{\frac{p}{q} \mid p \in \mathbb{Z} \wedge q \in \mathbb{Z}^*\right\}$	Menge der rationalen Zahlen
$\mathbb{R}$	Menge der reellen Zahlen
$\mathbb{R}^+$	Menge der positiven reellen Zahlen
$\mathbb{R}_0^+ := \mathbb{R}^+ \cup \{0\}$	Menge der positiven reellen Zahlen einschl. 0
$\mathbb{R}^- := \mathbb{R} \setminus \mathbb{R}_0^+$	Menge der negativen reellen Zahlen
$\mathbb{R}^* := \mathbb{R} \setminus \{0\}$	Menge der reellen Zahlen ohne 0
$\mathbb{C} := \{z \mid z = x + \mathrm{i}y \wedge x, y \in \mathbb{R}\}$	Menge der komplexen Zahlen
$[a; b] := \{x \mid a \leq x \leq b\}_{\mathbb{R}}$	geschlossenes Intervall
$]a; b[:= \{x \mid a < x < b\}_{\mathbb{R}}$	offenes Intervall
$[a; b[:= \{x \mid a \leq x < b\}_{\mathbb{R}}$ $]a; b] := \{x \mid a < x \leq b\}_{\mathbb{R}}$	halboffenes Intervall
$\lvert x\rvert := \begin{cases} +x & \text{für } x \in \mathbb{R}_0^+ \\ -x & \text{für } x \in \mathbb{R}^- \end{cases}$	*Betrag* einer (reellen) Zahl x

Funktionen

$\rightarrow$	Zahlen- und Mengenzuordnungspfeil
f (auch g oder h)	*Funktion*
$f : x \rightarrow f(x)$	Funktionsvorschrift
$f(x)$	Funktionswert (Bild von x); aber auch Funktionsterm
$y = f(x)$	Funktionsgleichung
$P(x \mid y)$	Punkt der x, y-Ebene: $\mathbb{R}^2$-Ebene
$\equiv$	Identitätszeichen („ist identisch gleich“); z. B. Gerade $g \equiv y = 2x - 1$

$f \circ g \; (g \circ f)$	Verknüpfungszeichen für verkettete Funktionen (f nach g bzw. g nach f)
$f', f'', f''', \ldots, f^{(n)}$	1., 2., 3., …, n-te Ableitungsfunktion von f
$\int_a^b f(x)\,\mathrm{d}x$	*bestimmtes* Integral der Funktion f über $[a; b]$
$\int f(x)\,\mathrm{d}x$	*unbestimmtes* Integral der Funktion f
$F(x) = \int f(x)\,\mathrm{d}x$	*Stammfunktionen* von f mit $F'(x) = f(x)$

Weitere Zeichen

(a_n)	Folge mit den Gliedern $(a_1, a_2, \ldots, a_n, \ldots)$
$\sum_{k=1}^{n} a_k$	Summationssymbol: $a_1 + a_2 + \cdots + a_{n-1} + a_n$
∞	unendlich
$\lim\limits_{n \to \infty} a_n$	Grenzwert einer Folge für n gegen ∞
$\lim\limits_{x \to x_0} f(x)$	Grenzwert einer Funktion f für x gegen x_0

Inhaltsverzeichnis

Von den natürlichen zu den reellen Zahlen 1

1.1 Grundeigenschaften

Die natürlichen Zahlen
Sie sind Grundlage für den Zahlenaufbau und wie folgt definiert:

Menge der natürlichen Zahlen $\mathbb{N}_0 := \{0, 1, 2, 3, \ldots\}$.

Die natürlichen Zahlen sind gemäß *Kleiner-Relation* geordnet: So ist z. B. $2 < 5$ und $5 < 7$, daraus folgt $2 < 7$.

Der in Abb. 1.1 dargestellte Zahlenstrahl veranschaulicht die Grundsätze, wobei die Pfeilrichtung das Größerwerden anzeigt.

Sonderfall: Die Zahl 1
Sie ist *neutrales Element* der Multiplikation und bringt keine Veränderung eines Produktes. Zum Beispiel $a \cdot 1 = 1 \cdot a = a$.

Die Notwendigkeit von Zahlenbereichserweiterungen
Die Menge $\mathbb{N}$ bietet wenig Möglichkeiten, Rechenoperationen ohne Einschränkungen gelten zu lassen, z. B. $2 - 3 =$? Daher erfolgt eine Erweiterung auf ganze Zahlen.

Menge der ganzen Zahlen $\mathbb{Z} = \{\ldots, -3, -2, -1, 0, 1, 2, 3, \ldots\}$.

Erwähnenswert ist ferner $\mathbb{Z}_0^+ := \mathbb{Z}^+ \cup \{0\}$.

Abbildung 1.2 zeigt die Zahlengerade und veranschaulicht das Größerwerden:

- Je weiter die Zahlen links von der 0 stehen, desto kleiner sind sie,
- je weiter sie rechts davon angeordnet sind, desto größer werden sie.

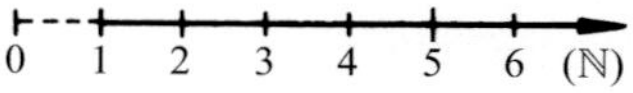

Abb. 1.1 Die Menge $\mathbb{N}$ am Zahlenstrahl

K.-H. Pfeffer, T. Zipsner, *Mathematik für Technische Gymnasien und Berufliche Oberschulen Band 1*, DOI 10.1007/978-3-658-09265-8_1

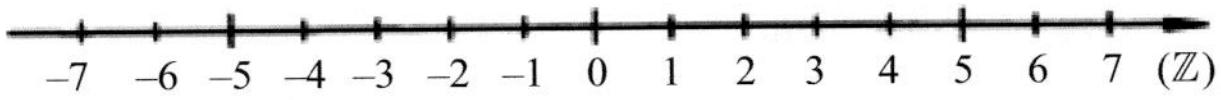

Abb. 1.2 $\mathbb{Z}$ am Zahlenstrahl

Rationale Zahlen

Mit den ganzen Zahlen ist es nicht möglich, für Gleichungen wie z. B. $2x = 3$ eine Lösung anzugeben. Bruchzahlen werden benötigt (Quotient, bestehend aus Zähler und Nenner), was eine Zahlenbereichserweiterung erfordert:

Menge der rationalen Zahlen $\mathbb{Q} = \left\{ \dfrac{p}{q} \;\middle|\; p \in \mathbb{Z} \text{ und } q \in \mathbb{Z} \right\}$

Die Elemente von $\mathbb{Z}$ sind in $\mathbb{Q}$ enthalten, was die folgenden Beispiele zeigen:

Beispiele: $2 = \dfrac{+2}{+1} = \dfrac{+4}{+2} = \ldots = \dfrac{-2}{-1} = \ldots; -3 = \dfrac{+3}{-1} = \dfrac{-3}{+1} = \ldots$

Wie die *ganzen* Zahlen lassen sich auch die *rationalen* Zahlen weiter unterteilen, und zwar in

- *negativ-rationale* Zahlen, bezeichnet mit $\mathbb{Q}^-$ und
- *positiv-rationale* Zahlen, bezeichnet mit $\mathbb{Q}^+$.

Die *Null* kann in der Form $\frac{0}{q}$ mit $q \in \mathbb{Z}^*$ geschrieben werden. $\frac{0}{q}$ ist definiert und gleich 0. Aber der Ausdruck $\frac{q}{0}$, also eine Division durch die Zahl 0, ist nicht erlaubt.

Der Kehrwert Zu jeder Zahl $r \in \mathbb{Q}^*$ existiert eine reziproke Zahl (= Kehrwert) $\frac{1}{r} \in \mathbb{Q}^*$ mit der Eigenschaft $r \cdot \frac{1}{r} = 1$.

Hinweis: Für $\frac{1}{r}$ wird auch r^{-1} geschrieben.

Dezimalbrüche als rationale Zahlen Für eine nochmalige Zahlenbereichserweiterung werden vorab Dezimalbrüche betrachtet:

a) *Endliche Dezimalbrüche*
   Endliche Dezimalbrüche lassen sich exakt in Form eines Bruches schreiben und ggf. so weit kürzen, dass Zähler und Nenner keinen gemeinsamen Teiler mehr haben.
   Beispiele: $0{,}5 = \dfrac{5}{10} = \dfrac{1}{2}$; $0{,}25 = \dfrac{25}{100} = \dfrac{1}{4}$; $0{,}125 = \dfrac{125}{1000} = \dfrac{1}{8}$.
b) *Unendliche periodische Dezimalbrüche*

Ein klassisches Beispiel ist die Dezimalzahl $0{,}333\ldots$, was kürzer durch die Schreibweise $0{,}\overline{3}$ (gelesen: 0 Komma Periode 3) angegeben wird.

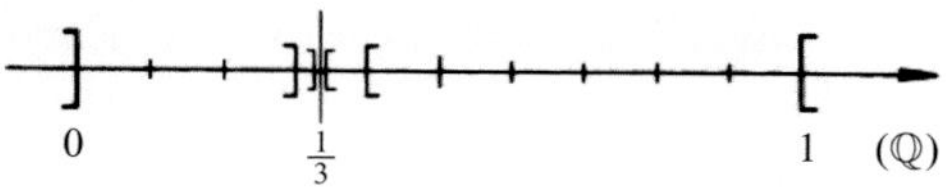

Abb. 1.3 Einschachtelung der rationalen Zahl $\frac{1}{3}$

Sie lässt sich gemäß Abb. 1.3 einschachteln durch endliche Dezimalbrüche:

$$0 < \frac{1}{3} < 1$$
$$0{,}3 < \frac{1}{3} < 0{,}4$$
$$0{,}33 < \frac{1}{3} < 0{,}34$$
$$0{,}333 < \frac{1}{3} < 0{,}334 \text{ usw.}$$

Irrationale Zahlen
Irrational nennt man Zahlen, die *nicht* exakt in Form eines Bruches p/q darstellbar sind.

Beispiele für irrationale Zahlen

a) Zahlen der Form $\sqrt[n]{a}$ mit $n \in \mathbb{N}^* \setminus \{1\}$ und $a \in \mathbb{Q}^+$, z. B. $\sqrt[3]{5}$, $\sqrt[4]{10}$, $\sqrt[5]{27}$ usw.;
b) die Zahl $\pi \approx 3{,}14159\ldots$ (andere Näherung: $\pi \approx 355/113$);
c) die Zahl $e \approx 2{,}71828\ldots$;
d) trigonometrische Funktionswerte wie $\sin\frac{\pi}{4} = \frac{1}{2}\sqrt{2}$.

Reelle Zahlen

Menge der reellen Zahlen $\mathbb{R}$: Rationale Zahlen und irrationale Zahlen werden zu den reellen Zahlen zusammengefasst.

Teilmengen von $\mathbb{R}$ sind

- $\mathbb{R}^* = \mathbb{R} \setminus \{0\}$
- die *positiven reellen* Zahlen $\mathbb{R}^+ := \{x \mid x > 0\}_{\mathbb{R}}$
- die *negativen reellen* Zahlen $\mathbb{R}^- := \{x \mid x < 0\}_{\mathbb{R}}$.

Es gilt: $\mathbb{N} \subset \mathbb{Z} \subset \mathbb{Q} \subset \mathbb{R}$

Aufgaben

1.1 Verwandeln Sie in Brüche und kürzen Sie so weit wie möglich:
a) $0{,}\overline{5}$;
b) $0{,}\overline{45}$;
c) $1{,}4\overline{5}$.

1.2 Lagebeziehungen reeller Zahlen

Dazu dienen Begriffe wie *Intervall* und *absoluter Betrag*.

Intervalle

Für $a, b \in \mathbb{R}$ und $a < b$ heißen

1. $[a; b] := \{x \mid a \leq x \leq b\}_{\mathbb{R}}$ *geschlossenes* Intervall
2. $]a; b[:= \{x \mid a < x < b\}_{\mathbb{R}}$ *offenes* Intervall
3. $]a; b] := \{x \mid a < x \leq b\}_{\mathbb{R}}$ *links*offenes Intervall
4. $[a; b[:= \{x \mid a \leq x < b\}_{\mathbb{R}}$ *rechts*offenes Intervall.

Die Elemente a und b nennt man Randpunkte der Intervalle.

Die Intervallbezeichnungen lassen sich gemäß Abb. 1.4 veranschaulichen.

Aufgaben

1.2 Geben Sie begründet an, ob es sich um abgeschlossene, offene bzw. halboffene Intervalle handelt:

a) $M_1 = \{x \mid -3 \leq x < 5\}_{\mathbb{R}}$;
b) $M_2 = \{x \mid 0 < x < 7\}_{\mathbb{R}}$;
c) $M_3 = \{x \mid -5 \leq x \leq 2\}_{\mathbb{R}}$.

Absoluter Betrag

Bei der Anordnung reeller Zahlen auf der Zahlengeraden werden die Zahl $x_0 \in \mathbb{R}^+$ sowie die inverse Zahl $-x_0 \in \mathbb{R}^-$ gleichweit von der 0 aufgetragen, zum einen auf der positiven, zum anderen auf der negativen Halbgeraden: Die beiden Zahlen haben denselben *Betrag*.

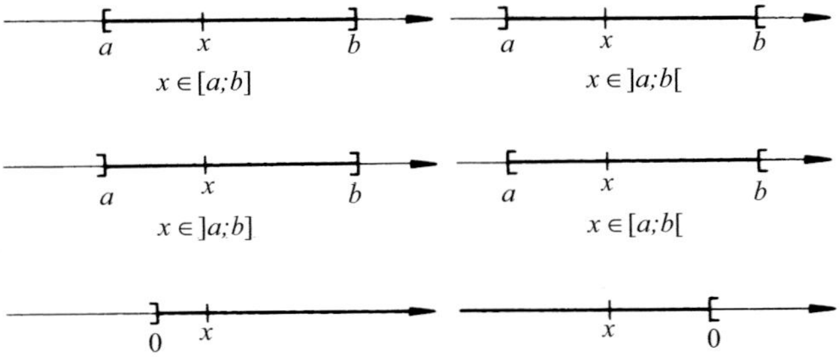

Abb. 1.4 Verschiedene Arten von Intervallen

Für den (absoluten) *Betrag* einer Zahl $x_0 \in \mathbb{R}$ gilt

$$|x_0| := \begin{cases} +x_0, & \text{wenn } x_0 \geq 0, \\ -x_0, & \text{wenn } x_0 < 0. \end{cases}$$

Beispiel: $|+3| = +(+3) = 3$, denn $(+3) \geq 0$,
$|-3| = -(-3) = 3$, denn $(-3) < 0$.

► Der Betrag einer Zahl $x_0 \in \mathbb{R}^*$ ist immer positiv. *Sonderfall*: $|0| = 0$.

Abstand zweier Zahlen Für den Abstand zweier reeller Zahlen x_1 und x_2 auf der Zahlengeraden gilt: $d := |x_2 - x_1|$. x_1 und x_2 sind miteinander vertauschbar, da der Abstand unabhängig von der Lage gleich bleibt.

Beispiele: a) $x_1 = 3, x_2 = -2 \Rightarrow d = |-2 - 3| = 5$;
b) $x_1 = -3, x_2 = +2 \Rightarrow d = |+2 - (-3)| = 5$;
c) $x_1 = -1, x_2 = -5 \Rightarrow d = |-5 - (-1)| = 4$;
d) $x_1 = -5, x_2 = -1 \Rightarrow d = |-1 - (-5)| = 4$.

► *Rechenregeln* für das Rechnen mit Beträgen reeller Zahlen a und b:

1. $|a \cdot b| = |a| \cdot |b|$;
2. $\left|\frac{a}{b}\right| = \frac{|a|}{|b|}$ $(b \neq 0)$.

Aufgaben

1.3 Lösen Sie soweit wie möglich mündlich:
a) $|3 \cdot (-4)|$;
b) $\left|\frac{12}{-3}\right|$;
c) $|(-2)^3|$;
d) $\frac{|3 - (-4)|}{|3 + (-4)|}$;
e) $|2a - 5a|$.
Hinweis: $a \in \mathbb{R}$.

1.4 Fassen Sie zusammen:
a) $|-4| - |-5|$;
b) $|-2a| - (-2)|-a|$;
c) $a - (|-a| + a)$.
Hinweis: $a \in \mathbb{R}$.

1.3 Das Rechnen in $\mathbb{R}$

1.3.1 Grundlagenwiederholung

Durch ein Gleichheitszeichen verbundene Terme T_1 und T_2 heißen *Gleichung*: $T_1 = T_2$.

Enthält diese Gleichung nur Zahlen (Konstanten), also keine Variablen, so handelt es sich um eine *Gleichheitsaussage*. Tritt dagegen mindestens in einem der beiden Terme eine Variable auf, so liegt eine *Aussageform* vor.

Ziel ist es, aus einer vorgegebenen *Definitionsmenge* D (in der Regel $\mathbb{R}$) diejenigen Zahlen zu ermitteln, damit beim Einsetzen anstelle der Variablen eine wahre Aussage entsteht. Diese Zahlen heißen Lösung(-selemente) der Aussageform und lassen sich zur *Lösungsmenge* L zusammenfassen. Dabei gilt es 3 Fälle zu unterscheiden:

1. *Die Lösung ist immer gültig*
   Diese Aussageformen heißen *Identitäten.*
   Beispiele: a) $(a+b)(a-b) = a^2 - b^2$, $a, b \in \mathbb{R}$ (3. Binomische Formel)
   b) $3x - 2x = x$, $x \in \mathbb{R}$ (einfache Termzusammenfassung)
   c) $x - \frac{1}{x} = \frac{x^2-1}{x}$, $x \in \mathbb{R} \setminus \{0\}$ (multiplizieren mit Hauptnenner)
   d) $\sqrt{x} \cdot \sqrt{y} = \sqrt{xy}$, $x \in \mathbb{R}_0^+$ (Wurzelgesetz).

2. *Die Lösung ist eindeutig gültig*
   Diese Aussageformen sind geläufig unter dem Begriff Gleichung mit einer Unbekannten.
   Zum *Beispiel* lässt sich für $5x - 2 = 2x - (-x + 1)$ die Variable $x \in \mathbb{Q}$ so bestimmen, dass eine wahre Aussage resultiert. Das gilt für $x = \frac{1}{2}$, also ist $L = \{\frac{1}{2}\}$ Lösungsmenge.
   Zur *Probe* wird in der Ausgangsgleichung die Variable x durch das Lösungselement ersetzt und die Gleichheit beider Seiten nachgewiesen.

► Hier ist die Lösungsmenge L in der Definitionsmenge D enthalten.

3. *Keine Lösung*
   Für diese Aussageformen gibt es in der angegebenen Grundmenge keine Lösungselemente.

► Die Lösungsmenge ist leer: $L = \{\ \}$.

Beispiele: a) $x^2 + 3 = 0$ mit $x \in \mathbb{R}$ und
b) $x^2 + 1 = x^2 - 1$ mit $x \in \mathbb{R}$.

Hinweis: Bei a) kann eine Zahlenbereichserweiterung zu den komplexen Zahlen Abhilfe schaffen; dagegen ist b) wegen des offensichtlichen Widerspruchs $1 = -1$ überhaupt nicht lösbar.

Äquivalenzumformungen

Die Lösungsstrategie besteht darin, eine Aussageform (Gleichung) äquivalent so umzustellen, dass die Gleichungsvariable auf einer Seite des Gleichheitszeichens isoliert (allein) steht (Gleichungs- oder Formelumstellung).

Dieser Sachverhalt ist insbesondere dann gegeben, wenn man in einer Gleichung

$$T_1 = T_2$$

1. die Terme umformt, also Summen zusammenfasst, Produkte zerlegt, Faktoren ausklammert, Bruchterme erweitert oder kürzt usw.;
2. die Terme vertauscht:

$$T_1 = T_2 \quad \Leftrightarrow \quad T_2 = T_1 \quad (\Leftrightarrow = \text{äquivalent zu});$$

3. einen Term T
   a) addiert bzw. subtrahiert:

$$T_1 = T_2 \quad \Leftrightarrow \quad T_1 \pm \boldsymbol{T} = T_2 \pm \boldsymbol{T},$$

   b) multipliziert:

$$T_1 = T_2 \quad \Leftrightarrow \quad T_1 \cdot \boldsymbol{T} = T_2 \cdot \boldsymbol{T},$$

   c) dividiert:

$$T_1 = T_2 \quad \Leftrightarrow \quad \frac{T_1}{\boldsymbol{T}} = \frac{T_2}{\boldsymbol{T}},$$

   wobei die beiden letzten Rechenoperationen nur dann sinnvoll sind, wenn $\boldsymbol{T} \neq 0$ ist. (Warum?)

Die unter 3a)–c) gezeigten Umformungen besagen, dass man eine Gleichung „fast beliebig“ verändern kann ohne die Gleichheit der beiden Seiten zu stören. *Merke*: was man auf der linken Seite tut, muss man auch auf der rechten Seite tun. Insbesondere sind Formeln auch Gleichungen.

► Eine äquivalente Umformung liegt *nicht* vor, wenn eine Aussageform quadriert wird:

$$T_1 = T_2 \Rightarrow T_1^2 = T_2^2 \,.$$

Beispiel

Anzugeben sind Definitions- und Lösungsmenge der *Wurzelgleichung* $\sqrt{2x} = \sqrt{x-1}$.

Lösung: $\sqrt{2x} = \sqrt{x-1} \Rightarrow D = \{x \in \mathbb{R} \mid x \geq 1\}$ (wieso?); ein Quadrieren der Gleichung führt auf $2x = x - 1 \Rightarrow \overline{D} = \mathbb{R}$ (!)

Die nachfolgende Äquivalenzumformung $2x = x - 1 \Leftrightarrow x = -1$ liefert nicht die Lösung obiger Gleichung, da $-1 \notin D$.

Aufgaben

1.5 Stellen Sie folgende physikalische Formeln (Identitäten) wie gefordert um:

a) $\frac{p_1 V_1}{T_1} = \frac{p_2 V_2}{T_2}$, $V_1 = ?, T_2 = ?$ (Boyle-Gay-Lussac'sches Gesetz);

b) $v = v_0 + a \cdot t$, $a = ?$ (gleichmäßig beschleunigte Bewegung);

c) $f = \frac{bg}{b+g}$, $b = ?, g = ?$ (Abbildungsgleichung der Optik);

d) $\frac{1}{R} = \frac{1}{R_1} + \frac{1}{R_2}$, $R = ?, R_1 = ?$ (Parallelschaltung von elektr. Widerständen).

1.6 Geben Sie die Lösungen folgender Gleichungen in $\mathbb{R}$ an:

a) $(x+1)^2 - (x-1)^2 = 2x - (x-3)$;

b) $(x-3)^2 - x^2 = 5 - [3x - 2(1-x)]$.

1.7 Bestimmen Sie Definitions- und Lösungsmengen:

a) $\frac{x-3}{x+1} = \frac{x-5}{x}$;

b) $\frac{5}{2x-1} - \frac{4}{x+1} = 0$;

c) $\frac{x}{x^2-1} = \frac{1}{x-1} - \frac{1}{x+1}$.

1.8 Der Wärmedurchgang (= Energieabgabe) durch Außenwände lässt sich wie folgt modellieren:

- Außenwand, nicht isoliert:

$$\text{Wärmestromdichte} \quad q_1 = \frac{T_\text{i} - T_\text{a}}{\frac{x_1}{\lambda_1}}$$

- Außenwand, isoliert:

$$\text{Wärmestromdichte} \quad q_2 = \frac{T_\text{i} - T_\text{a}}{\frac{x_1}{\lambda_1} + \frac{x_2}{\lambda_2}}$$

Dabei gilt:

$q_{1,2}$ Stromdichte als Maß für durch die Wand entweichende Energie in W/m^2;
T_i, T_a Wandinnen- bzw. -außentemperatur in K;
x_1 Wandstärke in m;
x_2 Isoliermaterialstärke in m;
λ_1 Wärmeleitkoeffizient (Wand) in $\frac{\text{W}}{\text{m K}}$;
λ_2 Wärmeleitkoeffizient (Iso-Material) in $\frac{\text{W}}{\text{m K}}$.

Berechnen Sie die Stärke x_2 des Isoliermaterials so, dass der Wärmedurchgang q_2 nur noch 25 % des Durchgangs einer nicht wärmeisolierten Wand beträgt.

1.9 Kupferdraht ($d = 0{,}2\,\text{mm}$, $\rho_{\text{Cu}} = 8{,}9\,\text{kg/dm}^3$) wird auf eine 2 N schwere Rolle gewickelt; Rolle mit Draht wiegen dann zusammen 20 N. Berechnen Sie die Länge des aufgewickelten Drahtes.

1.10 Die Differenz aus der Körper- und Flächendiagonale eines bestimmten Würfels beträgt 100 mm. Berechnen Sie sein Volumen.

Lineare Gleichungssysteme

Die bisherigen Ausführungen lassen sich unter Berücksichtigung folgender Grundsätze auf lineare Gleichungssysteme (LGS) übertragen:

1. Die Anzahl der Gleichungen muss mit der Anzahl der Variablen (Unbekannten) übereinstimmen.
2. Die Lösungsstrategie besteht darin, das Gleichungssystem am Ende in eine Gleichung mit nur noch einer Variablen zu überführen.
   LGS mit 2 Variablen: Lösung erfolgt mit *Einsetzungs-*, *Gleichsetzungs-*, *Additions-* oder *Subtraktions*-Verfahren.
   LGS mit 3 Variablen: Meistens Kombination dieser Verfahren.

Beispiel

Gesucht ist die Lösungsmenge L für das Gleichungssystem:

$$\begin{aligned} (1)\quad 2x + 5y - 2z &= -1,\\ (2)\quad x - y + z &= 0,\\ (3)\quad -x + 3y + z &= 6, \end{aligned}$$

also 3 Gleichungen mit den 3 Unbekannten x, y und z.

Lösung: Aus (2) ergibt sich infolge Äquivalenzumformung $z = -x + y$; eingesetzt in (1) und (3) folgt

$$\begin{aligned} (1')\quad 2x + 5y - 2(-x + y) = -1 \quad &\Leftrightarrow \quad 4x + 3y = -1,\\ (3')\quad -x + 3y + (-x + y) = 6 \quad &\Leftrightarrow \quad -2x + 4y = 6. \end{aligned}$$

Das Gleichungssystem mit 3 Variablen ist überführt worden in eines mit 2 Variablen. Multipliziert man nun (3′) mit dem Faktor 2, lässt sich das *Additionsverfahren* anwenden:

$$\begin{aligned} (1')\quad 4x + 3y &= -1\\ (3'')\quad -4x + 8y &= 12 \quad | + \\ \hline 11y &= 11\\ y &= 1. \end{aligned}$$

Durch Einsetzen in z. B. (1′) resultiert $x = -1$; (2) liefert $z = 2$.
Die Lösungsmenge enthält als Lösungselement $L = \{(-1; 1; 2)\}$.

Hinweis: Empfehlenswert ist auf jeden Fall die „Probe“ zu machen. Falls die Gleichungen in ungeordneter Reihenfolge gegeben sind, diese zunächst nach x, y und z ordnen.

Aufgaben

1.11 Lösen Sie folgende lineare Gleichungssysteme:

a)

$$\begin{aligned} (1) \quad -\frac{2}{3}x + \frac{y}{4} &= -1 \\ (2) \quad 4x &= 3y. \end{aligned}$$

b)

$$\begin{aligned} (1) \quad 7x - 5y &= 1 \\ (2) \quad 4x + 2y &= 3. \end{aligned}$$

c)

$$\begin{aligned} (1) \quad x + y + z &= 9 \\ (2) \quad 2x - y - z &= -3 \\ (3) \quad -3x + 2y + z &= 4. \end{aligned}$$

d)

$$\begin{aligned} (1) \quad 4x - 3y + 5z &= -3 \\ (2) \quad -2x + y - 3z &= 5 \\ (3) \quad 3x - 5y + 3z &= 9. \end{aligned}$$

1.12 In einer gemütlichen Runde, die im Jahr 2005 stattfand, zeigen drei Personen einer vierten ihre vom selben Provider ausgestellten Telefonrechnungen:

Person 1: 51,43 € (92 Gesprächsminuten, 40 SMS)
Person 2: 64,52 € (128 Gesprächsminuten, 35 SMS)
Person 3: 72,55 € (152 Gesprächsminuten, 28 SMS).

Die drei sind erstaunt, dass der Vierte im Bunde nach kurzer Rechnung auf dem Bierdeckel Aussagen treffen kann über Gesprächs- und SMS-Kosten bzw. zur Grundgebühr.
Vollziehen Sie die Lösungsschritte rechnerisch unter Ergebnisangabe nach.

1.13 Bei der Festigkeitsberechnung einer mehrfach gelagerten Welle tritt für die Stützmomente M_1, M_2 und M_3 folgendes LGS auf (Angaben in kN m).

$$\begin{aligned} (1) \quad 2{,}308M_1 + 0{,}502M_2 &= 4{,}775 \\ (2) \quad 0{,}757M_1 + 1{,}354M_2 + 0{,}416M_3 &= 5{,}325 \\ (3) \quad 0{,}816M_2 + 1{,}459M_3 &= 3{,}125. \end{aligned}$$

1.14 In verzweigten Stromkreisen verteilt sich der Strom in den Stromverzweigungspunkten (= Knotenpunkte) so, dass sich ein Gleichgewicht der Ladungen einstellt: Die Summe der zufließenden Ströme ist dort so groß wie die Summe der abfließenden Ströme.
Ferner gilt, dass in einer Masche die Summe der Spannungen gleich 0 ist, wenn man diese entsprechend ihrer Zählpfeile addiert. (*Hinweis*: $U_i = I_i R_i$.)

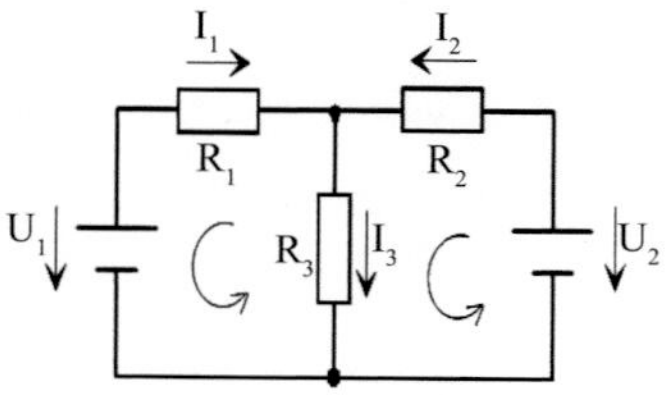

Ermitteln Sie für den in der Abbildung dargestellten Schaltplan die Ströme I_1, I_2 und I_3, wenn gilt $U_1 = U_2 = 24\,\text{V}$, $R_1 = 15\,\Omega$, $R_2 = 22\,\Omega$, $R_3 = 30\,\Omega$.

Lineare Ungleichungen
Zwei Terme, durch < *oder* > miteinander verbunden, heißen Ungleichungen:

$$\boldsymbol{T}_1 < \boldsymbol{T}_2 \quad \text{bzw.} \quad \boldsymbol{T}_1 > \boldsymbol{T}_2.$$

Tritt dabei in mindestens einem der beiden Terme eine Variable auf, müssen aus einer Definitionsmenge D diejenigen Zahlen bestimmt werden, die die Aussageform in eine wahre Aussage überführen. Es gelten ebenso die Äquivalenzumformungen wie bei Gleichungen.

Weiterhin gilt
1. Für alle $a, b, c \in \mathbb{R}$ gilt:

$$a < b \quad \Leftrightarrow \quad a + c < b + c.$$

2. Für alle $a, b \in \mathbb{R}$ und $c \in \mathbb{R}^+$ gilt:

$$a < b \quad \Leftrightarrow \quad a \cdot c < b \cdot c.$$

► Die Eigenschaft der Multiplikation gilt nur für $c \in \mathbb{R}^+$. Ist $c < 0$, so muss bei einer Multiplikation oder Division das Ungleichheitszeichen umgekehrt werden.

Hinweis: Diese Regeln gelten auch für Ungleichungen mit $\leq$ und $\geq$.

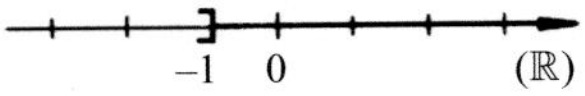

Abb. 1.5 $L = \{x \mid x > -1\}_{\mathbb{R}}$

Beispiel

Anzugeben ist die Lösungsmenge L der Ungleichung $2x - (3x - 1) < 5 - (2 - x)$.

Lösung: Termumformungen führen auf

$$\begin{aligned} & -x + 1 < 3 + x \\ \Leftrightarrow \quad & -2x < +2 \qquad | : (-2) \\ \Leftrightarrow \quad & x > -1 \qquad \text{(Umkehr des Ungleichheitszeichens).} \end{aligned}$$

Die Lösungsmenge ergibt sich zu $L = \{x \mid x > -1\}_{\mathbb{R}}$ und lässt sich auf der Zahlengeraden graphisch veranschaulichen (Abb. 1.5).

Bruchgleichungen

Sie erkennt man daran, dass in mindestens einem Nenner eine Variable steht.

Beispiel

Zu bestimmen sind Definitions- und Lösungsmenge der Bruchgleichung:

$$\frac{3}{u-2} = \frac{6}{u+2}$$

Lösung: Definitionsmenge ist $D = \mathbb{R} \setminus \{\pm 2\}$ (wieso?).
Hier kann man das Über-Kreuz-Multiplizieren anwenden (Hosenträgerprinzip), also: $3u + 6 = 6u - 12$ somit $18 = 3u$ und $u = 6$ (Probe machen).

Quadratische Gleichungen

Es handelt sich um Aussageformen der Gestalt

$$ax^2 + bx + c = 0 \quad \text{mit } a \in \mathbb{R}^*, b, c \in \mathbb{R},$$

die sich äquivalent in die normierte Form (Normalform) bringen lassen:

$$x^2 + \frac{b}{a}x + \frac{c}{a} = 0;$$

mit $p := \frac{b}{a}$ und $q := \frac{c}{a}$ folgt

$$\begin{aligned} & x^2 + px + q = 0 \\ \Leftrightarrow \quad & x^2 + px = -q; \end{aligned}$$

quadratische Ergänzung von $(\frac{p}{2})^2$ liefert

$$x^2 + px + \left(\frac{p}{2}\right)^2 = \left(\frac{p}{2}\right)^2 - q;$$

Umgestaltung des linken Terms mit 1. binomischer Formel:

$$\left(x + \frac{p}{2}\right)^2 = \left(\frac{p}{2}\right)^2 - q$$

$$\Leftrightarrow \quad \sqrt{\left(x + \frac{p}{2}\right)^2} = \sqrt{\left(\frac{p}{2}\right)^2 - q}.$$

Gemäß Definition der Quadratwurzel gilt es zwei Fälle zu unterscheiden:

1. Fall: $x + \frac{p}{2} \geq 0$: $\quad +\left(x + \frac{p}{2}\right) = \sqrt{\left(\frac{p}{2}\right)^2 - q} \quad \Leftrightarrow \quad x = -\frac{p}{2} + \sqrt{\left(\frac{p}{2}\right)^2 - q},$

2. Fall: $x + \frac{p}{2} < 0$: $\quad -\left(x + \frac{p}{2}\right) = \sqrt{\left(\frac{p}{2}\right)^2 - q} \quad \Leftrightarrow \quad x = -\frac{p}{2} - \sqrt{\left(\frac{p}{2}\right)^2 - q}.$

Die *normierte* quadratische Gleichung $x^2 + px + q = 0$ $(p, q \in \mathbb{R})$ hat die Lösungen

$$x_{1,2} = -\frac{p}{2} \pm \sqrt{\left(\frac{p}{2}\right)^2 - q} \quad (p, q\text{-Formel})$$

Hinweis: Quadratische Gleichungen können immer zunächst in die normierte Form überführt werden, indem man durch den Faktor bei x^2 dividiert.

Beispiel

Zu bestimmen ist die Lösungsmenge der quadratischen Aussageform

$$-2x^2 - 6x + 8 = 0.$$

Lösung: $-2x^2 - 6x + 8 = 0 \Leftrightarrow x^2 + 3x - 4 = 0.$
Es folgt

$$x_{1,2} = -\frac{3}{2} \pm \sqrt{\left(\frac{3}{2}\right)^2 - (-4)},$$

$$x_{1,2} = -\frac{3}{2} \pm \sqrt{\frac{25}{4}} \quad \Rightarrow \quad x_1 = 1 \text{ bzw. } x_2 = -4,$$

d. h. $L = \{+1, -4\}$ ist Lösungsmenge.

Fallunterscheidungen Bezüglich der Lösungen quadratischer Gleichungen sind 3 Fälle zu unterscheiden, abhängig von der sog. *Diskriminante* $D := \left(\frac{p}{2}\right)^2 - q$:

1. $D > 0$: $x_1, x_2 \in \mathbb{R} \wedge x_1 \neq x_2$
   wie z. B. für $x^2 - x - 2 = 0$;
2. $D = 0$: $x_1, x_2 \in \mathbb{R} \wedge x_1 = x_2$
   wie z. B. für $x^2 - 2x + 1 = 0$;
3. $D < 0$: $x_1, x_2 \notin \mathbb{R}$ (!)
   wie z. B. für $x^2 - 2x + 2 = 0$.

(Bitte die Richtigkeit der Angaben anhand der aufgeführten Beispiele begründet überprüfen.)

Es besteht ein weiterer Zusammenhang zwischen den reellen Lösungen einer quadratischen Gleichung sowie den Koeffizienten p und q, der **Satz von Vieta**[1] genannt wird:

Für die Lösungen $x_1, x_2 \in \mathbb{R}$ der normierten quadratischen Gleichung

$$x^2 + px + q = 0$$

gilt

$$x_1 + x_2 = -p \quad \text{und} \quad x_1 \cdot x_2 = q.$$

Aufgaben

1.15 Geben Sie die Lösungsmengen folgender quadratischer Aussageformen an:

a) $x^2 - 5x + 4 = 0$;
b) $-x^2 + x + 6 = 0$;
c) $2x^2 + x - 3 = 0$;
d) $-6x^2 + x + 1 = 0$;
e) $\frac{1}{4}x^2 - \frac{3}{2}x = -\frac{9}{4}$;
f) $\frac{2}{5}x + \frac{1}{2} = -\frac{1}{10}x^2$.

1.16 Bestimmen Sie c so, dass sich 2 verschiedene, 2 gleiche und keine reelle Lösung ergeben

a) $x^2 - 2x + c = 0$;
b) $-\frac{1}{3}x^2 - 2x + c = 0$.

[1] *Vieta* (1540–1603); frz. Mathematiker.

1.17 Geben Sie Definitions- und Lösungsmengen folgender *Bruchgleichungen* an:

a) $\dfrac{2x-1}{4} - \dfrac{1}{x} = \dfrac{1}{x+2} - \dfrac{2-x}{2}$;

b) $\dfrac{3x}{x-1} + \dfrac{1}{x+1} = \dfrac{3}{x^2-1}$;

c) $\dfrac{x-1}{x+1} - \dfrac{x}{x-2} = \dfrac{x+1}{x} - 1$.

1.18 Bei einem Unwetter ist ein Stahlmast 5 m oberhalb des eben verlaufenden Erdbodens abgeknickt worden. Seine Spitze hat 12 m vom Fußpunkt des Turmes entfernt Bodenkontakt. Berechnen Sie die ursprüngliche Masthöhe.

1.19 Zwei Glühlampen haben in Reihe geschaltet einen Widerstand von 20 Ω; bei Parallelschaltung beträgt er noch 4,8 Ω. Berechnen Sie die Größe der beiden Widerstände.

1.20 Lösen Sie folgende *Wurzelgleichungen* (Probe!):

a) $\sqrt{2x} = \sqrt{x+2}$;

b) $\sqrt{x} = x - 2$;

c) $\sqrt{x+1} = 3 - \sqrt{x-2}$;

d) $\sqrt{-x} = \sqrt{5-x} - \sqrt{5+x}$;

e) $\sqrt{6x-15} = \sqrt{2x+1} - \sqrt{x-4}$;

f) $\sqrt{9x+3} = \sqrt{x-2} + \sqrt{6x-3}$.

Beachte: $(a \pm b)^2 \neq a^2 \pm b^2$; bei den Teilaufgaben c) bis f) muss zweimal quadriert werden.

Exponentialgleichungen

Gleichungen, in denen die Variable x als Exponent vorkommt, heißen *Exponentialgleichungen*; sie haben die Form

$$b^x = n \quad \text{mit } b \in \mathbb{R}^+ \setminus \{1\} \text{ und } n \in \mathbb{R}^+.$$

Ihre Lösungen werden mittels eines Symbols dargestellt: $b^x = n \Leftrightarrow x := \log_b n$, wobei x als *Logarithmus von n zur Basis b* bezeichnet wird und die Hochzahl angibt, mit der man b potenzieren muss, um den sog. *Numerus n* zu erhalten: $b^{\log_b n} = n$.

Für einige Spezialfälle lässt sich der Logarithmus ohne Rechenaufwand finden:

a) $2^x = 8 \Leftrightarrow x = \log_2 8 = 3$, da $2^3 = 8$;

b) $4^x = 2 \Leftrightarrow x = \log_4 2 = \dfrac{1}{2}$, da $4^{\frac{1}{2}} = 2$;

c) $8^x = \dfrac{1}{8} \Leftrightarrow x = \log_8 \dfrac{1}{8} = -1$, da $8^{-1} = \dfrac{1}{8}$;

d) $9^x = \dfrac{1}{3} \Leftrightarrow x = \log_9 \dfrac{1}{3} = -\dfrac{1}{2}$, da $9^{-\frac{1}{2}} = \dfrac{1}{3}$;

e) $25^x = 1 \Leftrightarrow x = \log_{25} 1 = 0$, da $25^0 = 1$.

In der Regel müssen die Lösungen von Exponentialgleichungen rechnerisch ermittelt werden. Überwiegend geschieht es unter Anwendung der *Logarithmengesetze* und unter Verwendung eines geeigneten Logarithmensystems.

Logarithmengesetze
Mit $b \in \mathbb{R}^+ \setminus \{1\}$ und $u, v \in \mathbb{R}^+$ und $r \in \mathbb{R}$ gilt:

$$(1) \quad \log_b (u \cdot v) = \log_b u + \log_b v;$$
$$(2) \quad \log_b \left(\frac{u}{v}\right) = \log_b u - \log_b v;$$
$$(3) \quad \log_b (u^r) = r \cdot \log_b u.$$

Hinweis: Das *3. Logarithmengesetz* beinhaltet sowohl die Regel für das Logarithmieren einer Potenz als auch das einer *Wurzel*, wie folgende Beispiele verdeutlichen:
a) $x = \log_b \sqrt[3]{u} \Leftrightarrow x = \log_b u^{\frac{1}{3}} \Leftrightarrow x = \frac{1}{3} \log_b u;$
b) $x = \log_b \sqrt[4]{u^3} \Leftrightarrow x = \log_b u^{\frac{3}{4}} \Leftrightarrow x = \frac{3}{4} \log_b u.$

Logarithmensysteme Von besonderer Bedeutung sind die Logarithmen bestimmter Basen. Dieses sind

- die dekadischen (Basis 10) und
- die natürlichen (Basis e) Logarithmen.

	Dekadische Logarithmen	Natürliche Logarithmen
Basis	$b = 10$	$b = \mathrm{e}$
Schreibweise	$\lg n = \log_{10} n$	$\ln n = \log_{\mathrm{e}} n$

Lösungsverfahren Folgende Äquivalenz bildet die Grundlage für das weitere Vorgehen:

$$T_1 = T_2 \quad \Leftrightarrow \quad \log_b T_1 = \log_b T_2$$

Unter Anwendung der Logarithmengesetze und unter Zugriff auf eines der beiden Logarithmensysteme lässt sich der Zahlenwert der Variablen bestimmen.

Beispiel
Gesucht ist die Lösung von $2^x = 20$.

Lösung: Mit *dekadischen* Logarithmen folgt

$$2^x = 20 \quad \Leftrightarrow \quad \lg 2^x = \lg 20$$
$$\Leftrightarrow \quad x \cdot \lg 2 = \lg 20 \quad \Leftrightarrow \quad x = \frac{\lg 20}{\lg 2} \quad \Rightarrow \quad x \approx 4{,}3219.$$

Hinweis: Entsprechend ergibt sich der Rechengang mit *natürlichen* Logarithmen.

Sonderfall: Exponentenvergleich

Ein *Exponentenvergleich* ist immer dann angebracht, wenn sich die Terme von Exponentialgleichungen als Potenz mit gleicher Basis schreiben lassen.

Beispiel 1

Gesucht ist die Lösung für $16^{2x-1} = 64^{x-1}$.

Lösung:

$$\begin{aligned} 16^{2x-1} &= 64^{x-1}, \\ (2^4)^{2x-1} &= (2^6)^{x-1}, \\ 2^{8x-4} &= 2^{6x-6} \quad \text{(Exponentenvergleich!)}, \\ 8x-4 &= 6x-6, \\ 2x &= -2, \\ x &= -1. \end{aligned}$$

Beispiel 2

Ebenso für $(\frac{1}{8})^{x+2} = 2 \cdot 4^{x-1}$.

Lösung:

$$\begin{aligned} \left(\frac{1}{8}\right)^{x+2} &= 2 \cdot 4^{x-1}, \\ (2^{-3})^{x+2} &= 2^1 \cdot (2^2)^{x-1}, \\ 2^{-3x-6} &= 2^{2x-2+1} \quad \text{(Exponentenvergleich!)}, \\ -3x-6 &= 2x-1, \\ x &= -1. \end{aligned}$$

Aufgaben

1.21 Bestimme:

a) $\log_2 16$;
b) $\log_3 81$;
c) $\log_4 64$;
d) $\log_5 5$;
e) $\log_2 \frac{1}{2}$;
f) $\log_3 \frac{1}{27}$;
g) $\log_4 \frac{1}{64}$;

h) $\log_8 \frac{1}{64}$;
i) $\log_{32} 2$;
j) $\log_{49} 7$;
k) $\log_{100} 10$;
l) $\log_{125} 1$;
m) $\log_{25} \frac{1}{5}$;
n) $\log_{64} \frac{1}{4}$;
o) $\log_{256} \frac{1}{16}$.

1.22 Lösen Sie die folgenden Exponentialgleichungen mittels *Exponentenvergleichs*:
a) $3^{x+2} = 27$;
b) $4^{3-2x} = 256$;
c) $5^{2x-1} = \frac{1}{25}$;
d) $6^{3x-4} = 1$;
e) $81 \cdot 9^x = 3^x$;
f) $25 \cdot 5^{-3x} = 5^{1-2x}$.

1.23 Geben Sie die Lösungen folgender Exponentialgleichungen an:
a) $5^x = 16$;
b) $7^x - 4 = 10$;
c) $6 - 2^x = 3$;
d) $7 \cdot 5^x = 0{,}5 \cdot 7^x$;
e) $3 \cdot 5^{x+2} = 15^{x-1}$;
f) $5 \cdot 8^{x+3} = 3 \cdot 16^{x+2}$.

1.24 Ebenso:
a) $9 \cdot 3^{x+2} - 5^{x+3} = 21 \cdot 3^x - 5^{x+2}$;
b) $3^{x+2} - 7 \cdot 2^{x+1} = 9 \cdot 2^x - 11 \cdot 3^{x-2}$;
c) $7 \cdot 3^{2x-1} + 4 \cdot 5^{x-1} = 5^{x+1}$;
d) $4 \cdot 5^{2x} - 2^{3x+1} = 5^{2x+1} - 3 \cdot 2^{3x}$.

1.25 Angelegtes Kapital K_0 wächst bei p % Zinsen nach n Jahren gemäß der sog. *Zinseszinsformel* auf folgenden Betrag an:

$$K_n = K_0 \cdot \left(1 + \frac{p}{100}\right)^n .$$

a) Berechnen Sie, wie viele Jahre 1200 € zu 5 % Zinsen angelegt worden sind, wenn sie jetzt mit 1688,52 € zu Buche stehen.
b) Nach wie viel Jahren verdoppelt sich ein Kapital beliebiger Höhe bei 5 %iger Verzinsung?
c) Wie viele Jahre dauert die Kapitalverdoppelung, wenn nur 2,5 %ige Verzinsung erfolgt?

1.26 Nach einem vereinfachten Wachstumsmodell vermehrt sich die Weltbevölkerung zurzeit etwa nach folgender Gesetzmäßigkeit: $N_n = N_0 \cdot 1{,}008^n$, wobei n für Jahre steht.

a) Berechnen Sie, nach wie viel Jahren die Menschheit von z. Zt. 7,2 Mrd. Menschen (Stand Januar 2014) auf 9,5 Mrd. anwächst.

b) Wie lange wird es nach diesem Modell dauern, bis sich die Weltbevölkerung verdoppelt?

1.27 Ein bestimmtes radioaktives Element zerfällt etwa nach folgender Gesetzmäßigkeit, wobei n für Jahre steht: $m_n = m_0 \cdot 0{,}99956^n$.

a) Geben Sie an, nach wie viel Jahren 10 % des Materials m_0 zerstrahlt sind.

b) Berechnen Sie die Halbwertzeit dieses Elementes.

1.28 Ein Lichtstrahl besonderer Art und Intensität verliert beim Durchdringen einer Glasplatte bestimmter Stärke ein Zwölftel seiner Helligkeit.
Aus wie viel Platten besteht der Stoß, wenn der Lichtstrahl noch ca. 20 % seiner ursprünglichen Helligkeit aufweist?

Funktionen 2

2.1 Grundlagen

2.1.1 Die $\mathbb{R}^2$-Ebene

Für die graphische Darstellung dieses Sachverhalts reicht es aus, das Koordinatenkreuz unter Angabe der gewählten Längeneinheit und unter Beschriftung von Abszissen- und Ordinatenachse zu zeichnen.

Der Schnittpunkt der Koordinatenachsen wird *Ursprung* genannt: $O(0|0)$, während

- die I. Ebene mit $x \geq 0$ und $y \geq 0$ *1. Quadrant*
- die II. Ebene mit $x \leq 0$ und $y \geq 0$ *2. Quadrant*
- die III. Ebene mit $x \leq 0$ und $y \leq 0$ *3. Quadrant*
- die IV. Ebene mit $x \geq 0$ und $y \leq 0$ *4. Quadrant*

heißt (Abb. 2.1).

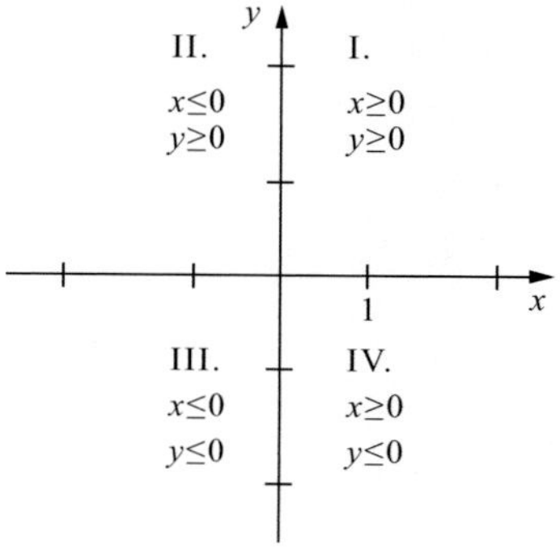

Abb. 2.1 Kartesisches Koordinatensystem mit 4 Quadranten

K.-H. Pfeffer, T. Zipsner, *Mathematik für Technische Gymnasien und Berufliche Oberschulen Band 1*, DOI 10.1007/978-3-658-09265-8_2

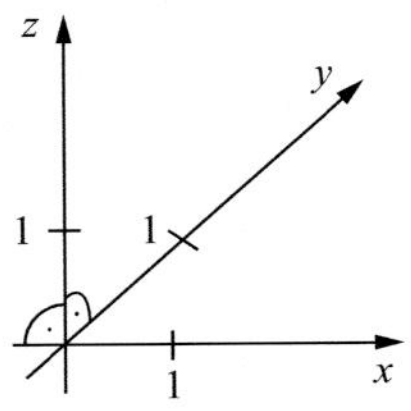

Abb. 2.2 x, y, z-Koordinatensystem

Ausblick

1. *Der Anschauungsraum*: $\mathbb{R}^3$
   Zum Auftragen der z-Komponente wird eine 3. Achse benötigt, die durch den Ursprung geht und rechtwinklig auf der x- und y-Achse steht (Abb. 2.2).

2.1.2 Funktionen

Funktionen als Spezialfall von Relationen
Ordnet man Elementen der Menge M aufgrund einer beliebigen Zuordnungsvorschrift ein oder mehrere Elemente der Menge N zu, so heißen die Paarmengen *Relationen*.

Beispiele zeigt die Abb. 2.3: Nicht von jedem Element aus M muss ein Pfeil ausgehen, vgl. Abb. 2.3a. Es können auch mehrere Pfeile von einem Element aus M auf verschiedene Elemente aus N ausgehen, vgl. Abb. 2.3b.

Abbildung 2.3c zeigt eine Besonderheit: Von jedem Element der Menge M geht genau ein Pfeil aus. Dieser Spezialfall einer Relation wird *Funktion* (oder Abbildung) genannt und wie folgt definiert:

Bei einer Funktion f wird *jedem* Element $x \in M$ *genau ein* Element $y \in N$ zugeordnet.

- x heißt unabhängige Variable,
- y abhängige Variable oder Funktionswert von f an der Stelle x, geschrieben $y = f(x)$.

Anmerkung: x wird gelegentlich als *Urbild* von y und y als *Bild* von x *bezeichnet.*

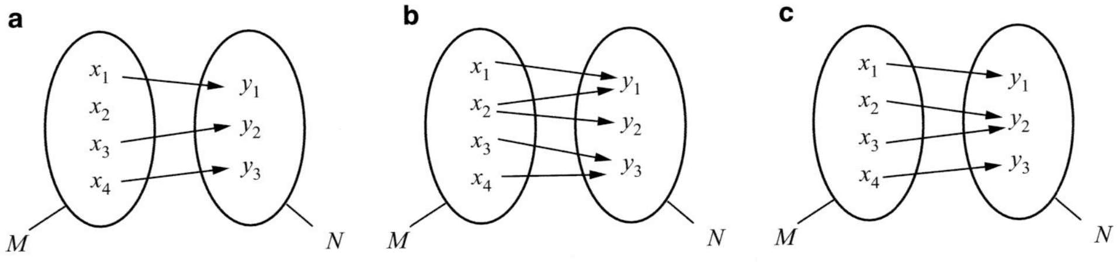

Abb. 2.3 **a** Relation, **b** Relation, **c** Funktion

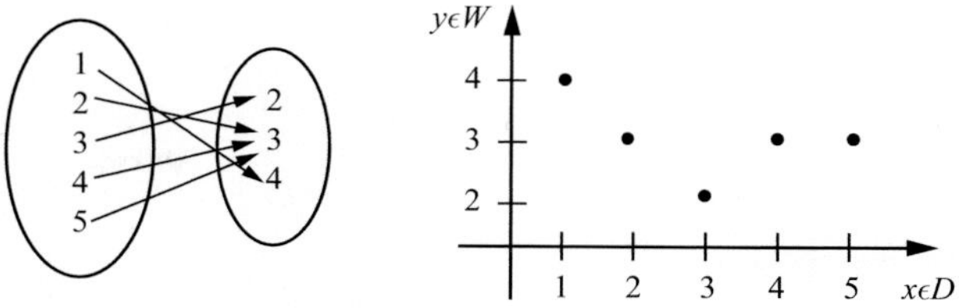

Abb. 2.4 Graphische Darstellung einer Klassenarbeitsnoten-Bilanz

Definitions- und Wertemenge

Die Elemente von M, die die x-Komponenten der Paare $(x; y)$ bilden, fasst man zur *Definitionsmenge* D zusammen.

Die Elemente von N, die die y-Komponenten der Paare $(x; y)$ bilden, fasst man zur *Wertemenge* W zusammen.

Hinweis: Gebräuchlich sind auch die Begriffe Definitions- und Wertebereich.

Beispiel: Ein Schüler zieht kurz vor dem Zeugnistermin „Bilanz" über seine Noten in den Matheklassenarbeiten und kommt zu folgendem Ergebnis:

$$4, 3, 2, 3, 3.$$

Als Funktion geschrieben, die Reihenfolge angebend, resultiert:

$$f_{\text{KA}} = \{(1; 4), (2; 3), (3; 2), (4; 3), (5; 3)\}.$$

Die Definitionsmenge ist $D = M = \{1, 2, 3, 4, 5\}$ (= Anzahl der geschriebenen Mathe-Arbeiten) und für die Wertemenge gilt $W = \{2, 3, 4\}$.
Abbildung 2.4 zeigt dies mit Hilfe des Pfeildiagramms und durch Darstellung in einem kartesischen Koordinatensystem (= Graph von f_{KA}).

Achtung: Die einzelnen Punkte des Graphen dürfen bei dieser Sachlage nicht miteinander verbunden werden (warum?).

Schreibweise von Funktionen

Die besonders anschauliche Darstellung mittels Pfeildiagramm bzw. das Aufzählen der Paare in Form einer Wertetabelle ist im Allgemeinen für die in der Analysis zu untersuchenden Funktionen nicht bzw. nur bedingt geeignet.

Zur Festlegung einer Funktion ist die Angabe von

- einer Zuordnungsvorschrift und
- einer Definitionsmenge notwendig.

Schreibweise $f : x \to f(x), x \in D$.

Das Symbol $x \to f(x)$ (gelesen: x wird abgebildet auf f von x) heißt Zuordnungs- oder Funktionsvorschrift.

Hinweis: Neben f werden z. B. auch die Buchstaben g und h verwandt.

Beispiele: $f: x \to x^2 + 1, x \in \mathbb{Q}$; $g: x \to 2x - 1, x \in \mathbb{R}$.

Angabe der Funktionsgleichung Statt der Zuordnungsvorschrift kann die Funktionsgleichung angegeben werden:

$$f: y = f(x), \quad x \in D.$$

Beispiel: $f: y = 3x - 4, x \in \mathbb{R}$; oder kürzer: $f(x) = 3x - 4, x \in \mathbb{R}$.

Reelle Funktionen

Dies sind Funktionen, deren Definitions- und Wertebereich die reellen Zahlen oder Teilmengen davon sind.

► Die Angabe des Definitionsbereichs erübrigt sich, wenn aus dem Zusammenhang heraus deutlich wird, dass der maximal mögliche Definitionsbereich $D = \mathbb{R}$ ist.

Einschränkung des Definitionsbereichs Auf eine Aussage zum Definitionsbereich kann jedoch dann *nicht* verzichtet werden, wenn sich eine Einschränkung wegen der gegebenen Funktion ergibt. Also, weil z. B.

a) nicht durch 0 dividiert werden darf,
b) die Radikanden von Wurzelausdrücken nicht negativ sein dürfen,
c) der Logarithmus negativer Zahlen nicht definiert ist.

Beispiele: a) $f_1: x \to \dfrac{1}{x}, x \in \mathbb{R} \setminus \{0\}$;

b) $f_2: x \to \sqrt{x}, x \in \mathbb{R}_0^+$;

c) $f_3: x \to \lg x, x \in \mathbb{R}^+$.

Monotonie Eine wichtige Eigenschaft bei Funktionen ist der Begriff der Monotonie.

Eine Funktion f heißt in ihrem Definitionsbereich D mit $x_1, x_2 \in D$

$$\left.\begin{array}{l}\textit{monoton steigend,}\\ \textit{monoton fallend,}\end{array}\right\} \text{ wenn für alle } x_1 < x_2 \text{ folgt } \left\{\begin{array}{l} f(x_1) \le f(x_2),\\ f(x_1) \ge f(x_2).\end{array}\right.$$

Gilt $f(x_1) < f(x_2)$ bzw. $f(x_1) > f(x_2)$ spricht man von *strenger* Monotonie.

Abbildung 2.5 stellt anschaulich ausschnittsweise die Graphen einer streng monoton steigenden (Abb. 2.5a) bzw. einer streng monoton fallenden Funktion (Abb. 2.5b) dar.

Beispiele: a) Lineare Funktionen sind für $D = \mathbb{R}$ und $m \in \mathbb{R} \setminus \{0\}$ streng monoton, und zwar

- streng monoton steigend, wenn $m > 0$ bzw.
- streng monoton fallend, wenn $m < 0$ ist.

Für $m = 0$ ergeben sich konstante Funktionen, die monoton sind.

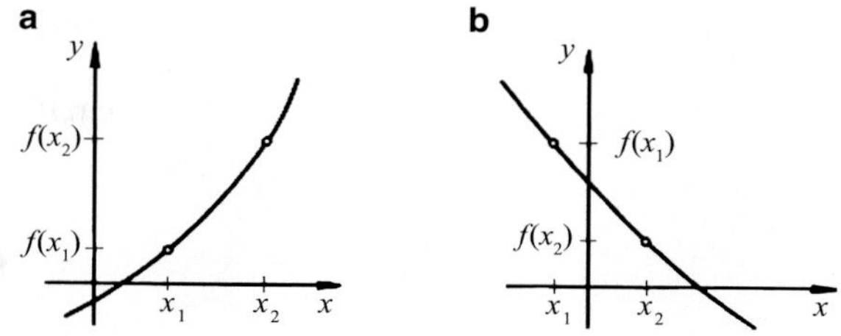

Abb. 2.5 **a** Streng monoton steigende Funktion, **b** streng monoton fallende Funktion

b) Quadratische Funktionen der Form $y = ax^2$ $(a > 0)$ sind
   - für $x \in \mathbb{R}_0^-$ streng monoton fallend,
   - für $x \in \mathbb{R}_0^+$ streng monoton steigend.

   Ist dagegen $a < 0$, so gilt das Umgekehrte.
   Quadratische Funktionen sind für $D = \mathbb{R}$ nicht monoton, also *nicht* so ohne Weiteres umkehrbar.

Aufgaben

2.1 Nachfolgend dargestellt sind die Graphen verschiedener Relationen. Welche der Beispiele zeigen Funktionsgraphen?

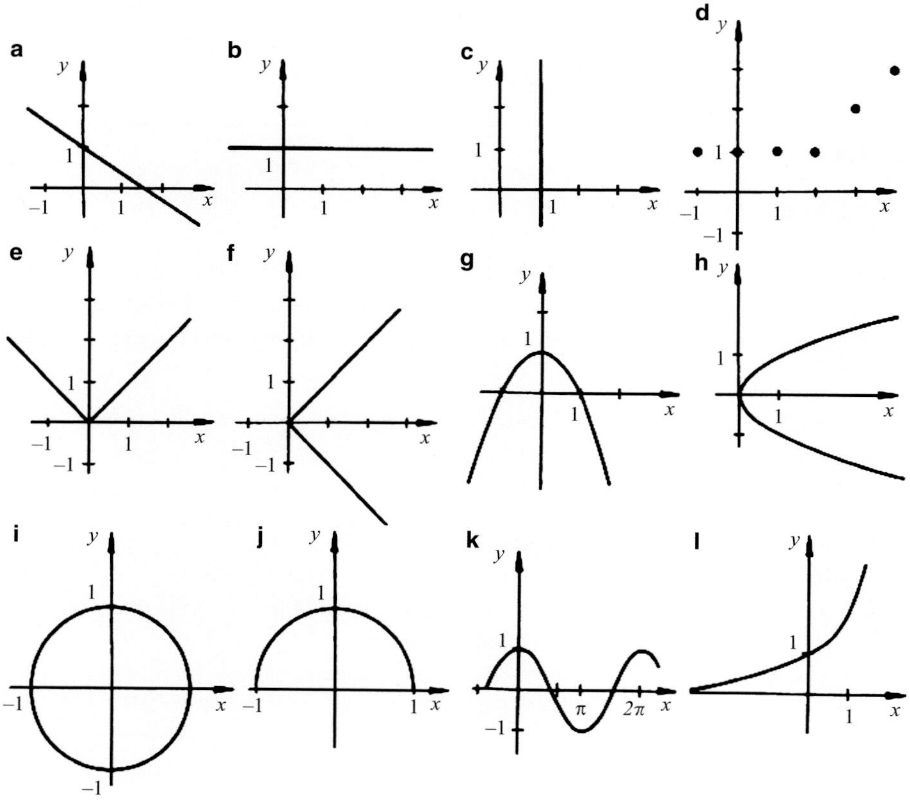

2.2 Eine isotherme (T = konst.) Zustandsänderung ist im p, V-Diagramm festgehalten. Welche Werte kann V nicht annehmen? Begründen Sie Ihre Antwort aufgrund des physikalischen Sachverhalts.

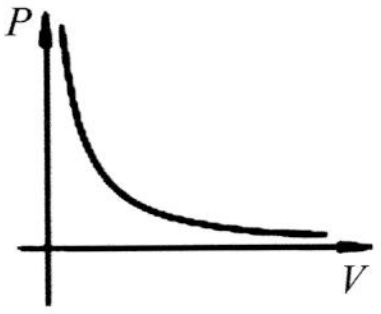

2.3 An einem Seil hängt mittig eine Last der Gewichtskraft F_G. Die Seilkräfte ergeben sich aus der Beziehung

$$F_S = \frac{F_G}{2\sin\alpha}.$$

a) Bestätigen Sie den angegebenen Sachverhalt.

b) Bei gleich bleibender Last, aber anzustrebender Winkelverkleinerung (Seil soll weniger stark durchhängen), wird $F_S = f(\alpha)$. Geben Sie für die Funktion f den Definitionsbereich an und begründen Sie die Einschränkung für α.

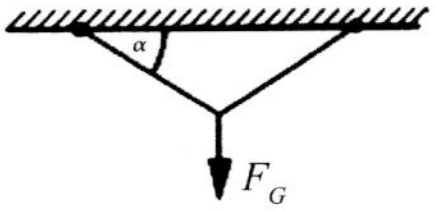

2.2 Elementare Funktionen

2.2.1 Lineare Funktionen

Beispiele dafür sind proportionale Zuwächse bei den jährlichen Gas-, Strom- und Wasserrechnungen. Der Jahresbetrag ergibt sich aus einem gestaffelten Arbeitspreis multipliziert mit dem Jahresverbrauch x plus einem verbrauchsunabhängigen Grundpreis (Zählermiete):

Gasrechnung: $f_G(x) = 4{,}3\,\text{Ct/kWh} \cdot x + 140\,€$, wobei x in kWh anzugeben ist;
Stromrechnung: $f_S(x) = 13{,}66\,\text{Ct/kWh} \cdot x + 81{,}04\,€$, wiederum x in kWh;
Wasserrechnung: $f_W(x) = 0{,}84\,€/\text{m}^3 \cdot x + 36{,}72\,€$, wobei x in m^3 gemessen werden.

Die Gerade als Graph linearer Funktionen

Wir betrachten folgende definierte Funktion: $f = \{(x; y) \mid y = 2x \wedge x \in [-2; +3]\}_{\mathbb{Z}\times\mathbb{Z}}$.

Die zugehörigen Paare lassen sich in einer *Wertetabelle* (Tab. 2.1) festhalten; der Graph von f ($= G_f$) zeigt sich in Abb. 2.6 als Punktmenge.

Tab. 2.1 Wertetabelle

x	−2	−1	0	1	2	3
y	4	1	0	1	4	9

Abb. 2.6 G_f zu $f(x) = 2x$ bei eingeschränktem Definitionsbereich $-2 \leq x \leq 3$

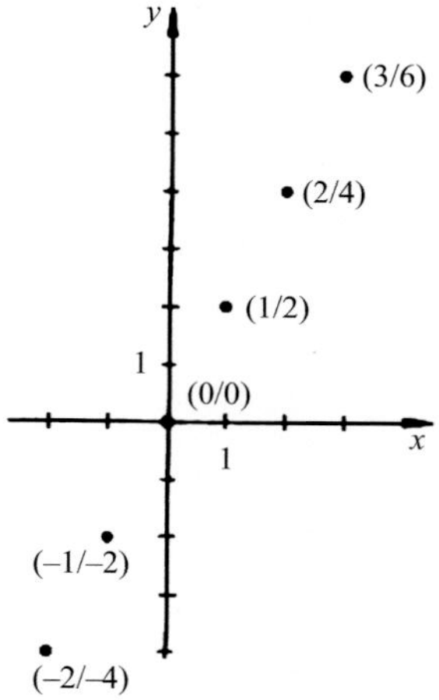

Abb. 2.7 G_f zu $f(x) = 2x$, $x \in \mathbb{R}$

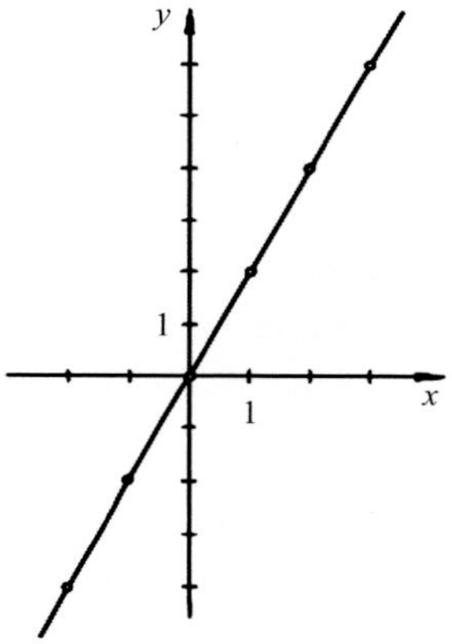

Ursprungsgerade Wird als Definitionsbereich $D = \mathbb{R}$ zugelassen, ergeben sich unendlich viele Punkte. G_f zeigt sich ausschnittsweise in Abb. 2.7 als *Ursprungsgerade*.

Unter Steigung wird die y-Zunahme pro x-Einheit verstanden[1].

Sie ergibt sich aus dem *Steigungsdreieck* (Abb. 2.8a, b) geometrisch-anschaulich als konstantes Verhältnis $\frac{2}{1} = \frac{4}{2} = \cdots = 2$.

Der eingezeichnete Winkel α, unter dem die Gerade die Abszissenachse schneidet, gibt mit seinem Tangenswert das Steigungsverhältnis an:

$$\tan \alpha = 2 = \frac{y}{x} \quad \Rightarrow \quad y = 2x.$$

Die Zahl 2 wird Steigungs- bzw. Proportionalitätsfaktor genannt.

[1] Das Verkehrsschild mit der Angabe „10 % Steigung“ besagt, dass die Straße, 100 m horizontal gemessen, vertikal um 10 m ansteigt.

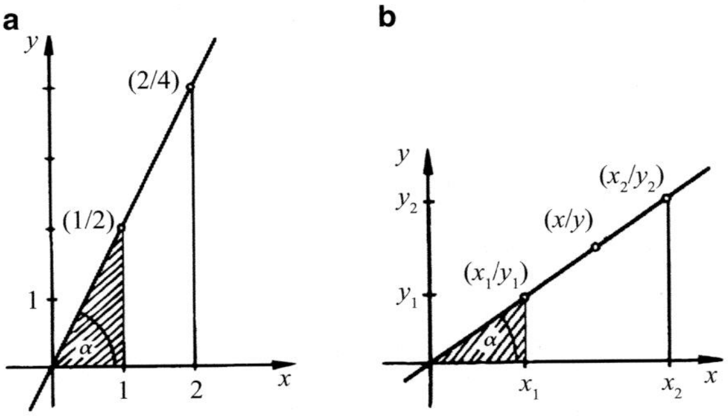

Abb. 2.8 **a** Geometrische Deutung der Steigung 2, **b** geometrische Deutung der Steigung $m = \tan \alpha$

Allgemein gilt gemäß Abb. 2.8b:

$$\frac{y_1}{x_1} = \frac{y_2}{x_2} = \cdots = \frac{y}{x} = \tan \alpha.$$

Mit dem *Steigungsfaktor* $m := \tan \alpha$ folgt

$$\frac{y}{x} = m \quad \Leftrightarrow \quad y = mx.$$

Funktionen f mit $f(x) = mx$ ($m \in \mathbb{R}$) sind Ursprungsgeraden mit $m = \tan \alpha$. α ist der Schnittwinkel zwischen der Geraden und der positiven x-Achse.

Abbildung 2.9a, b zeigt Ursprungsgeraden mit $m \in \mathbb{R}^+$.

Sonderfall: Die Funktion f mit $f(x) = 1x$ symbolisiert die Winkelhalbierende des 1. Quadranten (Abb. 2.9b):[2]

$$m = \tan \alpha = 1 \quad \Rightarrow \quad \alpha = \arctan 1 \quad \Rightarrow \quad \alpha = 45°.$$

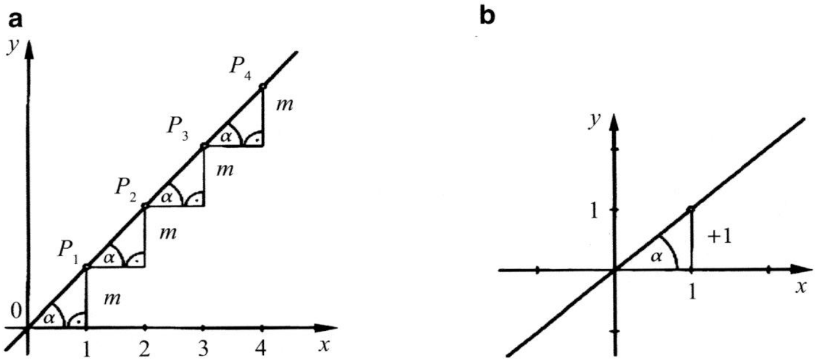

Abb. 2.9 **a** G_f zu $f(x) = mx$, $x \in \mathbb{R}$, als Ursprungsgerade mit $m \in \mathbb{R}^+$, **b** Graph der *identischen Funktion* $f(x) = x$, $x \in \mathbb{R}$

[2] arctan 1 („Arkustangens") gibt an, dass der Winkel gesucht ist, dessen Tangenswert 1 ist.

Aufgaben

2.4 Zeichnen Sie die Graphen nachfolgender Funktionen ($D = \mathbb{R}$) in ein gemeinsames Koordinatensystem und bestimmen Sie rechnerisch den jeweiligen Schnittwinkel mit der positiven x-Achse:

a) $f_1(x) = \dfrac{1}{2}x$;

b) $f_2(x) = \dfrac{4}{3}x$;

c) $f_3(x) = -x$;

d) $f_4(x) = -\dfrac{3}{4}x$.

Zusatzfrage: Was zeichnet den Graphen von f_3 besonders aus?

2.5 a) Eine Ursprungsgerade geht durch $P(2|3)$. Geben Sie die Zuordnungsvorschrift an.

b) Eine Gerade schneidet die Abszissenachse im Ursprung unter einem Winkel von 30°. Weisen Sie rechnerisch nach, dass $R(\sqrt{3}|1)$ auf dieser Geraden liegt.

2.6 Geben Sie die Schnittwinkel zwischen jeweils zwei Ursprungsgeraden an, deren Zuordnungsvorschriften wie folgt angegeben werden können (*Hinweis*: $\alpha = \alpha_2 - \alpha_1$):

a) $f_1(x) = \dfrac{1}{3}x$, $g_1(x) = x$;

b) $f_2(x) = 2x$, $g_2(x) = 3x$.

Die Normalform der Geradengleichung Wird eine Ursprungsgerade mit z. B. der Funktionsgleichung $f_1(x) = \frac{1}{2}x$ um 3 Einheiten in positiver y-Richtung verschoben, so nehmen die y-Werte (Ordinaten) aller Geradenpunkte ebenfalls um $+3$ Einheiten zu (Abb. 2.10); es gilt $f_2(x) = \frac{1}{2}x + 3$.

Der Winkel, mit dem die neue Gerade die Abszissenachse schneidet, ist unverändert (wieso?), lediglich der Schnittpunkt mit der Ordinatenachse hat sich verändert: $S_y(0|+3)$.

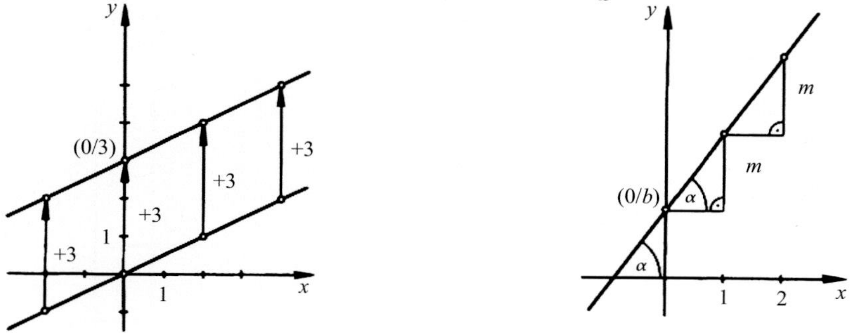

Abb. 2.10 **a** Die Graphen zu $f_1(x) = \frac{1}{2}x$ und $f_2(x) = \frac{1}{2}x + 3$, jeweils für $x \in \mathbb{R}$, **b** der Graph von $f(x) = mx + b$, $x \in \mathbb{R}$, mit $m, b \in \mathbb{R}^+$

▶ **Verallgemeinerung** Eine Addition des Funktionsterms $f(x) = mx$ mit einer Zahl $b \in \mathbb{R}$ bewirkt eine Verschiebung der Ursprungsgeraden in y-Richtung, und zwar

- in positiver Richtung (also nach „oben"), wenn $b > 0$ (Abb. 2.10b) und
- in negativer Richtung (nach „unten"), wenn $b < 0$ ist.

Reelle Funktionen f mit $f(x) = mx + b$ $(m, b \in \mathbb{R})$ sind *Geraden*, die mit positiver x-Achse den Winkel $\alpha = \arctan m$ einschließen und die y-Achse in $S_y(0|b)$ schneiden.

▶ Funktionen der Form $f(x) = mx + b$ heißen *lineare Funktionen*.
Die Schreibweise steht für die *Normalform der Geradengleichung*.

Sonderfälle der Geradengleichung (Abb. 2.11)

1. Parallele zur x-Achse: $m = 0 \Rightarrow y = b$.
   Diese lineare Funktion hat für jedes $x \in \mathbb{R}$ denselben Funktionswert b, man nennt daher $y = f(x) = b$ *konstante* Funktion.
2. Parallele zur y-Achse: $\alpha = 90°$, d. h. $\tan\alpha = \tan 90° = \infty = m$ wird „über alle Maßen" groß.
   Dieser Sonderfall $(x = a)$ stellt keine Funktion dar, weil einem x-Wert unendlich viele y-Werte zugeordnet werden.

Allgemeine Form der Geradengleichung Lineare Funktionen sind durch die Koeffizienten m und b eindeutig bestimmt. Ihre Graphen lassen sich ohne Erstellung einer Wertetabelle zeichnen. Das ist auch dann möglich, wenn die Funktionen *implizit* angegeben werden; ein Auflösen nach y (Äquivalenzumformung) führt zur gewünschten *expliziten* Form.

Implizite Form: $Ax + By + C = 0$ $(A, B, C \in \mathbb{R} \wedge B \neq 0$ (warum?).

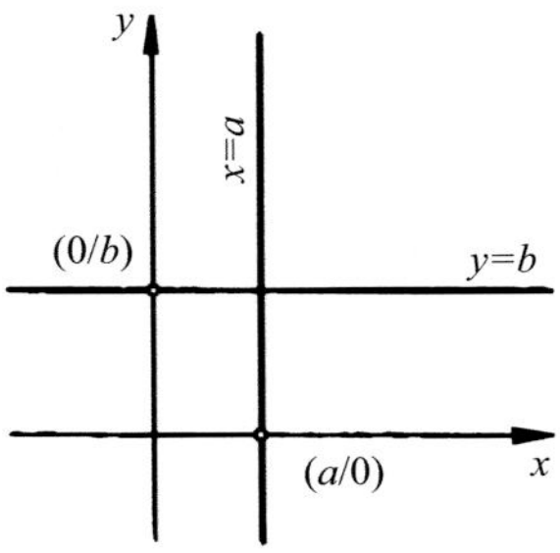

Abb. 2.11 Parallelen zu den Koordinaten-Achsen mit $a, b > 0$

Abb. 2.12 $y = g(x) = \frac{3}{4}x + \frac{3}{2}$ mit $x \in \mathbb{R}$

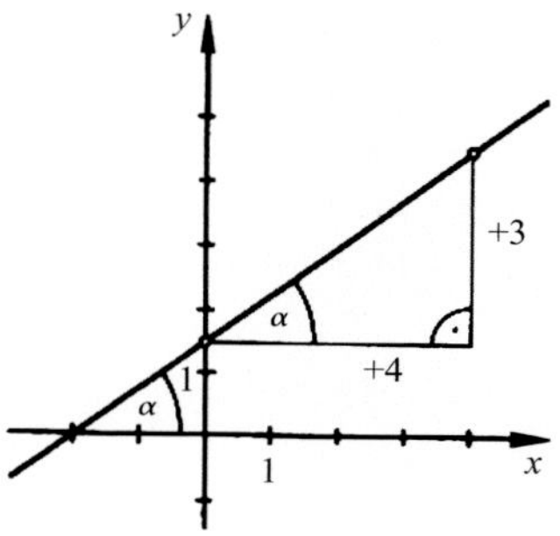

Beispiel

Graphisch darzustellen ist die Gerade $g: 3x - 4y + 6 = 0$.

Lösung: Ein Auflösen ergibt die explizite Form $y = \frac{3}{4}x + \frac{3}{2}$, s. Abb. 2.12.
Das bedeutet: Ordinatenschnittpunkt $S_y(0|\frac{3}{2})$ und $m = \frac{3}{4}$.

Hinweis: Das Steigungsdreieck einzuzeichnen ist eher unüblich, hilft aber.

Aufgaben

2.7 Zeichnen Sie die Graphen nachstehender linearer Funktionen ($D = \mathbb{R}$) in ein gemeinsames Koordinatensystem

a) $f_1(x) = x - 3$;

b) $f_2(x) = -\dfrac{1}{2}x + 1$;

c) $f_3(x) = -\dfrac{5}{4}x - \dfrac{3}{2}$.

2.8 Geben Sie die Normalform nachfolgender Geraden an:

a) $f: x - 3y - 6 = 0$;

b) $g: \dfrac{1}{3}x + \dfrac{2}{5}y - \dfrac{4}{5} = 0$;

c) $h: -\dfrac{3}{4}x - \dfrac{1}{8}y = \dfrac{1}{16}$.

2.9 Die Geraden $g_1 \equiv 5x + 3y - 15 = 0$, $g_2 \equiv y = 0$ und $g_3 \equiv x = 0$ markieren ein Dreieck.

a) Zeichnen Sie das Dreieck.

b) Bestimmen Sie rechnerisch – soweit erforderlich – die Innenwinkel des Dreiecks.

c) Berechnen Sie den Flächeninhalt dieses Dreiecks.

Anwendung linearer Funktionen

Von Bedeutung ist die Anwendung linearer Funktionen in vielen wissenschaftlichen Bereichen. Zahlreiche Sachzusammenhänge lassen sich exakt bzw. näherungsweise durch lineare Funktionsgleichungen beschreiben. Definitions- und Wertebereich ergeben sich gemäß der jeweiligen Fragestellung.

Hinweis: Die Variablen müssen nicht x und y heißen.

Für die zeichnerische Darstellung – auch *Diagramm* genannt – ist es notwendig, geeignete Maßstäbe festzulegen. Die Koordinatenachsen werden zweckmäßigerweise beschriftet mit Quotienten, bestehend aus der gewählten Variablen im Zähler und der zugehörigen Maßeinheit im Nenner (Beispiel: $\frac{F}{\mathrm{N}}$, d. h. Kraft F wird in der Maßeinheit *Newton* angegeben).

Beispiele für Ursprungsgeraden

1. Die Aussage eines Kfz-Herstellers, der angebotene Pkw habe einen Benzinnormverbrauch von 12 Litern auf 100 km, lässt sich bei gleichmäßiger Fahrweise als linearer Zusammenhang gemäß Abb. 2.13 darstellen; der Steigungsfaktor $12\,\mathrm{l}/100\,\mathrm{km} = 0{,}12\,\mathrm{l}/\mathrm{km}$ gibt den Verbrauch pro gefahrenem Kilometer an.
2. Die Abhängigkeit der Masse eines Körpers von seinem Volumen lässt sich als lineare Funktion darstellen: $m = \rho \cdot V$; dabei ergibt sich der Steigungsfaktor $\tan\sigma := \rho$ als Dichte des betrachteten Materials.
3. Das Weg-Zeit-Diagramm einer gleichförmigen Bewegung mit der Funktionsgleichung $s = f(t) = v \cdot t \ (t \in \mathbb{R}_0^+)$ führt auf eine Ursprungsgerade, deren Steigungsfaktor als Geschwindigkeit v definiert ist.
4. Die elastische Formänderung z. B. einer Schraubenfeder unter Einwirkung einer Kraft F lässt sich als Funktion $F = f(s)$ darstellen (Abb. 2.14). Je nach Beschaffenheit und Material der Feder ergeben sich unterschiedlich steile Geraden, wobei der Steigungsfaktor $\tan\alpha := D$ als Federkonstante (oder Federrate) bezeichnet wird und eine Aussage über die Härte der Feder ($D_1 > D_2$) macht.

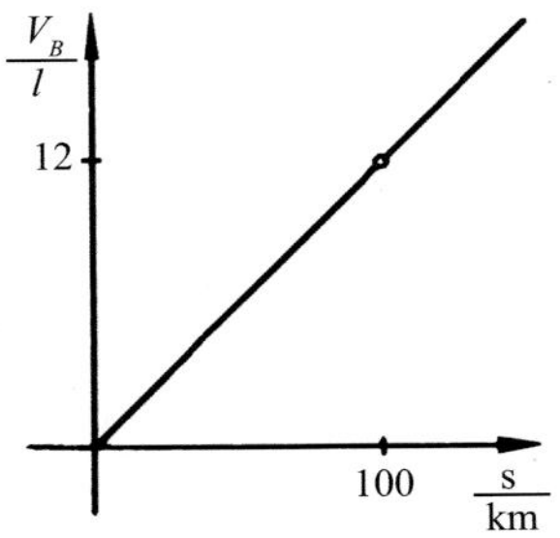

Abb. 2.13 Benzinverbrauch $V_\mathrm{B} = f(s)$

Abb. 2.14 Federkennlinien

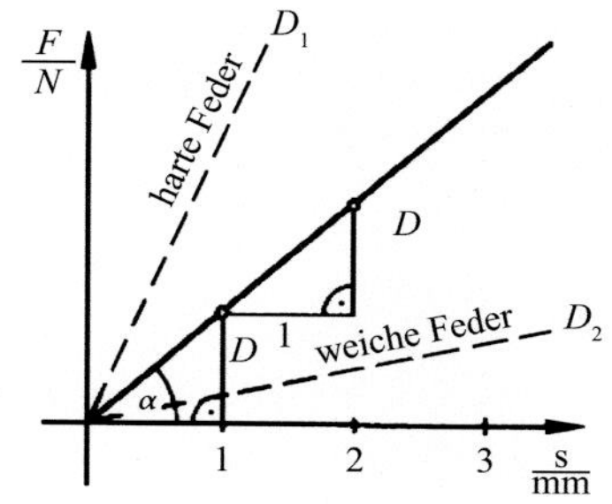

Anmerkung: In der Festigkeitslehre kommt der abgewandelten Beziehung $\sigma = E \cdot \varepsilon$[3] große Bedeutung zu. Die Zugfestigkeit σ ist in Abhängigkeit von der Dehnung ε angegeben, wobei der Steigungsfaktor hier Elastizitätsmodul E genannt wird.

5. Das in der Elektrotechnik auftretende *Ohm*'sche Gesetz $I = \frac{1}{R} \cdot U$ stellt für $I = f(U)$ ebenfalls eine lineare Funktion dar; der Steigungsfaktor der Ursprungsgeraden ist $m = \tan\alpha = \frac{1}{R}$. Er heißt *Leitwert G* und hat die Einheit *Siemens*. Je größer der ohmsche Widerstand R ist, desto flacher verläuft die Gerade und umgekehrt, Abb. 2.15.

Beispiele für die Normalform der Geradengleichung

1. Die gleichförmige Bewegung eines Körpers mit der Geschwindigkeit v, der zu Beginn der Zeitmessung ($t = 0$) bereits einen bestimmten Weg s_0 zurückgelegt hat, lässt sich im s, t-Diagramm als eine aus dem Ursprung heraus verschobene Gerade betrachten (Abb. 2.16).
   Die Funktionsgleichung $s = f(t)$ ergibt sich dann zu $s = v \cdot t + s_0$.

Aufgaben

2.10 Ein Pkw-Fahrer tankt an einer Tankstelle „voll" (ca. 53 Liter) und bezahlt 78 €.
   a) Geben Sie den *Preis in Abhängigkeit vom Tankinhalt* an.
   b) Ermitteln Sie rechnerisch, wie viel Liter Benzin für 20 € zu erhalten wären.
   c) Berechnen Sie Kosten dafür, auch den Reservekanister (5 Liter) zu füllen.

2.11 Die Tabelle zeigt das gleichmäßig-elastische Verhalten einer Schraubenfeder bei Belastung:

Kraft F in N	0	10	20	30	40	50
Federweg s in mm	0	40	80	120	160	200

   a) Zeichnen Sie die *Federkennlinie* und erstellen Sie ihre Funktionsgleichung.
   b) Geben Sie die Federkonstante D an.

[3] Dieser proportionale Zusammenhang wird *Hooke'sches Gesetz* genannt (nach R. Hooke, 1635–1703; engl. Physiker); die sich ergebende Gerade heißt *Hooke'sche Gerade*.

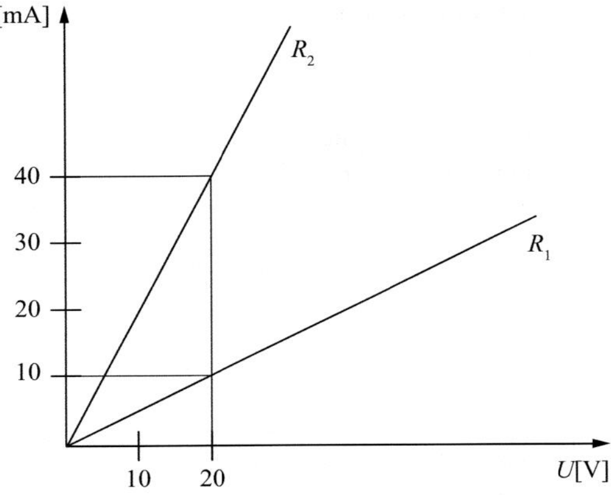

Abb. 2.15 Zwei Ohm'sche Widerstände mit $R_1 > R_2$, genauer $R_1 = 4 \cdot R_2$

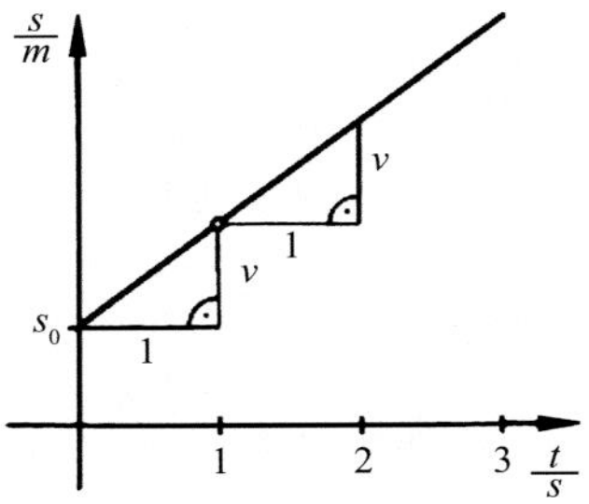

Abb. 2.16 s, t-Diagramm einer gleichförmigen Bewegung

2.12 Temperaturmessungen erfolgen durch Angabe von *Celsius*graden (°C) bzw. im angelsächsischen Sprachraum durch Angabe von *Fahrenheit*graden (°F); dabei gelten die Umrechnungswerte

$$0\,°\mathrm{C} \mathrel{\widehat{=}} 32\,°\mathrm{F} \quad \text{sowie} \quad 100\,°\mathrm{C} \mathrel{\widehat{=}} 212\,°\mathrm{F}.$$

a) Erstellen Sie den funktionalen Zusammenhang für $T_F = f(T_C)$ und führen Sie Umrechnungen durch für $-20\,°\mathrm{C}$, $+15\,°\mathrm{C}$ und $+50\,°\mathrm{C}$.
b) Erstellen Sie den funktionalen Zusammenhang für $T_C = f(T_F)$ und führen Sie Umrechnungen für $-10\,°\mathrm{F}$, $0\,°\mathrm{F}$, $+20\,°\mathrm{F}$ und $+215\,°\mathrm{F}$ durch.

Schnittpunkt mit der y-Achse

Wir haben gesehen, dass das absolute Glied b in $f(x) = mx + b$ den Schnittpunkt der zugehörigen Geraden mit der y-Achse markiert: $S_y(0|b)$.

Schnittpunkt mit der y-Achse: $x = 0$ setzen!

$$f(0) = m \cdot 0 + b$$
$$f(0) = b.$$

Schnittpunkt mit der x-Achse
wird auch *Nullstelle* genannt. Die Bedingung dazu lautet: $f(x) = y = 0$.

► Schnittpunkt mit der x-Achse: $y = 0$ setzen, also speziell für die Nullstelle einer linearen Funktion mit $m \neq 0$ gilt:

$$mx + b = 0 \quad \Rightarrow \quad x_0 = -\frac{b}{m}.$$

Die Gerade schneidet somit die x-Achse in S_x, dies entspricht $N\left(-\frac{b}{m}|0\right)$.

Beispiel 1

Zu bestimmen ist die Nullstelle der Funktion $y = f(x) = \frac{1}{2}x - 2$.

Lösung: Für $y = 0$ ergibt sich $0 = \frac{1}{2}x - 2 \Rightarrow x_0 = 4$.
Mit $S_y(0|-2)$ und $S_x(4|0)$ ist die zugehörige Gerade eindeutig festgelegt. Anstelle von $S_x(4|0)$ kann man auch $N(4|0)$ schreiben; N für Nullstelle.

Beispiel 2

Eine Gerade ist durch $g \equiv 3x - 4y + 6 = 0$ gegeben.
Zeichnen Sie g, ohne zunächst die explizite Form zu erstellen.

Lösung: Es werden die Schnittpunkte mit den beiden Koordinatenachsen ermittelt. Mit diesen beiden Punkten ist die Gerade dann eindeutig festgelegt.
a) Schnitt mit der y-Achse bedeutet: $x = 0 \Rightarrow 3 \cdot 0 - 4y + 6 = 0 \Leftrightarrow y = \frac{3}{2}$;
b) Schnitt mit der x-Achse bedeutet: $y = 0 \Rightarrow 3x - 4 \cdot 0 + 6 = 0 \Leftrightarrow x = -2$.
Die Verbindung der beiden Punkte $(0|1{,}5)$ und $(-2|0)$ im kartesischen Koordinatensystem führt zur gesuchten Gerade.

Aufgaben

2.13 Errechnen Sie jeweils die Nullstelle:
a) $f_1(x) = x - 3$;
b) $f_2(x) = \dfrac{1}{2}x + 1$;
c) $f_3(x) = -\dfrac{5}{4}x - \dfrac{3}{2}$.

2.14 Zeichnen Sie die Geraden, indem Sie die Schnittpunkte mit den Koordinatenachsen errechnen:
a) $g_1\colon 2x - 3y + 6 = 0$;
b) $g_2\colon \dfrac{1}{3}x + \dfrac{5}{4}y - \dfrac{1}{5} = 0$.

Schnittpunkt zweier Geraden
Zwei Geraden mit den Funktionsgleichungen

$$f(x) = m_1x + b_1 \quad \text{und} \quad g(x) = m_2x + b_2$$

schneiden sich, falls $m_1 \neq m_2$; also verschiedene Steigungen haben.

Die Koordinaten dieses Schnittpunktes S erfüllen sowohl die Funktionsvorschrift von f als auch die von g. Es bedeutet, dass der Funktionswert an diesem Punkt bei $f(x)$ und $g(x)$ gleich sein muss, also

$$f(x) = g(x).$$

Gleichsetzen führt dann auf:

$$m_1x + b_1 = m_2x + b_2 \quad \text{(Schnittpunktbedingung zweier Geraden).}$$

Beispiel

Gesucht ist der Schnittpunkt der Geraden zu $f(x) = -3x + 1$ und $g(x) = 2x - 4$.

Lösung: Schnittpunktbedingung:

$$\begin{aligned} f(x) &= g(x) \\ \Rightarrow \quad -3x + 1 &= 2x - 4 \\ 5x &= 5 \\ x &= 1. \end{aligned}$$

Durch Einsetzen in eine der beiden Funktionsgleichungen folgt z. B. $f(1) = -2$, der Schnittpunkt ist folglich $S(1|-2)$ (Abb. 2.17).

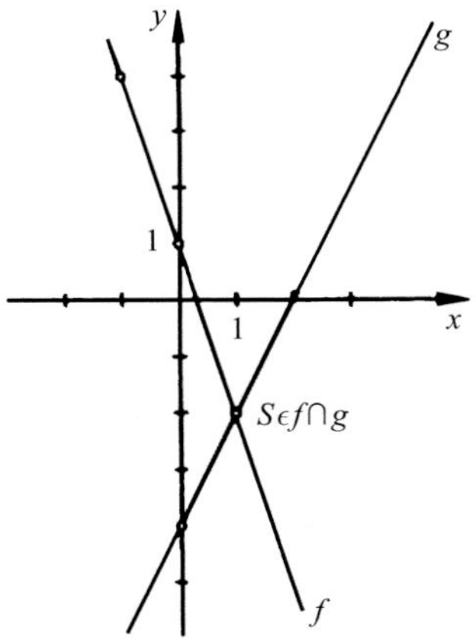

Abb. 2.17 Schnittpunkt S zweier Geraden f und g

Aufgaben

2.15 Berechnen Sie, inwieweit sich die Geraden folgender Funktionen in einem Punkt schneiden:

a) $f_1(x) = x$, $f_2(x) = 0{,}5x + 1$, $f_3(x) = -1{,}5x + 5$;

b) $g_1(x) = -2x$, $g_2(x) = +1$, $g_3(x) = 0{,}1x + 1{,}1$.

2.16 Ein Dreieck sei festgelegt durch die Geraden

$$AB \equiv 4x + 13y + 12 = 0,$$
$$BC \equiv 12x + 5y - 32 = 0 \quad \text{und}$$
$$AC \equiv x - y + 3 = 0.$$

Errechnen Sie die Koordinaten der Eckpunkte A, B und C und kontrollieren Sie das Ergebnis anhand einer graphischen Darstellung.

2.17 Die Stadtwerke einer mittelstädtischen Kommune bieten für die Versorgung mit Elektrizität u. a. nebenstehende Stromtarife ohne Mehrwertsteuer an. Ab welchem Jahresverbrauch in kWh wird Tarif II günstiger sein als Tarif I?

	Grundtarif I	Grundtarif II
Arbeitspreis	13,64 Ct/kWh	13,50 Ct/kWh
Grundpreis	38,– €/Jahr	45,50 €/Jahr

2.18 Jemand möchte für *einen* Tag einen Mietwagen ausleihen; die Angebote zweier Verleiher sind zwecks besserer Übersicht tabellarisch festgehalten.
Welcher Anbieter ist zu bevorzugen?

	Tagessatz	km-Satz
Verleiher V1	24,95 €	0,15 €
Verleiher V2	33,75 €	0,10 €

2.19 Pkw I benötigt für eine 40 km lange Strecke 30 Minuten Fahrzeit, Pkw II 40 Minuten.

a) Erstellen Sie die Funktionsgleichungen für die gleichförmige Bewegung beider Pkw.

b) Geben Sie die Funktionsgleichung für die gleichförmige Bewegung eines 3. Pkw's an, der 10 Minuten nach dem Start von Pkw I und II auf die Strecke geht und diese mit einer Geschwindigkeit von 120 km/h durchfährt.

c) Berechnen Sie Zeitpunkt und Stelle, zu der die beiden Pkw eingeholt bzw. überholt werden.

2.20 In einer Montagehalle der Automobilindustrie bewegt sich auf einem Transportband eine Baueinheit mit $v_1 = 0{,}12\,\text{m/s}$ an einem Kontrollpunkt P vorbei. 2 Minuten später folgt auf einem parallel verlaufenden Band ein Werkstück mit $v_2 = 0{,}18\,\text{m/s}$. Berechnen Sie, nach wie viel Sekunden und in welchem Abstand von P die Montage der beiden Baueinheiten erfolgt.

2.21 Die Ausgangskennlinie eines bestimmten Transistors lässt sich näherungsweise funktional durch die Gleichung $I(u) = 0{,}5u + 3$ beschreiben, die Arbeitsgerade des Kollektorwiderstandes entsprechend durch die Gleichung $I_R(u) = -u + 6$. Ermitteln Sie rechnerisch den Arbeitspunkt dieser Transistorschaltung, wenn sich die Funktionsgleichungen auf Angaben in Volt und Ampere beziehen.
Hinweis: Der Arbeitspunkt ist der Schnittpunkt beider Kennlinien.

2.22 Zwei Leichtathleten laufen im Training auf einer 400 m-Bahn in entgegengesetzter Richtung. Der eine Läufer benötigt für eine Bahn 60 Sekunden, der andere nur 50 Sekunden.

a) Ermitteln Sie, nach welcher Zeit bei gleichem Startbeginn und nach wie viel Metern sich die beiden Läufer das erste Mal begegnen.
b) Klären Sie, ob sich die beiden Läufer das zweite Mal begegnen, bevor oder nachdem der schwächere Leichtathlet seinen Startpunkt wieder erreicht hat.

2.23 Um 10:00 Uhr durchfährt ein Güterzug den Hauptbahnhof in Hannover in Richtung Göttingen (Entfernung: 108 km) mit einer mittleren Geschwindigkeit von 72 km/h; um 10:20 Uhr verlässt ein InterCity Hannover mit erstem Halt in Göttingen (mittlere Geschwindigkeit: 216 km/h).

a) Geben Sie an, zu welcher Uhrzeit beide Züge Göttingen erreichen.
b) Wie viele Kilometer vor Göttingen und zu welcher Zeit muss dem IC eine Überholmöglichkeit eingeräumt werden, indem der Güterzug auf einem Nebengleis wartet?
c) Ermitteln Sie, an welchen Stellen und zu welchen Zeiten der RegionalExpress von Göttingen nach Hannover (Abfahrt in Göttingen um 10:00 Uhr) den entgegenkommenden Zügen begegnet, wenn er mit einer mittleren Geschwindigkeit von 90 km/h fährt.

Hinweis: Zeichnerische und rechnerische Lösung sind erwünscht. Legen Sie die Abfahrtzeit 10:00 Uhr in den Ursprung des s, t-Diagramms.

Schnittwinkel zweier Geraden

Zwei nichtparallele Geraden ($m_1 \neq m_2$) schneiden sich unter einem bestimmten Winkel ε, Schnittwinkel genannt. Definiert ist er als derjenige, der von der Geraden mit dem kleineren Steigungswinkel zur Geraden mit dem größeren Steigungswinkel im mathematischen Drehsinn (= Gegenuhrzeigersinn) überstrichen wird. Er lässt sich gemäß folgendem Satz berechnen:

Für zwei sich schneidende Geraden mit $m_1 < m_2$ ergibt sich der Schnittwinkel ε zu

$$\varepsilon = \arctan m_2 - \arctan m_1 .$$

Hinweis: Abbildung 2.18 veranschaulicht den Sachverhalt für $m_1 < m_2$ mit $m_{1,2} \in \mathbb{R}^+$.

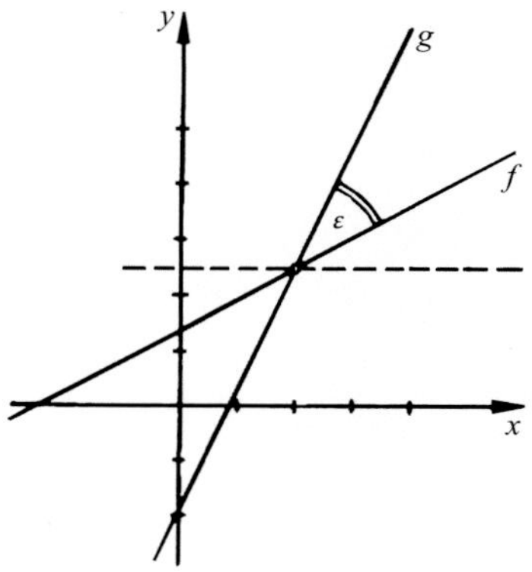

Abb. 2.18 Schnittwinkel ε zweier Geraden f und g

Beispiel 1

Der Schnittwinkel ε_1 ist zu bestimmen zwischen den Geraden zu $f_1(x) = \frac{1}{2}x + 1$ und $g_1(x) = 3x - 2$.

Lösung:

$$\begin{aligned} \varepsilon_1 &= \arctan m_{g1} - \arctan m_{f1} \\ \Rightarrow \quad \varepsilon_1 &= \arctan 3 - \arctan 1/2 \\ \varepsilon_1 &= 71{,}565° - 26{,}565° \\ \varepsilon_1 &= 45°. \end{aligned}$$

Beispiel 2

Gesucht ist der Schnittwinkel ε_2 der Geraden mit den Funktionsgleichungen $f_2(x) = \frac{3}{2}x - 1$ und $g_2(x) = -x + 2$.

Lösung:

$$\begin{aligned} \varepsilon_2 &= \arctan(-1) - \arctan \frac{3}{2} \\ \varepsilon_2 &= 135° - 56{,}31° \\ \varepsilon_2 &= 78{,}69°. \end{aligned}$$

Achtung: Taschenrechner erstellen in der Regel für $\varepsilon_2 = \arctan(-1) - \arctan \frac{3}{2}$ als Lösung $\varepsilon_2' = -45° - 56{,}31° = -101{,}31°$.
Abbildung 2.19 zeigt, dass der Supplementwinkel[4] ε_2' zu ε_2 angegeben wird, und zwar negativ, also entgegen dem mathematischen Drehsinn.

Hinweis: Zur Vermeidung von Irrtümern empfiehlt sich generell eine graphische Darstellung.

[4] Ergänzungswinkel zu 180°.

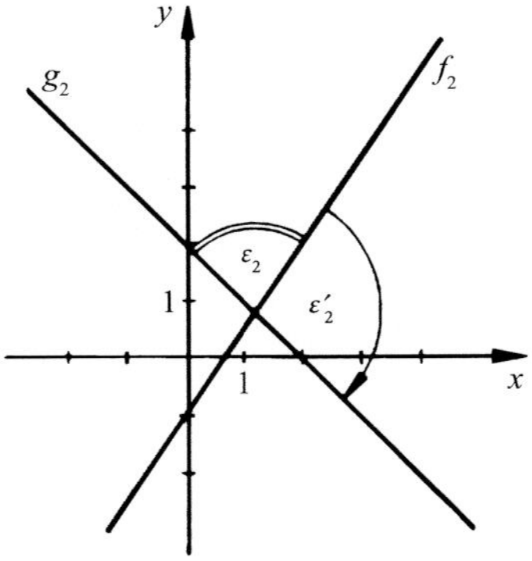

Abb. 2.19 Schnittwinkel ε_2 mit (negativ gemessenem) Supplementwinkel ε_2'

Alternativlösung In der mathematischen Literatur findet sich häufig ein anderes Verfahren zur Schnittwinkelbestimmung:

Gemäß Abb. 2.18 gilt

$$\varepsilon = \sigma_2 - \sigma_1$$
$$\Rightarrow \quad \tan\varepsilon = \tan(\sigma_2 - \sigma_1)$$

und daraus dann

$$\tan\varepsilon = \frac{m_2 - m_1}{1 + m_1 \cdot m_2}.$$ Schnittwinkelbestimmung zweier Geraden mit den Steigungen m_1 und m_2

Anmerkung: Diese Formel bedarf allerdings einer Einschränkung betreffs der Steigungen m_1 und m_2 (wieso?).

Aufgaben

2.24 Bestimmen Sie den Schnittwinkel ε zwischen jeweils zwei Geraden, wenn gilt:

a) $f_1(x) = \frac{2}{5}x + 1$, $g_1(x) = 3x - 1$;

b) $f_2(x) = x - 2$, $g_2(x) = -2x + \frac{3}{2}$.

2.25 Berechnen Sie, unter welchen Winkeln $g \equiv 7x - 4y + 14 = 0$ die Koordinatenachsen schneidet.

2.26 Ein Dreieck sei festgelegt durch die Graphen folgender linearer Funktionen:

$$f_1(x) = -\frac{1}{2}x, \quad f_2(x) = -\frac{1}{4}x + \frac{3}{2} \quad \text{und} \quad f_3(x) = \frac{1}{4}x - \frac{3}{2}.$$

Bestimmen Sie rechnerisch die Innenwinkel des Dreiecks sowie dessen Eckpunkte.

2.27 Ein Parallelogramm ist gegeben mit $AB \equiv y = 0$, $CD \equiv y = 4$ sowie den Diagonalen $AC \equiv 4x - 7y = 0$ und $BD \equiv 4x + 5y - 24 = 0$.

a) Errechnen Sie die Koordinaten der Eckpunkte sowie des Diagonalenschnittpunktes und überprüfen Sie das Ergebnis anhand der graphischen Darstellung.

b) Ermitteln Sie rechnerisch den Schnittwinkel der Diagonalen.

Sonderfall: 2 Geraden stehen senkrecht aufeinander.

Beispiel

Gegeben seien $f(x) = \frac{4}{3}x - 1$ und $g(x) = -\frac{3}{4}x + 2$. Der Schnittwinkel ist zu bestimmen.

Lösung 1:

$$\begin{aligned} \varepsilon &= \arctan m_2 - \arctan m_1 \\ \Rightarrow \varepsilon &= \arctan\left(-\frac{4}{3}\right) - \arctan\frac{3}{4} \\ \varepsilon &= 143{,}130° - 53{,}130° \\ \varepsilon &= 90°. \end{aligned}$$

Hinweis: Zeichnung empfehlenswert!

Lösung 2:

$$\tan\varepsilon = \frac{m_2 - m_1}{1 + m_1 \cdot m_2}$$

$$\Rightarrow \quad \tan\varepsilon = \frac{-\frac{3}{4} - \frac{4}{3}}{1 + \frac{4}{3}\cdot\left(-\frac{3}{4}\right)} = \frac{-\frac{25}{12}}{0}$$

$\Rightarrow$ Lösung kann nicht angegeben werden.

Lösung 1 besagt, dass sich die Geraden zu f und g rechtwinklig schneiden, also *orthogonal* zueinander sind. Ein Vergleich mit Lösung 2 zeigt, dass für $\varepsilon = 90°$ der Nenner 0 wird:

$$\begin{aligned} 1 + m_1 \cdot m_2 &= 0 \\ m_1 \cdot m_2 &= -1. \end{aligned}$$

Zwei Geraden mit $f(x) = m_1x + b_1$ und $g(x) = m_2x + b_2$ stehen senkrecht aufeinander (sind orthogonal), wenn gilt

$$m_1 \cdot m_2 = -1 \quad \text{(Orthogonalitätsbedingung)},$$

siehe Abb. 2.20.

Hinweis: Ist $\alpha_2 - \alpha_1 = 90° \Rightarrow$ Geraden stehen senkrecht aufeinander.

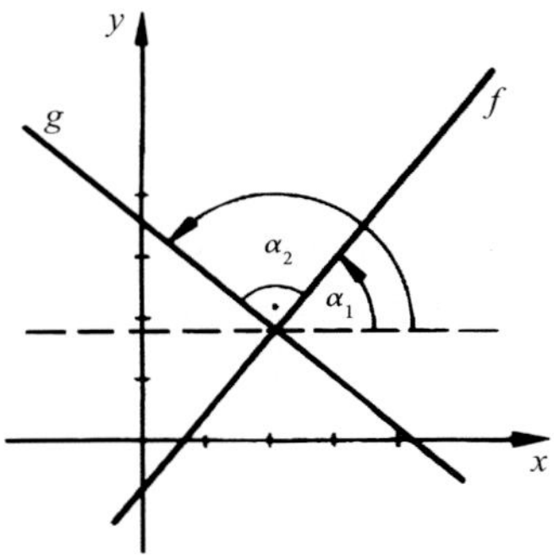

Abb. 2.20 Orthogonale Geraden

Aufgaben

2.28 Prüfen Sie, ob sich die Geraden mit den Steigungen m_1 und m_2 rechtwinklig schneiden:

a) $m_1 = 3, m_2 = -\frac{1}{3}$;

b) $m_1 = \frac{1}{2}, m_2 = +2$;

c) $m_1 = -2, m_2 = +\frac{1}{2}$;

d) $m_1 = +1, m_2 = -1$;

e) $m_1 = \frac{4}{5}, m_2 = -\frac{5}{4}$;

f) $m_1 = -\frac{5}{3}, m_2 = \frac{3}{5}$.

2.29 1. Benennen Sie jeweils die Gleichungen der Ursprungsgeraden, die orthogonal sind zu

a) $f: 2x - 3y + 1 = 0$;

b) $g: \frac{1}{4}x + \frac{2}{5}y = 4$;

c) $h: -\frac{1}{5}x + \frac{2}{7}y - 2 = 0$.

2. Unter jeweils welchem Winkel schneiden die orthogonalen Geraden die Abszissenachse?

Aufstellen linearer Funktionen

Die Normalform der Geradengleichung $y = mx + b$ sagt aus:

Eine Gerade kann durch Angabe von Steigung m und Ordinatenabschnitt b eindeutig gezeichnet bzw. bestimmt werden. Gleiches gilt, wenn die Steigung und ein beliebiger Punkt der Geraden gegeben sind (wieso?).

Es soll nun untersucht werden, inwieweit aufgrund beider Angaben *rechnerisch* die lineare Funktionsgleichung zu erstellen ist.

Beispiel

Eine Gerade mit $m = -\frac{1}{2}$ gehe durch $P_1(-1|3)$. Die zugehörige Funktionsgleichung ist aufzustellen.

Lösung: Der Ansatz $y = mx + b$ führt auf $y = -\frac{1}{2}x + b$.
b kann mit Hilfe von P_1 bestimmt werden, denn P_1 liegt laut Aufgabenstellung auf der Geraden, seine Koordinaten erfüllen die Zuordnungsvorschrift. Eine sogenannte Punktprobe ergibt die gewünschte Aussage.
Punktprobe mit $P_1(-1|3)$:

$$3 = -\frac{1}{2}(-1) + b \quad \text{oder} \quad b = +\frac{5}{2} \quad \Rightarrow \quad y = -\frac{1}{2}x + \frac{5}{2}.$$

Punktsteigungsform der Geradengleichung

Durch einen $P_1(x_1|y_1)$ und durch die Steigung m sind Geraden eindeutig festgelegt:

$$y - y_1 = m(x - x_1) \quad \text{Punktsteigungsform}$$

Beispiel

Die Gleichung der Geraden ist gesucht, die die x-Achse unter 45° schneidet und durch $P_1(2|3)$ geht.

Lösung: Es ist

$$y - y_1 = m(x - x_1);$$

mit $m = \tan 45° = 1$ folgt

$$y - 3 = +1(x - 2) \qquad \text{oder}$$
$$y = x + 1.$$

Aufgaben

2.30 a) Bestimmen Sie $b \in \mathbb{R}$ so, dass die Gerade zu $y = \frac{1}{3}x + b$ durch $P_1(3|-1)$ geht.
b) Wie groß muss $m \in \mathbb{R}$ sein, damit der Graph zu f mit $f(x) = mx - 2$ durch $P_2(1|-3)$ geht?

2.31 Erstellen Sie jeweils die Gleichung der Geraden mit $m = -\frac{2}{3}$, die durch folgenden Punkt geht:
a) $P_1(2|-3)$;
b) $P_2(-1|-1)$;
c) $P_3(-2|3)$.

2.32 Der Graph einer linearen Funktion schneidet die Abszissenachse unter 135° und geht durch $P_1(-2|1)$. Wie heißt die Funktion?

2.33 Es ist $g \equiv 2x + y + 1 = 0$.

a) Geben Sie die Funktionsgleichung der zu g parallelen Geraden durch $P(-1|-2)$ an.

b) Bestimmen Sie die Funktionsgleichung der zu g orthogonalen Geraden durch $Q(1|-1)$.

c) Berechnen Sie, in welchem Punkt sich Parallele und Orthogonale zu g schneiden.

2.34 Wie lauten die Funktionsgleichungen der Orthogonalen, die in den Schnittpunkten der Geraden $g \equiv 2x - 3y - 6 = 0$ mit den Koordinatenachsen errichtet werden?

2.35 Von $P(-3|4)$ wird das Lot auf die 1. Winkelhalbierende gefällt.

a) Geben Sie die Funktionsgleichung dieses Lotes an.

b) Wo schneidet es die Koordinatenachsen und unter welchen Winkeln geschieht es?

2.36 Von einem Punkt $P(4|3)$ trifft ein Lichtstrahl unter einem Winkel von $\sigma = \arctan 2$ auf der x-Achse auf und wird von dieser sowie anschließend von der y-Achse reflektiert. Geben Sie die Funktionsgleichungen des einfallenden und des reflektierten Lichtstrahles an.

Hinweis: Zeichnen Sie den Strahlengang unter Berücksichtigung des Reflexionsgesetzes (Einfallswinkel = Ausfallswinkel).

2.37 Zu der Geraden mit $g(x) = -2x + 4$ sind die Funktionsgleichungen der Ursprungsgeraden rechnerisch zu ermitteln, die mit ihr einen Winkel von 45° bilden.

2.38 Zwei Halbzeuge sollen nach Zeichnung durch automatisches Schweißen in einer Vorrichtung zum fertigen Werkstück verbunden werden.

Zur Programmierung des Automaten werden die Koordinaten von Anfangs- und Endpunkt der Schweißnaht benötigt.

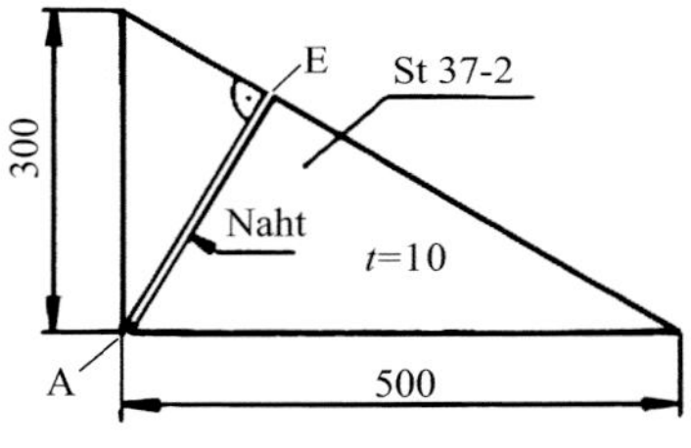

2.39 Bestimmen Sie zwecks CNC-Programmierung des dargestellten Frästeiles die Koordinaten des Punktes P_1, bezogen auf den Werkstück-Nullpunkt auf 3 Nachkommastellen.

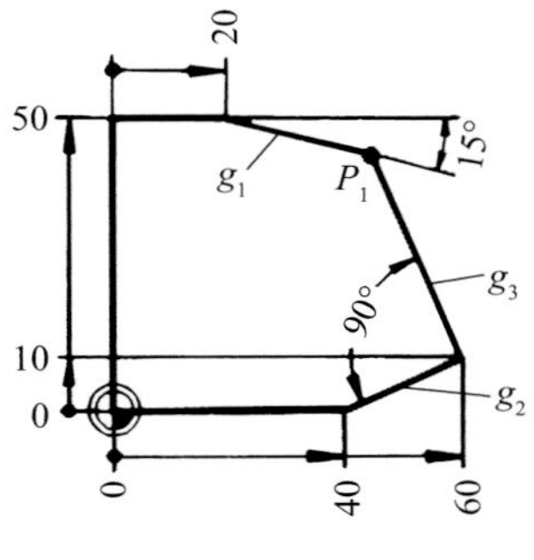

2.40 Es ist $f\colon y = -\frac{2}{3}x - 2,\ x \in \mathbb{R}$.
Geben Sie die Gleichungen der Geraden durch $P(-1|1)$ an, die G_f unter 45° schneiden.

2.41 Eine Gerade g schließt zusammen mit den Koordinatenachsen eine Dreiecksfläche von 6 FE (FE: Flächeneinheiten) ein. Erstellen Sie die Funktionsgleichung der Geraden, wenn $P(4|6) \in g$ und die Steigung der Geraden positiv ist.
Hinweis: Es ergeben sich zwei Lösungen.

Aufstellung linearer Funktionen aus zwei Punkten

Eine Geradengleichung lässt sich nicht nur aufstellen, wenn die Koordinaten eines Punktes sowie der Steigungsfaktor m bekannt sind. Es ist ebenfalls möglich, die Funktionsgleichung einer durch 2 Punkte festgelegten Geraden rechnerisch zu erstellen.

Beispiel

Eine Gerade geht durch $P_1(1|1)$ und $P_2(3|4)$. Die Funktionsgleichung der Geraden ist gesucht.

Lösung: Die Normalform der Geradengleichung führt über zweimalige Punktprobe auf ein lineares Gleichungssystem mit zwei Variablen m und b.
Ansatz: $y = mx + b$
Punktprobe mit P_1: $1 = 1m + b$
Punktprobe mit P_2: $4 = 3m + b$

$$\Rightarrow \quad -m + 1 = 4 - 3m \quad \Leftrightarrow \quad m = \frac{3}{2} \quad \Rightarrow \quad b = -\frac{1}{2}.$$

Somit lautet die Funktionsgleichung $f(x) = \frac{3}{2}x - \frac{1}{2}$.

Zweipunkteform der Geradengleichung

Durch $P_1(x_1|y_1)$ und $P_2(x_2|y_2)$ festgelegte Geraden lassen sich beschreiben mit der *Zweipunkteform*

$$\frac{y - y_1}{x - x_1} = \frac{y_2 - y_1}{x_2 - x_1} \quad (x_1 \neq x_2).$$

Beispiel

Für eine durch $P_1(-3|1)$ und $P_2(2|-3)$ verlaufende Gerade sind die Schnittpunkte mit den Koordinatenachsen zu bestimmen.

Lösung: Zweipunkteform:

$$\frac{y - 1}{x - (-3)} = \frac{-3 - 1}{2 - (-3)} \quad \Leftrightarrow \quad \frac{y - 1}{x + 3} = -\frac{4}{5} \quad \Leftrightarrow \quad y = -\frac{4}{5}x - \frac{7}{5}.$$

Für den Schnittpunkt mit der y-Achse ergibt sich unmittelbar $S_y\left(0\middle|-\frac{7}{5}\right)$; für den Schnittpunkt mit der x-Achse muss die Gleichung $-\frac{4}{5}x - \frac{7}{5} = 0$ gelöst werden: $N\left(-\frac{7}{4}\middle|0\right)$.

Aufgaben

2.42 Ein Dreieck habe die Eckpunkte $A(-1|1)$, $B(5|-1)$ und $C(1|5)$. Geben Sie die Gleichungen der Dreiecksseiten an.

2.43 Gegeben sind $P_1(-2|-3)$, $P_2(4|2)$ und $P_3(4|3)$.

a) Geben Sie die Funktionsgleichung der Parallelen zu $\overline{P_1P_3}$ durch P_2 an.

b) Wie lautet die Funktionsgleichung der Orthogonalen zu $\overline{P_1P_2}$ durch P_3?

2.44 Gegeben:

$$f_1(x) = \frac{2}{3}x - \frac{3}{2} \quad \text{und} \quad f_2(x) = -\frac{1}{2}x + 2.$$

Ermitteln Sie die Geradengleichung durch $S \in f_1 \cap f_2$ und $P(-2|1)$.

2.45 Prüfen Sie rechnerisch, ob $P(\frac{1}{2}|-\frac{1}{2})$ auf der Geraden durch $P_1(-2|-3)$ und $P_2(4|3)$ liegt.

2.46 Prüfen Sie rechnerisch, ob drei Punkte auf jeweils einer gemeinsamen Geraden liegen:

a) $P_1(-4|1)$, $P_2(2{,}5|-1{,}5)$, $P_3(4|-2)$;

b) $P_1(-3|-2)$, $P_2(0{,}5|2)$, $P_3(4|6)$.

2.47 Eine Gerade ist festgelegt durch $P_1(-2|1)$ und $P_2(3|3)$. Berechnen Sie, unter welchem Winkel der Graph der *identischen Funktion* $f(x) = x$ die beschriebene Gerade schneidet.

2.48 $A(-2|-3)$, $B(5|-1)$, $C(2{,}5|4)$ und $D(-1|3)$ markieren ein Viereck. Klären Sie rechnerisch, ob

a) es sich um ein Trapez handelt,

b) die Verbindungslinie AC durch den Ursprung geht,

c) sich die Diagonalen AC und BD in $S(1|1{,}5)$ schneiden,

d) die Diagonalen senkrecht aufeinander stehen.

2.49 Ein Viereck hat die Eckpunkte $A(-1|-1)$, $B(5|-2)$, $C(6|5)$ und $D(0|4)$.

a) Wo und unter welchem Winkel schneidet das Lot von C auf $\overline{BD}$ die Abszissenachse?

b) Prüfen Sie, ob das beschriebene Lot identisch ist mit der Diagonalen $\overline{AC}$.

2.50 Errechnen Sie für ein Dreieck mit den Eckpunkten $A(-1|-1)$, $B(6|2)$ und $C(-1{,}5|5)$ die Koordinaten des Fußpunkts der Höhe h_a.

2.51 Gegeben ist ein Dreieck mit $A(-5|2)$, $B(2|-4)$ und $C(0|5)$. Bestimmen Sie die Koordinaten des Höhenschnittpunkts.

2.52 Von einem Dreieck sind die Eckpunkte $A(-4|-2)$ und $B(5|1)$ sowie der Höhenschnittpunkt $H(1|3)$ bekannt. Berechnen Sie die Koordinaten des Eckpunkts C.

2.53 Aus einer bestimmten Anfangsgeschwindigkeit v_0 heraus wird ein Körper gleichmäßig beschleunigt; nach 3 Sekunden hat er eine Geschwindigkeit von $v_1 = 10\,\mathrm{m/s}$, nach 10 Sekunden eine solche von $v_2 = 24\,\mathrm{m/s}$. Welche Anfangsgeschwindigkeit hatte der Körper?
Stellen Sie den Sachverhalt im v,t-Diagramm für $t \geq 0$ graphisch dar.

2.54 Um Energiekosten einzusparen, kann die Vorlauftemperatur T_V einer Heizungsanlage in Abhängigkeit von der Außentemperatur T_A geregelt werden; der funktionale Zusammenhang wird in sog. „Heizkurven" dargestellt.

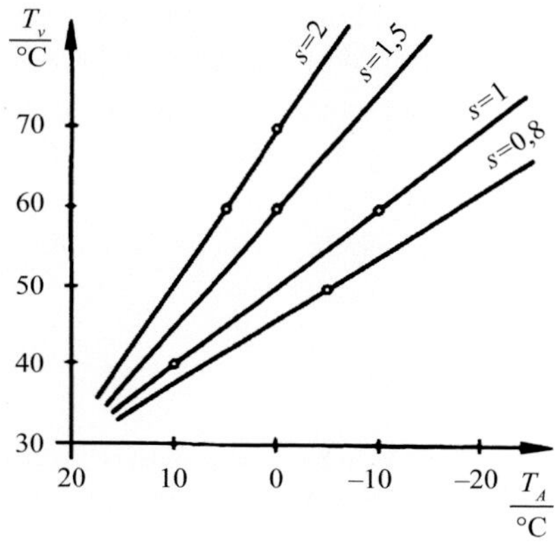

a) Stellen Sie für „Heizkurven" mit der Steilheit $s_1 = 1$ und $s_2 = 2$ die Funktionsgleichungen auf. Interpretieren Sie anhand der Ergebnisse den Begriff „Steilheit".
b) Erstellen Sie für die verbleibenden beiden Heizkurven ebenfalls die Funktionsgleichungen.

Hinweis: Beachten Sie den Maßstab auf der Abszissenachse und die Punkte auf den Geraden.

2.55 Bestimmen Sie zum Fertigen der Nut die Koordinaten des Punktes P.

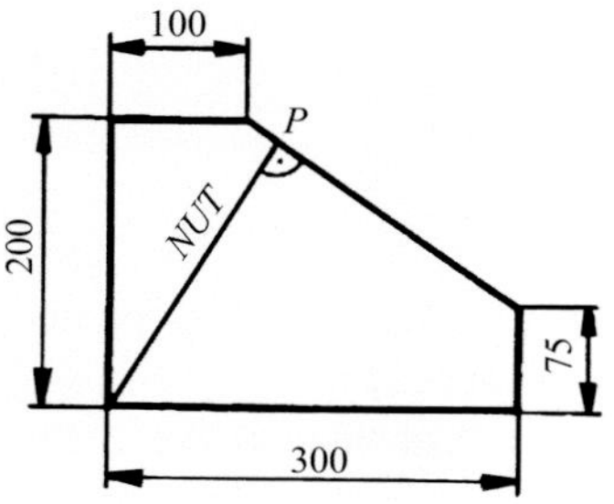

2.56 Bei einer Autobatterie wurden an einem veränderbaren Außenwiderstand einmal 13,3 V und 1 A und ein weiteres Mal 12,9 V und 5 A gemessen.

a) Ermitteln Sie die Geradengleichung der Innenwiderstandskennlinie, skizzieren Sie diese und errechnen Sie den Innenwiderstand der Autobatterie.

b) Weisen Sie nach, dass allgemein für eine Innenwiderstandskennlinie mit $I(u) = m \cdot u + I_k$ immer die Aussage $R_i = -1/m$ gilt.

2.57 Beim Testen eines neu entwickelten Elektrogerätes bestimmter Bauart zeigt sich nach kürzerer Betriebsdauer, dass sich der Widerstand der Heizwicklung von $R_{20} = 25\,\Omega$ auf $R_{48} = 27\,\Omega$ erhöht.

a) Geben Sie die Funktion in der Form $R = f(J)$ an (J in °C gemessen), wenn die Temperaturabhängigkeit von Widerständen unter bestimmten technologischen Voraussetzungen als lineare Funktion modelliert werden kann.

b) Für die Steigung gilt $m = R_0 \cdot \alpha$. Bestimmen Sie den Temperaturbeiwert α der Wicklung.

Hinweis: Die Indizes der Widerstände beziehen sich auf gemessene Temperaturen.

2.2.2 Quadratische Funktionen

Ein Beispiel dafür ist der *freie Fall*: Ein Körper durchfällt eine Fallstrecke s, die in Abhängigkeit von der Zeit t unter Vernachlässigung des Luftwiderstandes überproportional anwächst nach der Gesetzmäßigkeit $s = \frac{1}{2} \cdot g \cdot t^2$, wobei die Fallbeschleunigung mit $g \approx 9{,}81\,\text{m/s}^2$ eingesetzt wird.[5]

Es handelt sich bei $s = f(t)$ um eine quadratische Funktion, die in der Mathematik allgemein wie folgt definiert wird:

Reelle Funktionen der Form

$$f(x) = ax^2 + bx + c \quad (a, b, c \in \mathbb{R} \wedge a \neq 0)$$

nennt man quadratische Funktionen.

Dabei heißen ax^2 quadratisches, bx lineares und c absolutes Glied.

Die Normalparabel

Die besondere Charakteristik quadratischer Funktionen und ihrer Graphen wird zunächst an einem Sonderfall betrachtet (Abb. 2.21a).

Die sich ergebenden geordneten Paare sind in Tab. 2.2 festgehalten.

Es gilt: Symmetrie zur y-Achse $f(x) = f(-x)$ da $(-x) \cdot (-x) = x^2$.

[5] Die Größe der Fallbeschleunigung ist nicht an allen Orten der Erde gleich: Sie ist an den Polen am größten ($\approx 9{,}84\,\text{m/s}^2$) und nimmt zum Äquator hin ab auf $9{,}78\,\text{m/s}^2$.

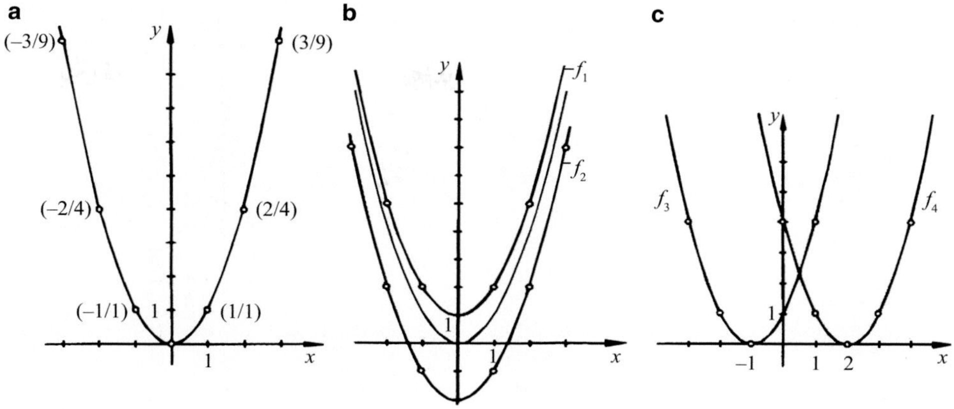

Abb. 2.21 **a** Normalparabel $y = x^2$. **b** Verschiebung der Normalparabel in y-Richtung, dargestellt für $f_1(x) = x^2 + 1$ und $f_2(x) = x^2 - 2$. **c** Verschiebung der Normalparabel in x-Richtung, dargestellt für $f_3(x) = (x + 1)^2$ und $f_4(x) = (x - 2)^2$

Tab. 2.2 Wertetabelle zu $y = x^2$

x	−2	−1	0	1	2	3
y	4	1	0	1	4	9

Erst die Erweiterung der Definitionsmenge auf $D = \mathbb{R}$ verdeutlicht das spezifische Verhalten des Graphen von $f(x) = x^2$ (Abb. 2.21a):

- nach oben geöffnet,
- symmetrisch zur y-Achse,
- mit stärkster Krümmung (= Scheitelpunkt) im Ursprung.

Verschiebung in y-Richtung Wird diese Normalparabel um y_s Einheiten in *y-Richtung* verschoben, so nehmen die Ordinaten aller Parabelpunkte ebenfalls um $|y_s|$ Einheiten zu ($y_s > 0$) bzw. ab ($y_s < 0$); die Zuordnungsvorschrift lautet entsprechend

$$y = f(x) = x^2 + y_s \quad (y_s \in \mathbb{R}).$$

Der Scheitelpunkt hat nunmehr die Koordinaten $S(0|y_s)$. Abbildung 2.21b zeigt den Sachverhalt für $y_{s_1} = 1$ bzw. $y_{s_2} = -2$.

Verschiebung in x-Richtung Sie wird bewirkt durch Funktionsgleichungen wie $y = f_3(x) = (x + 1)^2$ bzw. $y = f_4(x) = (x - 2)^2$.

Es ergeben sich zur Normalparabel deckungsgleiche Parabeln (Abb. 2.21c) mit den

- Symmetrieachsen $x = -1$ bzw. $x = +2$ und den
- Scheitelkoordinaten $S_3(-1|0)$ bzw. $S_4(+2|0)$.

Hinweis: Man beachte, dass $f_3(-1) = 0$ bzw. $f_4(+2) = 0$ ist.

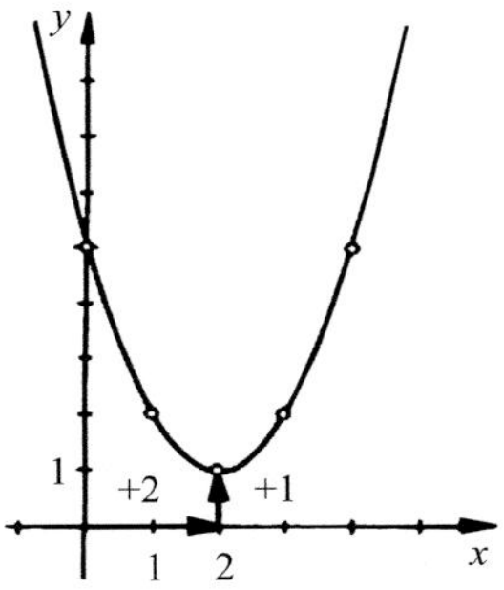

Abb. 2.22 Verschiebung der Normalparabel in x- und y-Richtung, dargestellt für $y = f_5(x) = (x - 2)^2 + 1$

Verschiebung in x- und y-Richtung Somit lässt sich vermuten, dass z. B. $y = f_5(x) = (x - 2)^2 + 1$ eine Verschiebung sowohl in x- als auch in y-Richtung ergibt.

Abbildung 2.22 zeigt eine zur Normalparabel kongruente Parabel mit dem

- Scheitelpunkt $S(2|1)$ und der
- Symmetrieachse $x = 2$.

► *Verallgemeinernd* gilt, dass eine Parabel mit der Funktionsgleichung

$$y = (x - x_s)^2 + y_s \quad (x_s, y_s \in \mathbb{R}) \quad \text{(Scheitelgleichung)}$$

- kongruent zur Normalparabel $y = x^2$ ist,
- sich nach oben öffnet und
- die Scheitelkoordinaten $S(x_s|y_s)$ aufweist.

Aufstellen der Scheitelgleichung Die Angabe quadratischer Funktionen erfolgt in der Regel jedoch nicht in Form der Scheitelgleichung. Falls die Scheitelkoordinaten zu bestimmen sind oder eine „Schnellkonstruktion" der Parabel erfolgen soll, ist der Funktionsterm

$$f(x) = ax^2 + bx + c \quad \text{(hier: } a = 1\text{)}$$

in die Scheitelgleichung umzuformen. Das geschieht mit Hilfe der *quadratischen Ergänzung*.

Beispiel

Die Parabel zu $f(x) = x^2 + 4x + 3$ ist darzustellen.

Lösung: Aus $y = x^2 + 4x + 3$ folgt mit der quadratischen Ergänzung $+ (\frac{4}{2})^2 - (\frac{4}{2})^2$:

$$y = x^2 + 4x + \left(\frac{4}{2}\right)^2 + 3 - \left(\frac{4}{2}\right)^2 \quad \text{oder}$$
$$y = (x + 2)^2 - 1 \quad \Rightarrow \quad S(-2|-1) \text{ ist Scheitelpunkt.}$$

Die „Schnellkonstruktion" wird aus Abb. 2.23 ersichtlich. Der Schnittpunkt der Parabel mit der y-Achse bei $y = +3$ (wieso?) liefert einen weiteren „Anhalts"-Punkt.

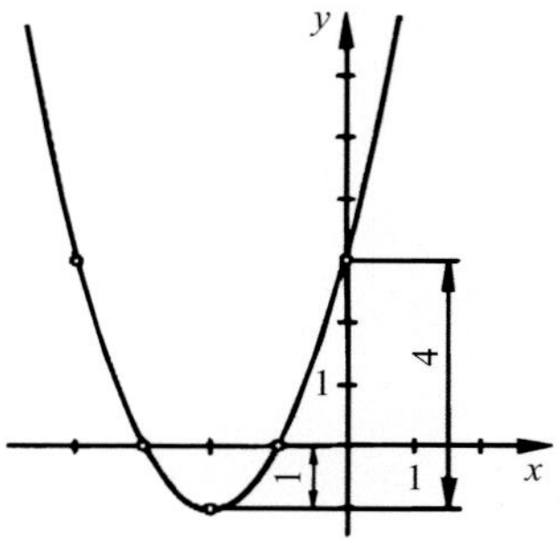

Abb. 2.23 Graph zu $f(x) = x^2 + 4x + 3$

Erstellen der Funktion mittels Scheitelgleichung Ist der Scheitelpunkt einer aus dem Ursprung heraus verschobenen Normalparabel bekannt, lässt sich durch Termumformung der Scheitelgleichung auf die Koeffizienten der allgemeinen Form $f(x) = x^2 + bx + c$ schließen.

Das geht auch, wenn die durch den Scheitelpunkt gehende Symmetrieachse – also die x_s-Komponente – und ein zusätzlicher Punkt der Parabel gegeben sind.

Beispiel

Die Funktionsgleichung der zu $x = 2$ symmetrischen Normalparabel durch $P(4|3)$ ist zu ermitteln.

Lösung: Wegen $x_s = 2$ ergibt sich $y = (x - 2)^2 + y_s$;
Punktprobe mit $P(4|3)$: $3 = (4 - 2)^2 + y_s$, also $y_s = -1$.
Somit gilt $y = (x - 2)^2 - 1$ oder $y = x^2 - 4x + 3$.

Aufgaben

2.58 Bestimmen Sie die Scheitelkoordinaten:
a) $y = x^2 - 2x + 2$;
b) $y = x^2 + 4x + 1$;
c) $y = x^2 - x + 1$;
d) $y = x^2 + \frac{1}{3}x - \frac{1}{2}$.

2.59 Erstellen Sie die Scheitelkoordinaten der nach oben geöffneten Normalparabel, symmetrisch zur y-Achse, die durch jeweils folgenden Punkt geht:
a) $P(2|1)$;
b) $Q(3|5)$;
c) $R(-0{,}5|1{,}25)$.

2.60 Der Funktionsterm von $f(x) = x^2 + bx + c$ ist so anzugeben, dass die zugehörige Parabel

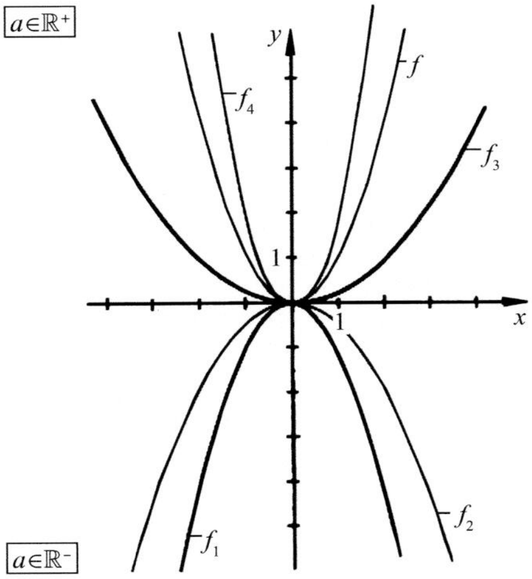

Abb. 2.24 Einfluss des Formfaktors; dargestellt für $f(x) = x^2$, $f_1(x) = -x^2$, $f_2(x) = -\frac{1}{2}x^2$, $f_3(x) = \frac{1}{4}x^2$, $f_4(x) = 2x^2$

a) die stärkste Krümmung in $S(1{,}5|0)$ hat;
b) symmetrisch zu $x = 1$ verläuft und durch $P(2|3)$ geht;
c) durch $P_1(-3|2)$ und $P_2(1|6)$ verläuft.

Allgemeine Form der Scheitelgleichung

Sie lautet: $f(x) = ax^2 + bx + c$, wobei $a \in \mathbb{R}^*$.

Im 1. Schritt werden zunächst Funktionen der Form $f(x) = ax^2$ betrachtet. Abbildung 2.24 mit den Fällen

$$a_1 = -1, \quad a_2 = -\frac{1}{2}, \quad a_3 = \frac{1}{4} \quad \text{und} \quad a_4 = 2$$

zeigt Folgendes:

- $f(x) = ax^2$ symbolisiert eine zur y-Achse symmetrische Parabel mit Scheitelpunkt $S(0|0)$.
- Ist $a \in \mathbb{R}^+$, so ist die Parabel nach oben geöffnet (Wertemenge $W = \mathbb{R}_0^+$); für $a \in \mathbb{R}^-$ ergibt sich eine Öffnung nach unten ($W = \mathbb{R}_0^-$).

Der Koeffizient a beeinflusst die Form der Parabel, er heißt daher *Formfaktor*.

Hinsichtlich seiner Größe ist eine weitere Unterscheidung erforderlich:

1. $|a| > 1$: Die Parabeln verlaufen steiler als die Normalparabel; sie sind im Vergleich dazu gestreckt („schlanker").
2. $|a| < 1$: Die Parabeln verlaufen flacher als die Normalparabel; sie sind im Vergleich dazu gestaucht („bauchiger").

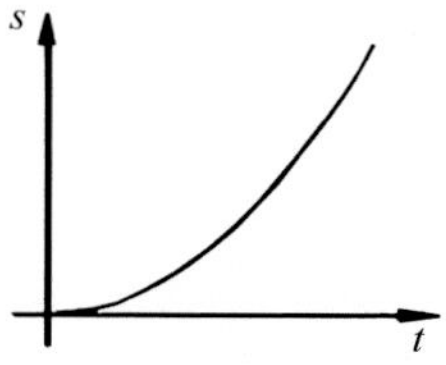

Abb. 2.25 s, t-Diagramm einer gleichmäßig beschleunigten Bewegung

Die Funktion $f_2(x) = -\frac{1}{2}x^2$ symbolisiert eine nach unten geöffnete Parabel, die im Vergleich zur Normalparabel flacher verläuft, also gestaucht ist.

Beispiele: a) Das s, t-Diagramm (Abb. 2.25) einer gleichmäßig beschleunigten Bewegung stellt eine nach oben geöffnete Parabel mit Scheitel im Ursprung dar. Für $t \in \mathbb{R}_0^+$ gilt $s = \frac{1}{2}a \cdot t^2$, wobei a die Beschleunigung in $\mathrm{m/s^2}$ ist. *Sonderfall*: Für den *freien Fall* gilt $s = \frac{1}{2} \cdot g \cdot t^2$.

b) Analoges gilt für P, I-Diagramme mit $P(I) = R \cdot I^2$ und P, U-Diagramme mit $P(U) = \frac{1}{R} \cdot U^2$.

Verschiebung in x- und y-Richtung Verschiebungen der Parabel $P\colon y = ax^2$ in y- oder x-Richtung erfolgen gemäß der im Zusammenhang mit der *Scheitelgleichung* der Normalparabel vorgestellten Gesetzmäßigkeiten:

Eine quadratische Funktion mit der Funktionsgleichung

$$y = a(x - x_s)^2 + y_s \quad (x_s, y_s \in \mathbb{R} \wedge a \in \mathbb{R}^*)$$

symbolisiert eine zu $P\colon y = ax^2$ kongruente Parabel mit den Scheitelkoordinaten $S(x_s|y_s)$.

Beispiel

Für $f(x) = \frac{1}{2}x^2 - 2x + 1$ sind die Scheitelkoordinaten der sich ergebenden Parabel zu ermitteln.

Lösung: $y = \frac{1}{2}x^2 - 2x + 1 \Leftrightarrow 2y = x^2 - 4x + 2$; mit Hilfe der quadratischen Ergänzung folgt

$$\begin{aligned} 2y &= x^2 - 4x + \left(\frac{4}{2}\right)^2 + 2 - \left(\frac{4}{2}\right)^2 \\ 2y &= (x-2)^2 - 2 \\ y &= \frac{1}{2}(x-2)^2 - 1 \quad \Rightarrow \quad S(2|-1). \end{aligned}$$

Es handelt sich um eine nach oben geöffnete, gegenüber der Normalparabel gestauchte Parabel.

Erstellen der Funktion mittels allgemeiner Form der Scheitelgleichung Die im Zusammenhang mit der Normalparabel angestellten Überlegungen gelten hier analog. Neu ist, in der Scheitelgleichung den Formfaktor a mitzuführen. Schlussfolgerung hieraus:

- Eine Parabel ist allein durch Angabe ihres Scheitelpunktes nicht eindeutig bestimmt; es bedarf der Angabe eines zusätzlichen Punktes.
- Ist nur die Symmetrieachse vorgegeben, reicht auch das nicht; es muss z. B. ein zweiter Punkt der Parabel benannt werden.

Beispiel

Die Funktionsgleichung der zu $x = -1$ symmetrischen Parabel durch $P_1(1|2)$ und $P_2(3|5)$ ist gesucht.

Lösung: $x_s = -1$ führt auf $y = a(x+1)^2 + y_s$;
Punktprobe mit $P_1(1|2)$: $2 = a(1+1)^2 + y_s$,
Punktprobe mit $P_2(3|5)$: $5 = a(3+1)^2 + y_s$.
Es resultiert ein lineares Gleichungssystem:

$$\begin{array}{lll}
(1) & 2 = 4a + y_s & \\
(2) & 5 = 16a + y_s & \\
(2)-(1) & 12a = 3 \quad \Leftrightarrow & a = \dfrac{1}{4}; \\
\text{in } (1) & y_s = 1. &
\end{array}$$

Die Scheitelgleichung lautet

$$y = \frac{1}{4}(x+1)^2 + 1 \quad \Leftrightarrow \quad y = \frac{1}{4}x^2 + \frac{1}{2}x + \frac{5}{4}.$$

Aufgaben

2.61 Bestimmen Sie die Scheitelpunktkoordinaten der Parabeln mit folgenden Funktionsgleichungen:
a) $y = -x^2 - 2x + 5$;
b) $y = \frac{1}{2}x^2 + x - \frac{1}{2}$;
c) $y = -\frac{4}{3}x^2 - 4x - 1$.

2.62 Bilden Sie die explizite Form der reellen Funktion $f\colon 3x^2 - 4(x - 2y) = 0$ und geben Sie ihre Wertemenge an.

2.63 Stellen Sie die Funktionsgleichung der Parabel auf, die durch den Ursprung und durch $P(-4|2)$ verläuft und symmetrisch zur y-Achse ist.

2.64 Geben Sie die Funktionsgleichungen der Parabeln an, die durch $P(3|2)$ gehen und folgende Scheitelkoordinaten aufweisen:
a) $S_1(2|1)$;
b) $S_2(-1|-2)$;
c) $S_3(1|4)$;
d) $S_4(4|4)$.

2.65 Eine Parabel P sei symmetrisch zur y-Achse und gehe durch $P_1(-1|\frac{1}{2})$ und $P_2(2|0)$. Prüfen Sie rechnerisch, ob $Q(-3|-1)$ auf der Parabel liegt.

Nullstellen quadratischer Funktionen

Mittels Scheitelgleichung ergeben sich die Scheitelkoordinaten einer Parabel. Normalparabeln lassen sich dann sofort zeichnen. In allen anderen Fällen ist es notwendig, weitere Punkte zu ermitteln, insbesondere die Schnittpunkte mit den Koordinatenachsen.

Für quadratische Funktionen mit dem Funktionsterm $f(x) = ax^2 + bx + c$ ergibt sich der Schnittpunkt mit der Ordinatenachse zu $S_y(0|c)$ (wieso?), für *Schnittpunkte mit der Abszissenachse* (Nullstellen!) führt das Kriterium $f(x) = 0$ auf die quadratische Bestimmungsgleichung

$$ax^2 + bx + c = 0;$$

die *normierte* Form (Normalform) ergibt sich zu

$$x^2 + \frac{b}{a}x + \frac{c}{a} = 0,$$

mit $p := \frac{b}{a}$ und $q := \frac{c}{a}$ folgt

$$x^2 + px + q = 0.$$

Die Nullstellen sind

$$x_{1,2} = -\frac{p}{2} \pm \sqrt{\left(\frac{p}{2}\right)^2 - q}.$$

Beispiel

Für $f(x) = -\frac{1}{2}x^2 + \frac{1}{2}x + 1$ ist die Parabel unter Festlegung ihrer markanten Punkte zu zeichnen.

Lösung:
1. Es handelt sich um eine nach unten geöffnete (wieso?), im Vergleich zur Normalparabel gestauchte Parabel (wieso?).
2. Der Schnittpunkt mit der y-Achse ergibt sich zu $S_y(0|1)$.

3. Die Ermittlung der Scheitelgleichung führt auf

$$y = -\frac{1}{2}\left(x - \frac{1}{2}\right)^2 + \frac{9}{8} \quad \Rightarrow \quad S\left(\frac{1}{2}\middle|\frac{9}{8}\right).$$

4. Die Schnittpunkte mit der x-Achse (Nullstellen) können unterschiedlich ermittelt werden:
1. Variante (p, q-Formel)

$$\begin{aligned} y &= -\frac{1}{2}x^2 + \frac{1}{2}x + 1 \\ y = 0 \quad &\Rightarrow \quad 0 = -\frac{1}{2}x^2 + \frac{1}{2}x + 1 \\ &\Leftrightarrow \quad 0 = x^2 - x - 2 \\ &\Rightarrow \quad x_{1,2} = \frac{1}{2} \pm \sqrt{\left(\frac{1}{2}\right)^2 + 2} \\ &\Rightarrow \quad x_{1,2} = \frac{1}{2} \pm \frac{3}{2} \\ &\Rightarrow \quad x_1 = 2 \text{ bzw. } x_2 = -1. \end{aligned}$$

2. Variante

$$\begin{aligned} y &= -\frac{1}{2}\left(x - \frac{1}{2}\right)^2 + \frac{9}{8} \\ y = 0 \quad &\Rightarrow \quad 0 = -\frac{1}{2}\left(x - \frac{1}{2}\right)^2 + \frac{9}{8} \\ &\Leftrightarrow \quad \left(x - \frac{1}{2}\right)^2 = \frac{9}{4} \quad \textit{oder} \quad \left(-x + \frac{1}{2}\right)^2 = \frac{9}{4} \\ & \qquad x - \frac{1}{2} = \frac{3}{2} \quad \textit{oder} \quad -x + \frac{1}{2} = \frac{3}{2} \\ & \qquad x = 2 \quad \textit{oder} \quad x = -1. \end{aligned}$$

Noch eine Variante:

$$x^2 - x - 2 = 0 \quad \Leftrightarrow \quad (x + 1) \cdot (x - 2) = 0 \quad \Leftrightarrow \quad x = -1 \vee x = 2.$$

5. Die ermittelten *drei* Punkte reichen aus, die Parabel frei Hand zu zeichnen, also den *qualitativen* Kurvenverlauf darzustellen.
In Abb. 2.26 ist der korrekte Verlauf dargestellt.

Nullstellen und Scheitelkoordinaten Die Scheitelkoordinaten lassen sich auch *mittels* Nullstellen errechnen.

Abb. 2.26 Parabel zu $f(x) = -\frac{1}{2}x^2 + \frac{1}{2}x + 1,\ x \in \mathbb{R}$

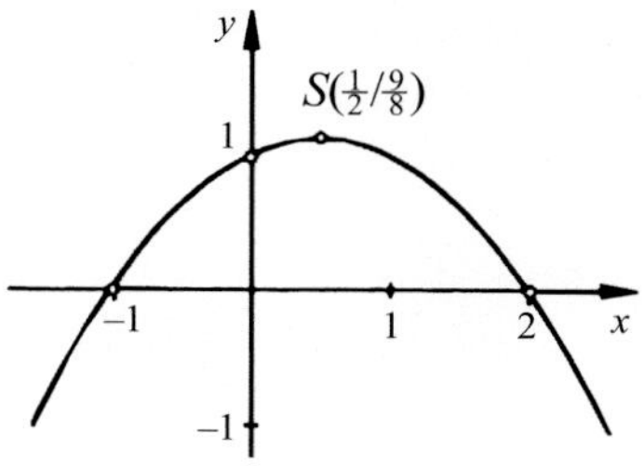

Aufgrund der Symmetriebedingung ist nämlich

$$x_s = \frac{x_1 + x_2}{2}.$$

Die y_s-Komponente ergibt sich schließlich durch Einsetzen in die Funktionsgleichung:

$$y_s = f(x_s) = ax_s^2 + bx_s + c.$$

Für $f(x) = -\frac{1}{2}x^2 + \frac{1}{2}x + 1$ mit den Nullstellen $x_1 = 2$ und $x_2 = -1$ resultiert

$$x_s = \frac{2 + (-1)}{2} = \frac{1}{2} \quad \text{und} \quad y_s = f(x) = -\frac{1}{2}\left(\frac{1}{2}\right)^2 + \frac{1}{2}\frac{1}{2} + 1 = \frac{9}{8}.$$

Sind ausschließlich die Scheitelkoordinaten zu ermitteln, geht es noch einfacher:

$$x_s = \frac{x_1 + x_2}{2}$$

kann wegen $x_1 + x_2 = -p$ (Satz von Vieta) überführt werden in

$$x_s = -\frac{p}{2},$$

mit $p := \frac{b}{a}$ folgt

$$x_s = -\frac{b}{2a}$$

und durch konkretes Einsetzen der Abszisse x_s:

$$y_s = c - \frac{b^2}{4a}$$

Die Bedeutung der Diskriminante für die Nullstellen Beim Versuch, Graphen quadratischer Funktionen mit Hilfe der Nullstellen zu zeichnen, kann es Schwierigkeiten geben. Die Problematik zeigt sich an nachfolgendem Beispiel:

Beispiel

Es sind die Nullstellen folgender Funktionen zu bestimmen:

a) $f_1(x) = x^2 - x - 6$;
b) $f_2(x) = x^2 - 2x + 1$;
c) $f_3(x) = x^2 + 2x + 2$.

Lösung: a) $y = 0$: $x^2 - x - 6 = 0$

$$x_{1,2} = \frac{1}{2} \pm \sqrt{\left(\frac{1}{2}\right)^2 + 6}$$

$$x_{1,2} = \frac{1}{2} \pm \frac{5}{2}$$

$$x_1 = -2 \text{ bzw. } x_2 = +3.$$

b) $y = 0$: $x^2 - 2x + 1 = 0$

$$x_{1,2} = +1 \pm \sqrt{1^2 - 1}$$

$$x_{1,2} = +1 \pm 0$$

$$x_1 = x_2 = 1.$$

c) $y = 0$: $x^2 + 2x + 2 = 0$

$$x_{1,2} = -1 \pm \sqrt{(-1)^2 - 2}$$

$$x_{1,2} = -1 \pm \sqrt{-1}.$$

$\Rightarrow$ keine reellen Nullstellen (wieso?).

Abbildung 2.27 zeigt die Besonderheiten der Graphen von f_1, f_2 und f_3 hinsichtlich ihrer Nullstellen.

Die Beispiele a)–c) verdeutlichen die Aussagekraft der *Diskriminante*

$$D = \left(\frac{p}{2}\right)^2 - q.$$

Drei Fälle sind zu unterscheiden:

1. $D > 0$: Es ergeben sich 2 *verschiedene* reelle Lösungen;
   der Funktionsgraph schneidet die x-Achse zweimal (Beispiel a) mit f_1).

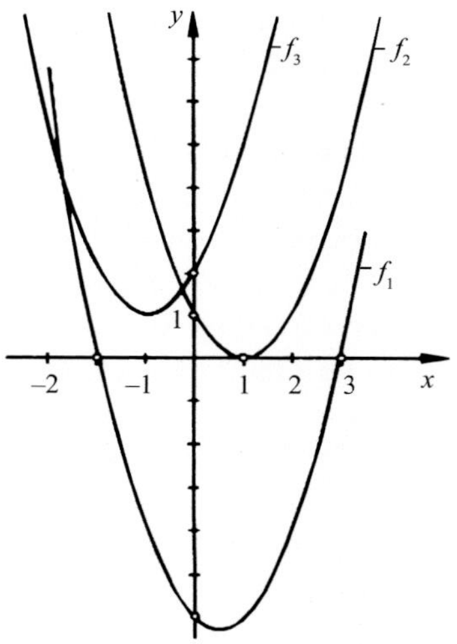

Abb. 2.27 Nullstellen verschiedener Parabeln

2. $D = 0$: Es ergeben sich 2 *gleiche* reelle Lösungen;
   der Funktionsgraph berührt die x-Achse (eine gemeinsame Nullstelle gemäß Beispiel b) mit f_2).
3. $D < 0$: Es ergeben sich *keine* reellen Lösungen;
   der Funktionsgraph schneidet die x-Achse nicht (Beispiel c) mit f_3).

► **Schlussfolgerung** Eine quadratische Funktion hat *maximal* 2 Nullstellen.

Aufgaben

2.66 Bestimmen Sie die Nullstellen nachfolgender Funktionen und schließen Sie auf die Scheitelkoordinaten der Parabeln:

a) $f_1(x) = x^2 - 3x + 2$;

b) $f_2(x) = -x^2 + \frac{1}{2}x + \frac{1}{2}$;

c) $f_3(x) = 2x^2 - 4x - \frac{5}{2}$;

d) $f_4(x) = -\frac{1}{2}x^2 + x + 4$;

e) $f_5(x) = \frac{1}{3}x^2 - 2x + 3$;

f) $f_6(x) = \frac{1}{4}x^2 + x + 1$.

2.67 Der Graph einer quadratischen Funktion hat seinen tiefsten Punkt in $S(1|-3)$ und geht ferner durch $P(3|5)$. Wo schneidet er die Koordinatenachsen?

2.68 Gegeben ist $f(x) = \frac{1}{3}x^2 + x + c$, $x \in \mathbb{R}$.

a) Bestimmen Sie $c \in \mathbb{R}$ so, dass der Graph von f die x-Achse berührt.

b) Für welche Werte von c ergeben sich zwei bzw. gar keine Nullstellen?

2.69 Eine nach oben geöffnete Normalparabel mit Scheitel auf der x-Achse geht durch $P(5|1)$.

Erstellen Sie ihre Funktionsgleichung. Interpretieren Sie das Ergebnis graphisch.

2.70 Der Graph einer quadratischen Funktion geht durch $P_1(0|-2)$ und $P_2(2|0)$, ferner berührt er die Abszissenachse. Stellen Sie die zugehörige Funktionsgleichung auf.

2.71 Aus drei Meter Höhe wird ein Stein mit einer Anfangsgeschwindigkeit von $v_0 = 15\,\text{m/s}$ senkrecht nach oben geworfen. Berechnen Sie die Steigzeit und Steighöhe sowie die Zeit, die bis zum Aufschlag des Steines auf dem Boden vergeht.

2.72 Die Dichte des Wassers ist temperaturabhängig, was sich in einem bestimmten Temperaturintervall durch die Funktion $\rho_W = f(\vartheta) = -0{,}9375 \cdot 10^{-4}\vartheta^2 + 7{,}5 \cdot 10^{-4}\vartheta + 0{,}9985$ beschreiben lässt.

Errechnen Sie, bei welcher Temperatur die Dichte des Wassers am größten ist und welchen Wert sie dabei annimmt.

Schnittpunkte Gerade–Parabel

Die Grundüberlegung stimmt überein mit der zur Schnittpunktermittlung von Geraden: Ansatz ist die *Schnittpunktbedingung* $f(x) = g(x)$, die auf eine quadratische Gleichung führt. Auch hierbei erweist sich die Betrachtung der *Diskriminante* als sinnvoll.

Beispiel

Gegeben seien die reellen Funktionen

$$f_1(x) = x^2, \quad f_2(x) = x + 2, \quad f_3(x) = 2x - 1, \quad f_4(x) = 2x - 2.$$

Zu bestimmen sind die Schnittpunkte von:

a) f_1 mit f_2;
b) f_1 mit f_3 und
c) f_1 mit f_4.

Lösung: a) Die Schnittpunktbedingung lautet $f_1(x) = f_2(x)$

$$x^2 = x + 2 \quad \Leftrightarrow \quad x^2 - x - 2 = 0$$

$$\Rightarrow \quad x_{1,2} = \frac{1}{2} \pm \sqrt{\left(\frac{1}{2}\right)^2 + 2}.$$

Es folgt $f_1 \cap f_2 = \{(-1; 1); (2; 4)\}$, die Gerade schneidet die Parabel zweimal (Abb. 2.28a).

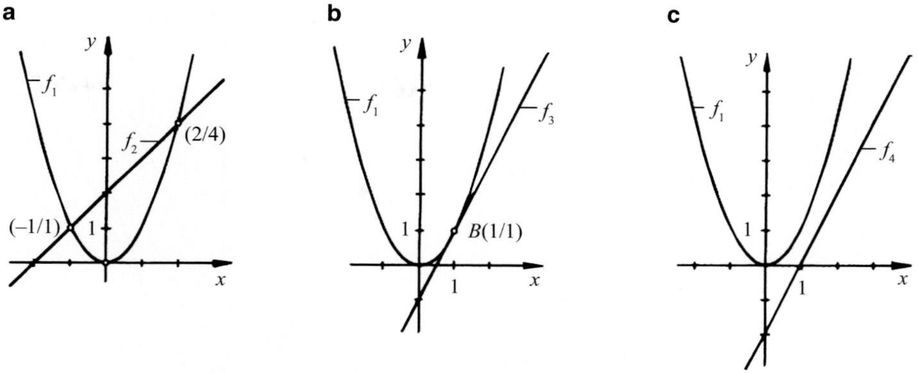

Abb. 2.28 Möglichkeiten der Schnittpunktbildung Gerade-Parabel. **a** $D > 0$, **b** $D = 0$, **c** $D < 0$

b) Aus $f_1(x) = f_3(x)$ ergibt sich

$$x^2 = 2x - 1 \quad \Leftrightarrow \quad x^2 - 2x + 1 = 0$$
$$\Rightarrow \quad x_{1,2} = +1 \pm \sqrt{1^2 - 1}.$$

Es folgt $f_1 \cap f_3 = \{(1;1)\}$; die Gerade berührt die Parabel in $B(1|1)$ (Abb. 2.28b).
c) Aus $f_1(x) = f_4(x)$ folgt

$$x^2 = 2x - 2 \quad \Leftrightarrow \quad x^2 - 2x + 2 = 0$$
$$\Rightarrow \quad x_{1,2} = +1 \pm \sqrt{1^2 - 2} \quad \Leftrightarrow \quad x_{1,2} = +1 \pm \sqrt{-1}.$$

Damit ist $x_{1,2} \notin \mathbb{R}$ und $f_1 \cap f_4 = \{\ \}$; Gerade und Parabel schneiden sich nicht (Abb. 2.28c).

Sonderfall: Tangenten an die Parabel
Bei der Schnittpunktbestimmung von Gerade mit Parabel stellt b) einen Sonderfall dar: Beide Schnittpunkte sind identisch; die Gerade *berührt* die Parabel, sie ist ihre *Tangente*.

Wie die Tangentengleichung rechnerisch ermittelt wird, zeigt folgendes Beispiel:

Beispiel

Die Gleichung der Gerade mit $m = 2$ ist gesucht, die Tangente an $P \equiv y = x^2$ ist.

Lösung: Aus der Geradenschar G: $y = 2x + b$ ist diejenige Gerade herauszufinden, die die Parabel berührt.

Abb. 2.29 Parabel mit Geradenschar. $D > 0$: Geraden sind Sekanten, d. h. 2 Schnittpunkte. $D = 0$: Gerade(!) ist *Tangente*, d. h. 1 Schnittpunkt. $D < 0$: Geraden sind Passanten, d. h. kein Schnittpunkt

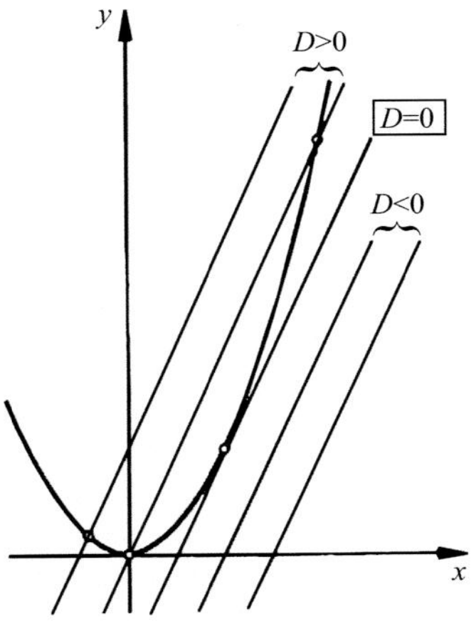

Schnittpunktbedingung:

$$x^2 = 2x + b \quad \Leftrightarrow \quad x^2 - 2x - b = 0 \quad \Rightarrow \quad x_{1,2} = 1 \pm \sqrt{1 + b}.$$

Die Gerade mit $y = 2x + b$ ist genau dann Tangente, wenn die Diskriminante $D = 1 + b$ den Wert 0 annimmt; also folgt

$$1 + b = 0 \quad \Leftrightarrow \quad b = -1 \quad \Rightarrow \quad t \equiv y = 2x - 1.$$

Weiter lässt sich unmittelbar ersehen, dass wegen $D = 0$ die Abszisse des Berührpunktes $x_{1,2} = 1$ ist, also $B(1|1)$.
Abbildung 2.29 veranschaulicht die Ausführungen.

Aufgaben

2.73 Eine den Markt bestimmende Fahrradmanufaktur beabsichtigt die Herstellung ausgefallener auf Jugendliche zugeschnittene und auf Körpermaße angepasste Mountainbikes, mit der das Unternehmen mit entsprechenden Lizenzen zu einem Angebotsmonopolisten werden würde. Die Marketingabteilung ermittelte folgende betriebswirtschaftlich markante Daten:
Pro Fahrrad müssten für Materialkosten und Lizenzgebühren 300 € in Ansatz gebracht werden; außerdem entstünden Fixkosten in Höhe von 1600 €. Die auf die Woche bezogene Preisabsatzfunktion wird mit $p_A(x) = -200x + 2100$ angenommen.

a) Erstellen Sie die Erlösfunktion $E(x) = x \cdot p_A(x)$ und geben Sie die Kapazitätsgrenze an.
Hinweis: Die Kapazitätsgrenze ist obere Grenze des Definitionsbereichs.

b) Ermitteln Sie die Kostenfunktion $K(x)$ und berechnen Sie aus der Bedingung $E(x) = K(x)$ die Gewinnschwelle und die Gewinngrenze.

c) Erstellen Sie die Gewinnfunktion $G(x) = E(x) - K(x)$ und errechnen Sie, bei welcher wöchentlichen Absatzmenge die Manufaktur den größten Gewinn erzielen wird.

2.74 Von einer Autobahnbrücke aus wird ein Pkw ins Visier genommen, der in einem Baustellenbereich statt der erlaubten 60 km/h konstant mit 108 km/h fährt. Die über Funk informierte Polizeistreife macht sich mit 75 m Rückstand an die Verfolgung und beschleunigt ihr Fahrzeug ziemlich konstant mit 2,5 m/s^2. Ermitteln Sie rechnerisch, nach wie viel Sekunden der Streifenwagen den Pkw eingeholt und wie viel Meter er dabei zurückgelegt hat.

2.75 Parabel und Gerade sind jeweils durch folgende reelle Funktionen beschrieben:

a) $f_1(x) = -\frac{1}{4}x^2 + 3x - 6$ und $g_1(x) = x - 2$;

b) $f_2(x) = +\frac{1}{2}x^2 + 3x - 5$ und $g_2(x) = \frac{5}{2}x - 2$.

Überprüfen Sie rechnerisch, ob die Geraden Tangenten der zugehörigen Parabeln sind.

2.76 Eine Parabel ist durch $f(x) = \frac{1}{3}x^2 - x + 1$ festgelegt. Zeigen Sie, dass die nachfolgend genannten Geraden Tangenten der Parabel sind und ermitteln Sie die Berührpunkte:

a) $g_1(x) = x - 2$;

b) $g_2(x) = -\frac{5}{3}x + \frac{2}{3}$;

c) $g_3(x) = \frac{1}{4}$.

Interpretieren Sie insbesondere das Ergebnis von c).

2.77 Eine Parabel ist durch $f(x) = -x^2 + 3x + 1$ beschrieben.

a) Geben Sie die Funktionsgleichung der Tangente an die Parabel an, die parallel zur 1. Winkelhalbierenden verläuft. Welche Koordinaten hat der Berührpunkt B?

b) Berechnen Sie, in welchem Punkt die *Normale*[6] in B die Parabel ein zweites Mal schneidet.

c) Stellen Sie den Sachverhalt in der $\mathbb{R}^2$-Ebene graphisch dar.

2.78 Mit $f(x) = x^2 + 4x + c$ ist eine Parabelschar beschrieben.

a) Bestimmen Sie diejenige Parabel aus der Parabelschar, die die Gerade durch $P_1(-3|-5)$ und $P_2(2|5)$ als Tangente aufweist.

b) Ermitteln Sie die gemeinsamen Punkte dieser Parabel mit der Normale.

c) Stellen Sie den Sachverhalt im Koordinatensystem dar.

2.79 Eine Parabel ist durch $f(x) = -\frac{1}{2}x^2 + 2$ beschrieben. Erstellen Sie die Funktionsgleichungen der durch $T(1|2)$ gehenden Tangenten an die Parabel. Stellen Sie den Sachverhalt graphisch dar.

[6] Die im Berührpunkt der Tangente zu errichtende *orthogonale* Gerade heißt *Normale*.

Schnittpunkte Parabel-Parabel

Wieder ist die Schnittpunktbedingung mit dem Gleichsetzen der Funktionsterme angesagt.

Beispiel

Gesucht sind die Schnittpunkte der Parabeln mit

$$f_1(x) = \frac{1}{4}x^2 - \frac{1}{2}x + 4 \quad \text{und} \quad f_2(x) = -\frac{1}{2}x^2 + 4x - 2.$$

Lösung: Schnittpunktbedingung:

$$\frac{1}{4}x^2 - \frac{1}{2}x + 4 = -\frac{1}{2}x^2 + 4x - 2$$

$$\Leftrightarrow \quad x^2 - 6x + 8 = 0 \Rightarrow \quad x_{1,2} = 3 \pm \sqrt{3^2 - 8},$$

also $x_1 = 2$ bzw. $x_2 = 4$.

Eingesetzt in eine der beiden Funktionsgleichungen ergeben sich die Schnittpunkte $S_1(2|4)$ und $S_2(4|6)$.

Aufgaben

2.80 Zwei Parabeln sind wie folgt gegeben: P_1: $y = x^2 + 5x + 6$ bzw. P_2: $y = x^2 - x - 2$.

a) Berechnen Sie die gemeinsamen Punkte beider Parabeln.

b) Zeichnen Sie die Parabeln unter Festlegung ihrer markanten Punkte.

2.81 Ebenso wie Teilaufgabe a) bei 2.80 für

a) P_1: $y = -x^2 - \frac{5}{2}x + 4$ und P_2: $y = \frac{1}{2}x^2 - x + 1$;

b) P_1: $y = \frac{1}{4}x^2 - 2x + 4$ und P_2: $y = -x^2 + 3x - 1$;

c) P_1: $y = -\frac{1}{2}x^2 + 2x - 2$ und P_2: $y = \frac{3}{8}x^2 - 3x + 6$.

2.82 Bei der Erstellung eines Tunnels ist der Vortrieb gleichzeitig von beiden Seiten erfolgt. Wegen unterschiedlicher Bodenbeschaffenheit und diverser ungleichmäßig verteilter Störfälle ist die Bohrleistung entsprechend unterschiedlich ausgefallen. Im Nachhinein lässt sie sich etwa nach folgender funktionaler Gesetzmäßigkeit modellieren, wobei x in Monaten und $f(x)$ in Metern einzusetzen sind:

Vortriebsmaschine 1: $f_1(x) = -\frac{7}{2}x^2 + \frac{307}{2}x$,

Vortriebsmaschine 2: $f_2(x) = \frac{5}{2}x^2 - \frac{255}{2}x + 3114$.

a) Interpretieren Sie die funktionalen Zusammenhänge und geben Sie die Tunnellänge an.

b) Berechnen Sie, nach wie vielen Monaten der Durchstich erfolgt ist und schließen Sie auf die von Maschine 1 erarbeitete Bohrstrecke.

Aufstellen quadratischer Funktionen
Die Funktionen

$$f_1(x) = -\frac{1}{2}x^2 + \frac{1}{2}x + 1,$$
$$f_2(x) = x^2 - x - 2,$$
$$f_3(x) = 2x^2 - 2x - 4 \quad \text{und}$$
$$f_4(x) = -\frac{5}{2}x^2 + \frac{5}{2}x + 5$$

haben gleiche Nullstellen, allerdings auch dieselbe Symmetrieachse, nämlich $x_s = \frac{1}{2}$.

Zur Festlegung einer bestimmten Parabel bedarf es einer 3. Angabe[7], was übrigens auch daran zu erkennen ist, dass der Funktionsterm $f(x) = ax^2 + bx + c$ drei Koeffizienten a, b und c enthält.

Eine Parabel ist durch drei voneinander unabhängige Angaben eindeutig bestimmt.

Beispiel 1

Die Funktionsgleichung einer Parabel mit den Nullstellen $x_1 = -1$ und $x_2 = 2$ ist zu ermitteln, wenn

a) der Formfaktor $a = 1$ ist;
b) die Parabel durch $P(1|1{,}5)$ geht.

Lösung: Die Aussage über die Nullstellen liefert den Ansatz $y = a \cdot (x+1) \cdot (x-2)$.
a) Wegen $a = 1$ folgt

$$y = (x+1) \cdot (x-2) \quad \text{oder} \quad y = x^2 - x - 2.$$

b) Punktprobe mit $P(1|1{,}5)$ führt auf

$$\frac{3}{2} = a \cdot (1+1) \cdot (1-2) \quad \text{oder} \quad a = -\frac{3}{4} \quad \Rightarrow \quad y = -\frac{3}{4}x^2 + \frac{3}{4}x + \frac{3}{2}.$$

Diese Vorgehensweise versagt, wenn beliebige Punkte der Parabel gegeben sind. Hier hilft in der Regel nur der Weg über den Ansatz $f(x) = ax^2 + bx + c$.

Beispiel 2

Die Gleichung der Parabel ist gesucht, die durch $P_1(1|\frac{11}{4})$, $P_2(2|4)$ und $P_3(4|5)$ festgelegt ist.

[7] Die Flugbahn eines Fußballes beim Eckstoß mit dem Ziel Elfmeterpunkt des gegnerischen Strafraumes ist nicht eindeutig durch eine einzige Parabel festgeschrieben.

Lösung:

$$\begin{aligned}
&\text{Ansatz:} && y = ax^2 + bx + c && \\
&\text{Punktprobe mit } P_1\left(1\left|\frac{11}{4}\right.\right): && \frac{11}{4} = a + b + c && (1)\\
&\text{Punktprobe mit } P_2(2|4): && 4 = 4a + 2b + c && (2)\\
&\text{Punktprobe mit } P_3(4|5): && 5 = 16a + 4b + c && (3)
\end{aligned}$$

Es ergibt sich ein lineares Gleichungssystem (abgekürzt: LGS) mit drei Variablen.
Eine Lösungsmöglichkeit besteht darin, z. B. aus Gleichung (1) die *Variable c* zu eliminieren und in die Gleichungen (2) und (3) einzusetzen.
Besser ist es, zweimal das *Subtraktionsverfahren* anzuwenden:

$$\begin{aligned}
(2) - (1) \quad & \frac{5}{4} = 3a + b\\
(3) - (2) \quad & 1 = 12a + 2b
\end{aligned}$$

Das LGS mit drei Variablen ist reduziert worden auf ein solches mit nur noch zwei Variablen. Mit Einsetzungs- oder Subtraktionsverfahren ergibt sich $a = -\frac{1}{4}$ und schließlich $y = -\frac{1}{4}x^2 + 2x + 1$.

Aufgaben

2.83 Eine Parabel mit Formfaktor $a = -1$ hat dieselben Achsenschnittpunkte wie die Gerade mit der Funktionsgleichung $y = -\frac{2}{3}x + 2$.
Ermitteln Sie die Parabelgleichung und stellen Sie den Sachverhalt unter Berücksichtigung der Schnittpunkte mit den Koordinatenachsen graphisch dar.

2.84 Die Funktionswerte der Geraden mit $g(x) = -x - 3$ stimmen für $x_1 = -4$ und $x_2 = 1$ mit denen einer quadratischen Funktion überein.
a) Welche Nullstellen hat die quadratische Funktion, wenn ihr Graph durch $S_y(0|-5)$ geht?
b) Skizzieren Sie den Sachverhalt unter Berücksichtigung der Scheitelkoordinaten.

2.85 Eine Parabel ist durch drei Punkte hinreichend genau festgelegt. Wie lautet jeweils die quadratische Funktionsgleichung und wie sieht der qualitative Kurvenverlauf unter Berücksichtigung der Nullstellen aus, wenn die Punkte wie folgt angegeben sind:
a) $P_1(-2|0)$, $P_2(4|-3)$, $P_3(8|5)$;
b) $Q_1(-2|-1)$, $Q_2(1|2{,}75)$, $Q_3(4|-2)$?

2.86 Mit Hilfe Computer gestützten Fotomaterials lässt sich der Hochsprungablauf eines Springers der Weltelite wie folgt simulieren:
Der Absprung erfolgt 0,9 m vor der Latte unter einem Winkel von 72,75°, bezogen auf den in 1,1 m Höhe liegenden Körperschwerpunkt des Athleten und ist angenähert parabelförmig.

a) Berechnen Sie die bei erfolgreicher Ausführung des Sprunges zu wertende Sprunghöhe, wenn der Körperschwerpunkt im höchsten Punkt bei Fosbury-Flop-Technik 10 cm über der Latte angenommen wird.
b) Wie weit vom Absprung entfernt landet der Springer mit dem Rücken auf einer 60 cm hohen Matte?

2.87 Eine Freileitung (Masthöhe 20 m) soll bei einem horizontal gemessenen Mastabstand von je 150 m mit drei Masten einen Niveauunterschied von 48 m überbrücken, und zwar zunächst von Mast I zu Mast II 6 m und schließlich von Mast II zu Mast III 42 m.

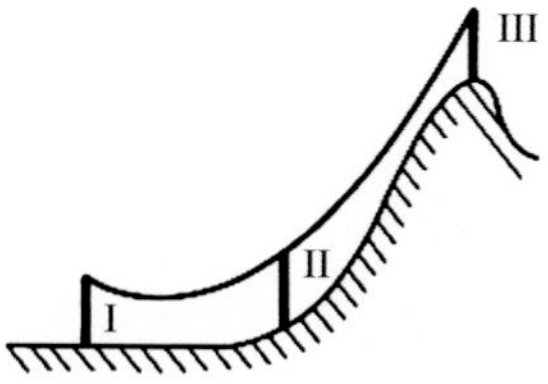

Erstellen Sie die Funktionsgleichung der Freileitung, wenn sie angenähert als Parabel aufgefasst werden kann und ermitteln Sie die Stelle des stärksten Durchhangs.
Hinweis: Legen Sie den Ursprung des Koordinatensystems in den Fußpunkt von Mast I.

2.88 Das Seil einer Drahtseilbahn hängt in der Nähe der Talstation angenähert in Form einer Parabel durch, wobei horizontal im Abstand von 150 m Masten ($h = 10$ m) zur Stützung aufgestellt sind.

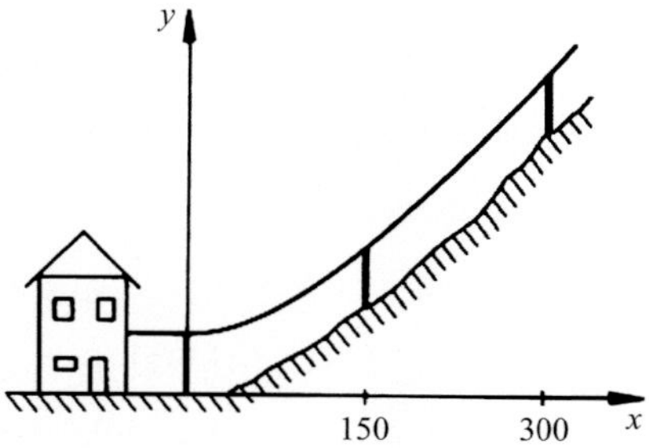

Ermitteln Sie die Funktionsgleichung der Parabel, wenn der Ursprung des gewählten Koordinatensystems im Fußpunkt des Mastes der Talstation liegt und von der Fahrkanzel bis zum 2. Mast ein Niveauunterschied von 50 m zu überwinden ist.

2.89 Die skizzierte Stahlbrücke hat Parabelform. Bestimmen Sie die Länge der Vertikalstäbe I und II, die 6 m bzw. 12 m von der Brückenmitte entfernt sind.

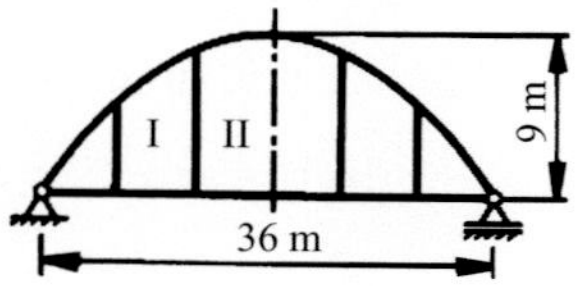

2.90 Die skizzierte Stahlbrücke besteht aus einem inneren und äußeren Parabelbogen. Berechnen Sie die Länge der Stäbe 1, 2 und 3.

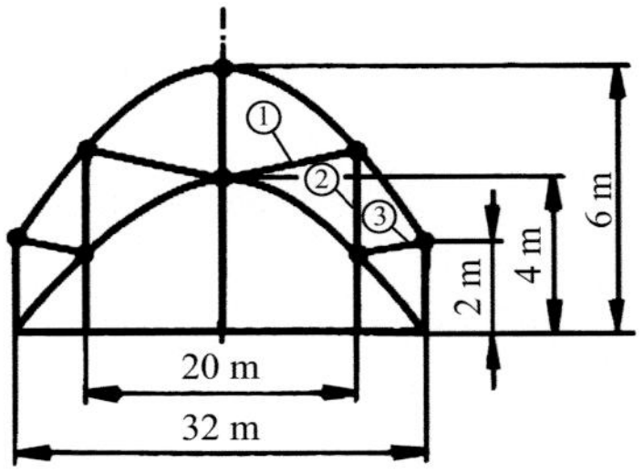

2.3 Ganzrationale Funktionen

2.3.1 Reine Potenzfunktionen

Es werden *reelle* Funktionen der Form $f(x) = x^n$, $n \in \mathbb{N}$ betrachtet. Sie heißen reine *Potenzfunktionen* n-ten Grades.

Für $n = 1$: $f(x) = x$ und $n = 2$: $f(x) = x^2$ sind die Eigenschaften bekannt. Um für alle anderen Funktionen dieses Typs Aussagen zu treffen, sind Fallunterscheidungen erforderlich.

1. *Fall*: n ist gerade, also $n = 2m$ mit $m \in \mathbb{N}$.

Die geraden Potenzfunktionen sind für $x \in \mathbb{R}_0^-$ streng monoton fallend:

$$x_1 < x_2 \quad \Rightarrow \quad x_1^{2m} > x_2^{2m} \quad \text{(Inversionseigenschaft!), also}$$
$$f(x_1) > f(x_2);$$

für $x \in \mathbb{R}_0^+$ sind sie streng monoton steigend:

$$x_1 < x_2 \quad \Rightarrow \quad x_1^{2m} < x_2^{2m}, \quad \text{also}$$
$$f(x_1) < f(x_2).$$

Abbildung 2.30 zeigt die Graphen der ersten drei geraden Potenzfunktionen ($n = 2, 4, 6$), die wegen $f(x) = f(-x)$ symmetrisch zur y-Achse sind. Dabei ist zu erkennen, dass die Kurven für $x \in \mathbb{R} \setminus]-1; +1[$ umso steiler verlaufen, je größer der Exponent n wird. In der Umgebung des Ursprungs dagegen schmiegen sich die Graphen mit wachsendem n fortlaufend dichter an die Abszissenachse an, so dass sie für $x \in]-1; +1[$ ein immer ausgeprägteres „kastenförmiges" Aussehen erhalten.

2. *Fall:* n ist ungerade, also $n = 2m + 1$, $m \in \mathbb{N}$.

Die ungeraden Potenzfunktionen sind für $x \in \mathbb{R}$ streng monoton steigend:

$$x_1 < x_2 \quad \Rightarrow \quad x_1^{2m+1} < x_2^{2m+1}, \quad \text{also}$$
$$f(x_1) < f(x_2).$$

Abb. 2.30 Graphen gerader Potenzfunktionen

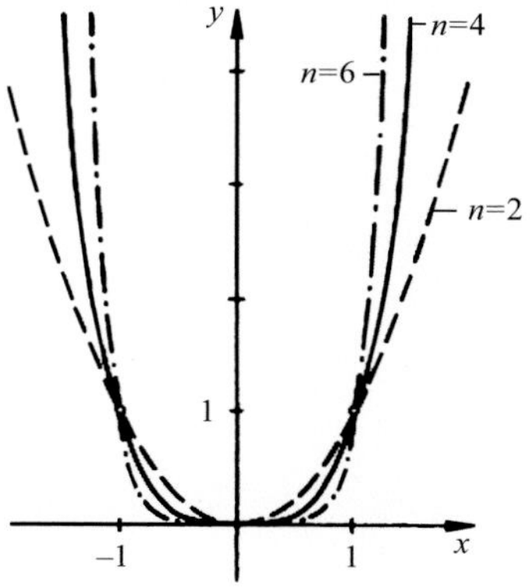

Abb. 2.31 Graphen ungerader Potenzfunktionen

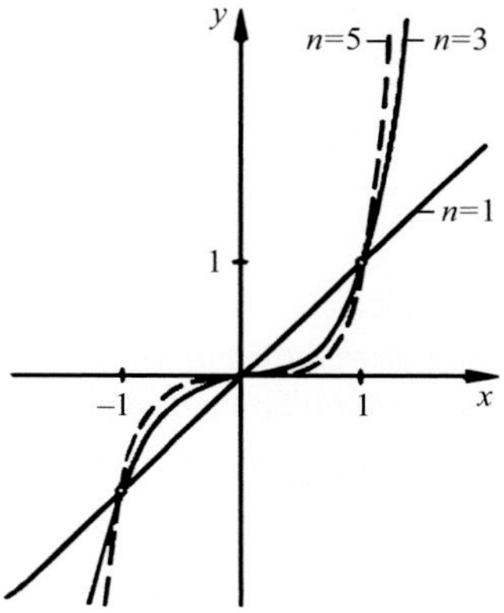

Abbildung 2.31 zeigt die Graphen der ersten drei ungeraden Potenzfunktionen ($n = 1, 3, 5$), die wegen $f(-x) = -f(x)$ punktsymmetrisch zum Ursprung sind. Das Steigungsverhalten der Kurven ist, wie bei den geraden Funktionen beschrieben, in analoger Weise abhängig von der Größe des Exponenten n.

▶ **Hinweis**

- Die Graphen *aller* reinen Potenzfunktionen gehen durch die Punkte $O(0|0)$ und $P_1(1|1)$.
- Die Graphen aller *geraden* Potenzfunktionen verlaufen zusätzlich durch $P_2(-1|1)$,
- die Graphen aller *ungeraden* Potenzfunktionen haben den Punkt $P_3(-1|-1)$ gemeinsam.

Die Betrachtungen über das Symmetrieverhalten der Graphen gerader bzw. ungerader Potenzfunktionen sind auf beliebige *reelle* Funktionen übertragbar:

1. (Achsen-)*Symmetrie zur y-Achse*: $f(x) = f(-x)$;
2. (Punkt-)*Symmetrie zum Ursprung*: $f(x) = -f(-x) \Leftrightarrow f(-x) = -f(x)$.

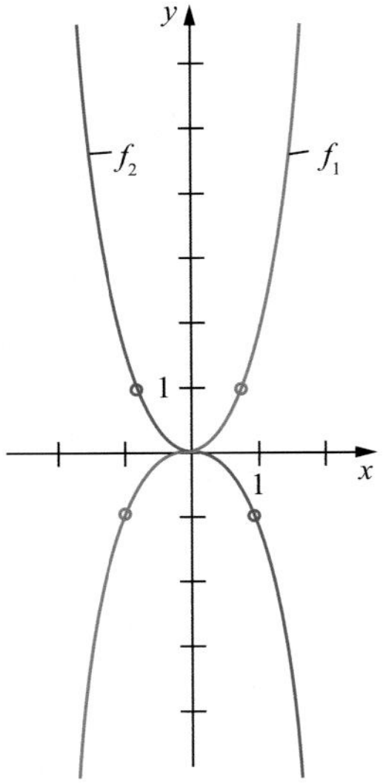

Abb. 2.32 Die Graphen von $f_1(x) = x^3$ und $f_2(x) = -x^3$

Einfluss des Faktors a Aus den Potenzfunktionen lassen sich durch geeignete Verknüpfungen weitere Funktionen ermitteln. Ein einfaches Verfahren besteht darin, den Funktionsterm mit einem Faktor $a \in \mathbb{R}^*$ zu multiplizieren:

Die reine Potenzfunktion $y = x^n$ geht über in eine Funktion mit der Funktionsgleichung $y = a \cdot x^n$.

Je nach der Größe von a ist der Kurvenverlauf

- steiler ($|a| > 1$) oder
- flacher ($0 < |a| < 1$) als der einer reinen Potenzfunktion.

Ist $a < 0$, so führt das zu einer Spiegelung des Funktionsgraphen an der x-Achse. Abbildung 2.32 zeigt diesen Aspekt für $y = f_1(x) = x^3$ und $y = f_2(x) = -x^3$.

2.3.2 Ganzrationale Funktionen als verknüpfte Potenzfunktionen

Weitere Funktionen resultieren daraus, dass Potenzfunktionen durch Addition, Subtraktion bzw. Multiplikation miteinander verknüpft werden.

Beispiel: $f_1(x) = x^2$, $g_1(x) = x$

$$\Rightarrow \quad \begin{aligned} f_1(x) + g_1(x) &= x^2 + x; \\ f_1(x) - g_1(x) &= x^2 - x; \\ f_1(x) \cdot g_1(x) &= x^3. \end{aligned}$$

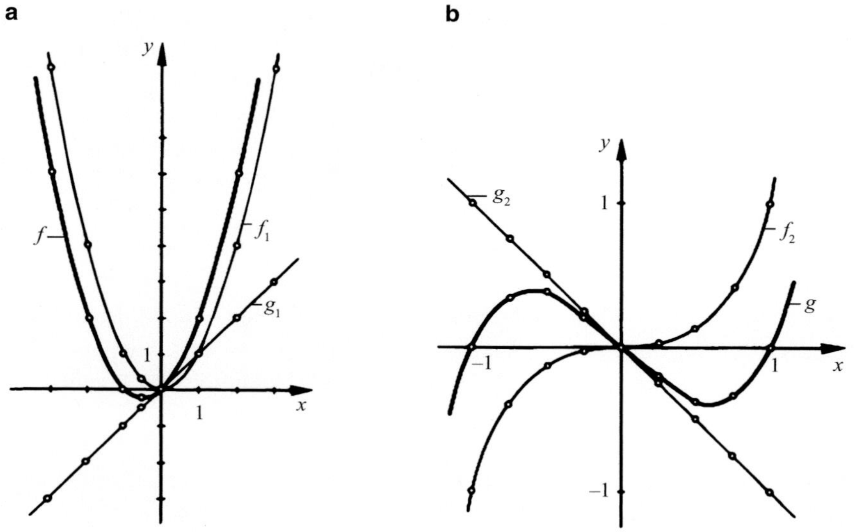

Abb. 2.33 **a** Der Graph von $f(x) = x^2 + x$, dargestellt durch Superposition von $f_1(x) = x^2$ und $g_1(x) = x$. **b** Der Graph von $g(x) = x^3 - x$, dargestellt durch Superposition von $f_2(x) = x^3$ und $g_2(x) = -x$

Von besonderer Bedeutung ist die additive Verknüpfung:

Der Graph von $f(x) = f_1(x) + g_1(x)$ ergibt sich gemäß Abb. 2.33a durch Addition der Funktionswerte, *Superposition* genannt.

Abbildung 2.33b zeigt, wie man den Graphen von $g(x) = x^3 - x$ ebenfalls durch Superposition erhält.

Eine neue Klasse von Funktionen ist entstanden, *ganzrationale Funktionen* genannt.

> Reelle Funktionen der Form
>
> $$f(x) = a_n x^n + a_{n-1} x^{n-1} + \cdots + a_2 x^2 + a_1 x + a_0 \quad \text{mit } n \in \mathbb{N}$$
>
> heißen *ganzrationale* Funktionen n-ten Grades.
>
> Der Funktionsterm $a_n x^n + a_{n-1} x^{n-1} + \cdots + a_1 x + a_0$ wird *Polynom* n-ten Grades genannt; $a_0, a_1, \ldots, a_{n-1}, a_n \in \mathbb{R}$ mit $a_n \neq 0$ sind die Koeffizienten.

Hinweis: Ganzrationale Funktionen heißen auch *Polynomfunktionen*.

Schreibweise für

lineare Funktionen: $y = a_1 x + a_0$, wobei $a_1 := m$ und $a_0 := b$ ist;
quadratische Funktionen: $y = a_2 x^2 + a_1 x + a_0$, wobei a_2 dem Formfaktor entspricht.

Um die *konstanten* Funktionen $f(x) = c$, $x \in \mathbb{R}$ (Graphen sind Parallelen zur x-Achse!) einzubeziehen, ist es zweckmäßig, von ganzrationalen Funktionen 0. Grades zu sprechen.

Die Eigenschaften ganzrationaler Funktionen höheren Grades ($n \geq 3$) anzugeben, ist nicht immer einfach. Es bedarf weiterer Überlegungen im Rahmen der Differentialrechnung, wobei die Nullstellenbestimmung erste wertvolle Anhaltspunkte liefert.

2.3.3 Nullstellen ganzrationaler Funktionen

Bei linearen und quadratischen Funktionen ist es schon gezeigt worden: Man spricht genau dann von der *Nullstelle* x_0 einer Funktion f, wenn $f(x_0) = 0$ ist. Somit ist allgemein für ganzrationale Funktionen n-ten Grades nachfolgende Definition angebracht:

> Unter den *Nullstellen* ganzrationaler Funktionen versteht man die reellen Lösungen algebraischer Gleichungen der Form
>
> $$a_n x^n + a_{n-1} x^{n-1} + \cdots + a_2 x^2 + a_1 x + a_0 = 0.$$

Die Nullstellen ganzrationaler Funktionen 1. und 2. Grades lassen sich ohne nennenswerten Rechenaufwand exakt bestimmen. Für solche höheren Grades gilt das nicht mehr.

Funktionstermumformung durch Ausklammern

Beispiel: $f(x) = x^2 - 2x$

$$f(x) = 0 \quad \Rightarrow \quad x^2 - 2x = 0$$
$$x(x-2) = 0;$$

der *Satz vom Nullprodukt* (wie lautet dieser?) führt auf $x_1 = 0$ bzw. $x_2 = 2$. Der Graph von f ist in Abb. 2.34 dargestellt.

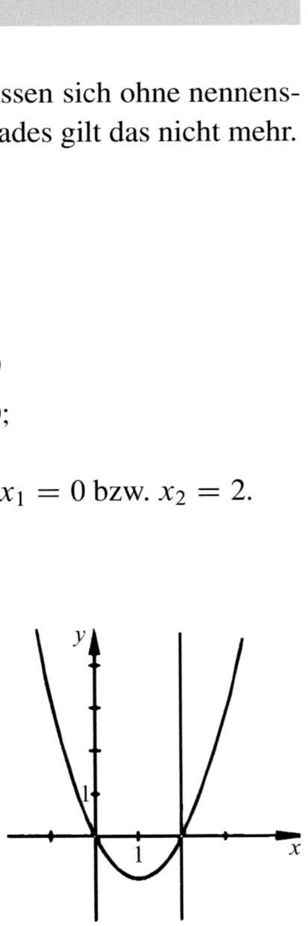

Abb. 2.34 Graph von $f(x) = x^2 - 2x$

Biquadratische Funktionsterme

Beispiel: $f(x) = x^4 - 5x^2 + 4$

$$f(x) = 0 \quad \Rightarrow \quad x^4 - 5x^2 + 4 = 0.$$

Das Polynom 4. Grades ist mittels geeigneter *Substitution* (= Einsetzung) in ein Polynom 2. Grades überführbar, daher auch *biquadratische* Gleichung genannt. Das geht jedoch nur dann problemlos, wenn nur geradzahlige Exponenten auftauchen:
Substitution $z = x^2$, die Gleichung lautet somit: $z^2 - 5z + 4 = 0$

$$\Rightarrow \quad x_{1,2} = \frac{5}{2} \pm \sqrt{\left(\frac{5}{2}\right)^2 + 4} \quad \Rightarrow \quad z_1 = 4 \text{ bzw. } z_2 = 1.$$

Die Lösungen erschließen sich durch *Resubstitution*, also $x = \pm\sqrt{z}$

$$\begin{aligned} z_1 &= x^2 = 4 \quad \text{damit} \quad && x_1 = 2, x_2 = -2 \quad \text{bzw.} \\ z_2 &= x^2 = 1 \quad \text{und damit} \quad && x_3 = 1, x_4 = -1. \end{aligned}$$

Es ergeben sich vier Nullstellen; entsprechend sieht die Linearfaktorenzerlegung aus:

$$f(x) = (x-1)(x+1)(x-2)(x+2).$$

Alternativlösung: Sie resultiert unter Anwendung des *Satzes von Vieta*:

$$\begin{aligned} z^2 - 5z + 4 = 0 \quad \Leftrightarrow \quad (z-1)(z-4) &= 0 \\ (x^2-1)(x^2-4) &= 0 \\ (x+1)(x-1)(x+2)(x-2) &= 0. \end{aligned}$$

Der *Satz vom Nullprodukt* liefert die bereits angegebenen Nullstellen.

Funktionstermumformung mittels Polynomdivision

Beispiel: $f(x) = \frac{1}{2}x^3 + x^2 - \frac{5}{2}x - 3$

$$\begin{aligned} f(x) = 0 \quad \Rightarrow \quad \frac{1}{2}x^3 + x^2 - \frac{5}{2}x - 3 &= 0 \\ x^3 + 2x^2 - 5x - 6 &= 0 \end{aligned}$$

Das ist die normierte Form (wieso?).
Diese algebraische Gleichung 3. Grades zu lösen, bereitet zunächst Schwierigkeiten. Wegen des vorhandenen absoluten Gliedes ist ein Faktorisieren nicht möglich und die Substitutionsmethode führt gar nicht zum Ziel.

Um das bewährte Abspalten von Linearfaktoren dennoch durchführen zu können, muss eine Lösung *geraten* werden. Durch Probieren findet man $f(2) = 0$, somit ist $x_1 = 2$ Nullstelle von f.
Das Polynom 3. Grades lässt sich somit aufspalten in einen Linearfaktor und ein noch nicht näher bestimmtes quadratisches Polynom $Q(x)$:

$$x^3 + 2x^2 - 5x - 6 = 0 \quad \Rightarrow \quad (x-2)\cdot Q(x) = 0.$$

Um $Q(x)$ zu bestimmen, bedient man sich der in der Arithmetik üblichen Mittel: Wenn von einem gegebenen Produkt ein Faktor bekannt und der andere gesucht ist, hilft ein geeignetes Dividieren (z. B. $12\cdot x = 2544 \Leftrightarrow x = 212$). Hier bedarf es einer *Polynomdivision*:

$$\begin{array}{l}
(x^3 + 2x^2 - 5x - 6) : (x-2) = x^2 + 4x + 3 \\
\underline{-(x^3 - 2x^2)} \\
\qquad +4x^2 - 5x \\
\qquad \underline{-(+4x^2 - 8x)} \\
\qquad\qquad +3x - 6 \\
\qquad\qquad \underline{-(+3x - 6)} \\
\qquad\qquad\qquad 0
\end{array}$$

Aufgrund der durchgeführten Division folgt

$$x^3 + 2x^2 - 5x - 6 = 0 \quad \Leftrightarrow \quad (x-2)(x^2 + 4x + 3) = 0;$$

Nullstellen sind somit

$$x_1 = 2 \text{ (geraten!)} \quad \text{und} \quad x_{2,3} = -2 \pm \sqrt{2^2 - 3}, \quad \text{also}$$

$x_1 = 2,\ x_2 = -1,\ x_3 = -3$.
Eleganter ist es, das Polynom $Q(x)$ weiter in Linearfaktoren zu zerlegen:

$$(x-2)(x^2 + 4x + 3) = 0 \quad \Leftrightarrow \quad (x-2)(x+1)(x+3) = 0.$$

Der *Satz vom Nullprodukt* liefert dann die bereits angegebenen Lösungen.

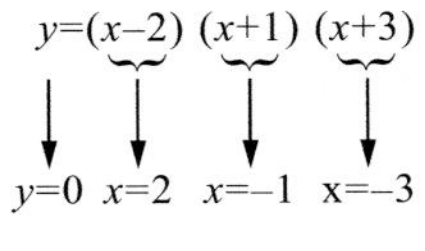

Mit $f(0) = -3$ ergibt sich der Kurvenverlauf gemäß Abb. 2.35.

Hinweis: Für das Raten einer Lösung sollten für x folgende Werte eingesetzt werden: $\pm 1, \pm 2, \pm 3$.

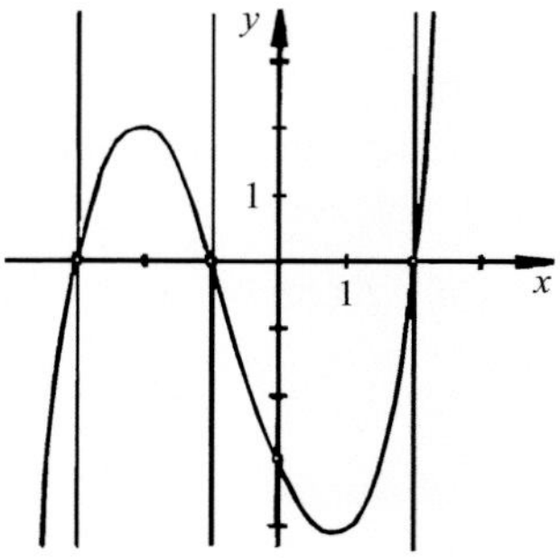

Abb. 2.35 Graph von $f(x) = \frac{1}{2}x^3 + x^2 - \frac{5}{2}x - 3$

Aufgaben

2.91 Bestimmen Sie die Nullstellen nachfolgender Funktionen und skizzieren Sie den jeweiligen Kurvenverlauf:

a) $f_1(x) = \frac{1}{2}x^3 + \frac{5}{2}x^2 + 3x;$

b) $f_2(x) = -\frac{1}{2}x^3 + 2x^2 - 2x;$

c) $f_3(x) = -\frac{1}{3}x^3 + x^2;$

d) $f_4(x) = x^4 - x^3 - 2x^2;$

e) $f_5(x) = \frac{1}{3}x^4 + 2x^3 + 3x^2;$

f) $f_6(x) = -\frac{1}{3}x^4 + x^3.$

2.92 Ebenso:

a) $f_1(x) = -\frac{1}{9}x^4 + \frac{13}{9}x^2 - 4;$

b) $f_2(x) = \frac{3}{16}x^4 - \frac{3}{2}x^2 + 3.$

2.93 Zeichnen Sie die Graphen nachfolgender Funktionen qualitativ unter Berücksichtigung der Schnittpunkte mit den Koordinatenachsen:

a) $f_1(x) = \frac{1}{2}x^3 + x^2 - \frac{5}{2}x - 3;$

b) $f_2(x) = -\frac{1}{2}x^3 + 3x^2 - \frac{9}{2}x + 1;$

c) $f_3(x) = \frac{1}{6}x^3 - \frac{2}{3}x^2 - \frac{1}{2}x + 3.$

2.94 Ebenso:

a) $f_1(x) = x^4 - 3x^3 - x^2 + 3x;$

b) $f_2(x) = \frac{1}{4}x^4 - \frac{9}{4}x^2 + x + 3;$

c) $f_3(x) = x^4 - 2x^3 - 3x^2 + 4x + 4$;
d) $f_4(x) = x^4 - x^3 - 3x^2 + 5x - 2$.

2.95 Zeichnen Sie die Graphen unter Berücksichtigung von Nullstellen und gemeinsamen Punkten:

a) $f_1(x) = \frac{1}{2}x^3 + x^2 - \frac{3}{2}x$ und $g_1(x) = x + 3$;

b) $f_2(x) = \frac{1}{3}x^3 - \frac{2}{3}x^2 - x$ und $g_2(x) = \frac{1}{3}x - \frac{8}{3}$.

2.96 Ebenso:

a) $f_1(x) = \frac{1}{4}x^3 - 2x^2 + 4x$ und $g_1(x) = \frac{1}{2}x^2 - \frac{9}{4}x$;

b) $f_2(x) = \frac{1}{2}x^3 + x^2 - \frac{5}{2}x - 3$ und $g_2(x) = -x^2 - 3x$.

2.97 Ebenso:

a) $f_1(x) = x^3 - 4x^2 + 3x$ und $g_1(x) = \frac{2}{3}x^3 - 2x^2$;

b) $f_2(x) = \frac{2}{3}x^3 - x^2 - x + \frac{2}{3}$ und $g_2(x) = -\frac{1}{3}x^3 + x^2 - \frac{4}{3}$.

2.4 Wurzelfunktionen

Wir greifen noch einmal die Formel für den freien Fall auf:

$$f: s = \frac{1}{2}gt^2 \quad \text{mit } t \in \mathbb{R}_0^+;$$

diese lässt sich umstellen nach t, also

$$t = \sqrt{\frac{2s}{g}} \quad \text{mit } s \in \mathbb{R}_0^+.$$

Es handelt sich um eine klassische „Formelumstellung", wie sie in vielen verschiedenen technischen Fragestellungen anzutreffen ist.

In der Funktionenlehre gibt man sich damit nicht zufrieden, *zusätzlich* werden die Variablen vertauscht: Die Funktionen werden *umgekehrt*.

2.4.1 Umkehrfunktionen (Umkehrrelationen)

Für die nachfolgende Funktion

$$f = \{(x; y) \in D \times W \mid y = x^2\} \quad \text{mit } D = \{0, 1, 2, 3\} \text{ und } W = \{0, 1, 4, 9\}$$

sind die Paare im Pfeildiagramm (Abb. 2.36a) gemäß der Zuordnung $x \to x^2$ festgehalten.

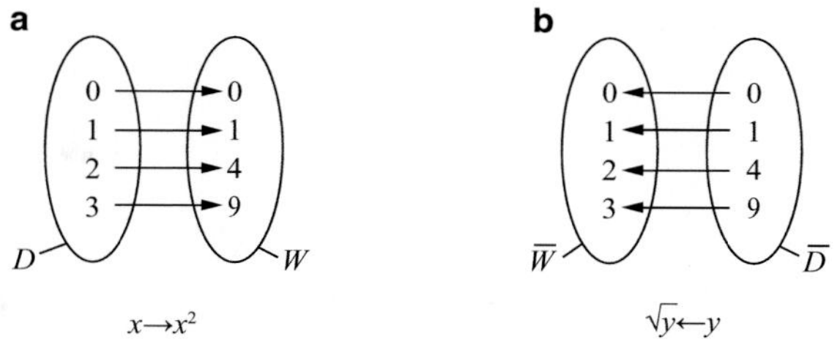

Abb. 2.36 **a** Pfeildiagramm zu $y = f(x) = x^2$. **b** Pfeildiagramm zu $x = \bar{f}(y) = \sqrt{y}$

Die besagte „Formelumstellung" sieht dann so aus:

$$y = x^2 \quad \Longrightarrow \quad x = \sqrt{y}.$$

Das kommt einer Umkehrung der Zuordnungspfeile gleich; es gilt $y \to \sqrt{y}$ (Abb. 2.36b).

Vertausch der Variablen In der Mathematik ist es üblich, die unabhängige Variable x auf der Horizontal- und die abhängige Variable y auf der Vertikalachse aufzutragen; die Variablen müssen vertauscht werden, was sich mittels Tabelle veranschaulichen lässt:

$f\!: \downarrow$	x	0	1	2	3	y	$\uparrow : f^{-1}$
	y	0	1	4	9	x	

f^{-1} heißt *Umkehrfunktion*[8].

> Gegeben sei eine Funktion f mit den Definitions- und Wertebereichen D und W.
> Ist es dann möglich, jedem y-Wert von W genau einen x-Wert von D zuzuordnen, so ist f umkehrbar, also $x = \bar{f}(y)$.
> Vertauscht man die Variablen x und y, so nennt man die neue Funktion Umkehrfunktion zu f und schreibt f^{-1}.

Hinweis: Die Definitionsmenge von f geht über in die Wertemenge von f^{-1}, die Definitionsmenge von f^{-1} entspricht der Wertemenge von f.

Konsequenz: Der Graph der Umkehrfunktion f^{-1} resultiert durch Spiegelung des Graphen der Ausgangsfunktion f an der 1. Winkelhalbierenden mit der Gleichung $y = x$. Abbildung 2.37 zeigt dies für den Definitionsbereich $D = \mathbb{R}_0^+$.

Mit der vorgenommenen Umkehrung ergibt sich unter Erweiterung von Definitions- und Wertebereich eine neue Funktionsklasse, *Wurzelfunktionen* genannt.

[8] Auch inverse Funktion genannt (von lat. *inversus*: umgekehrt).

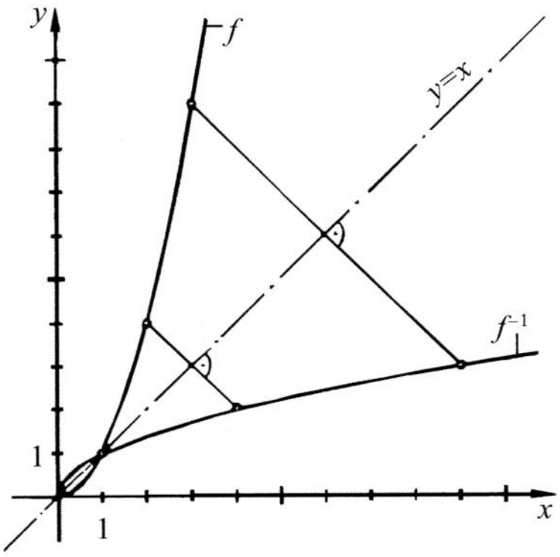

Abb. 2.37 Die Graphen von $f(x) = x^2, x \in \mathbb{R}_0^+$, und $f^{-1}(x) = \sqrt{x}, x \in \mathbb{R}_0^+$

Konkrete Vorgehensweise

1. Explizite Funktionsgleichung $y = f(x)$ umstellen nach x, also $x = \overline{f}(y)$;
2. Vertausch der Variablen x und y liefert die Umkehrfunktion f^{-1} in expliziter Form.

Anmerkung: Es kann auch zuerst der Variablentausch und danach die Umstellung nach y erfolgen.

Sonderfall 1: Die Umkehrung linearer Funktionen
Bei linearen Funktionen führt die Umkehrung wieder zu einer linearen Funktion.

Beispiel

Für $y = f(x) = 2x - 1$ ist die inverse Funktion f^{-1} gesucht.

Lösung 1: $y = f(x) = 2x - 1$,
umstellen nach x:

$$x = \overline{f}(y) = \frac{1}{2}y + \frac{1}{2},$$

Vertausch der Variablen:

$$y = f^{-1}(x) = \frac{1}{2}x + \frac{1}{2}.$$

Lösung 2: $y = f(x) = 2x - 1$,
Vertausch der Variablen:

$$x = \overline{f}(y) = 2y - 1,$$

umstellen nach y:

$$y = f^{-1}(x) = \frac{1}{2}x + \frac{1}{2}.$$

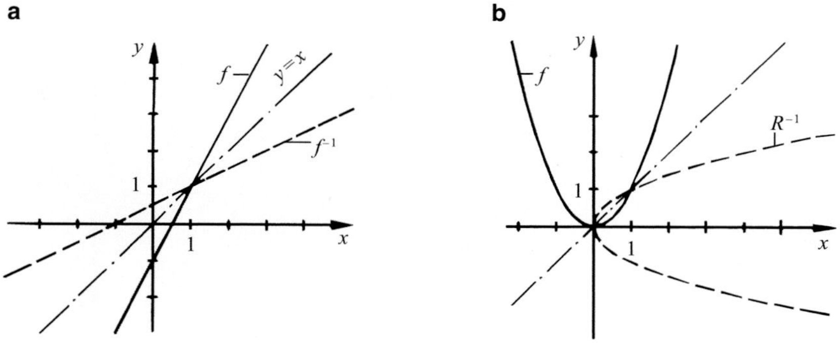

Abb. 2.38 **a** Die Graphen der linearen Funktionen $f(x) = 2x - 1$ und $f^{-1}(x) = \frac{1}{2}x + \frac{1}{2}$. **b** Die Normalparabel, gespiegelt an der 1. Winkelhalbierenden

Abbildung 2.38a, b zeigt die Graphen von f und f^{-1} als Spiegelbilder an der 1. Winkelhalbierenden.

Sonderfall 2: Umkehrrelationen

Nicht immer lässt sich von einer gegebenen Funktion die inverse Funktion erstellen.

Für $f(x) = x^2$, $x \in \mathbb{R}$, ergibt sich als Umkehrung eine *Relation*, nämlich die *Umkehrrelation* $R^{-1} = \{(x; y) \mid y = \pm\sqrt{x}\}$; denn jedem $x \in \mathbb{R}_0^+$ werden zwei $y \in \mathbb{R}$ zugeordnet, wie die Spiegelung der Normalparabel an der 1. Winkelhalbierenden verdeutlicht (Abb. 2.38b).

Trick: Man spaltet die Funktion in 2 Teilfunktionen auf.

Aus $f_1(x) = x^2$, $x \in \mathbb{R}_0^+$ (Graph: rechter Parabelast) folgt $f_1^{-1}(x) = \sqrt{x}$; aus $f_2(x) = x^2$, $x \in \mathbb{R}_0^-$ (Graph: linker Parabelast) folgt $f_2^{-1}(x) = -\sqrt{x}$.

Hinweis: Umkehrfunktionen existieren ohne Einschränkung nur bei streng monotonen Funktionen.

Beispiel

Für $f(x) = x^2 + 2x - 3$, $x \in \mathbb{R}$ ist die Umkehrrelation R^{-1} gesucht. Ferner ist anzugeben, für welche Definitionsmenge f eineindeutig wird.

Lösung: Scheitelgleichung:

$$y = (x + 1)^2 - 4$$

mit $S_f(-1|-4)$, ferner $D_f = \mathbb{R}$ und $W_f = \{y \mid y \geq -4\}_{\mathbb{R}}$.

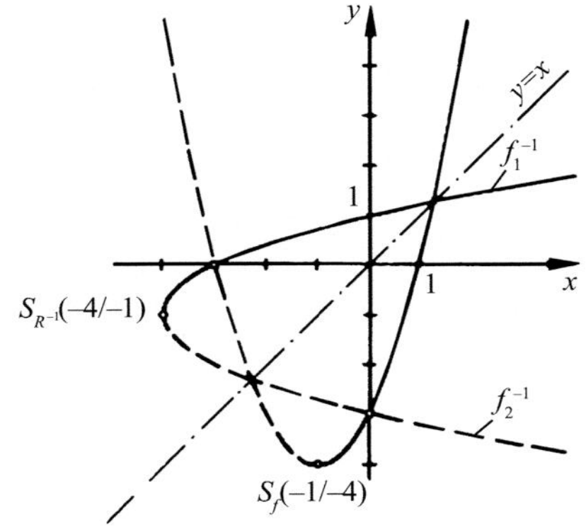

Abb. 2.39 Die Parabel P: $y = x^2 + 2x - 3$, gespiegelt an der 1. Winkelhalbierenden

Umformung:

$$y + 4 = (x + 1)^2 \quad \Rightarrow \quad x = \overline{R}(y) = \pm\sqrt{y + 4} - 1.$$

Vertausch der Variablen:

$$y = R^{-1}(x) = \pm\sqrt{x + 4} - 1$$

mit $S_{R^{-1}}(-4|-1)$, ferner $D_{R^{-1}} = \{x \mid x \geq -4\}$ und $W_{R^{-1}} = \mathbb{R}$.

Hinweis: Auffällig ist auch das Vertauschen von Scheitelkoordinaten, Definitions- und Wertemenge.

Eineindeutigkeit ist gewährleistet (Abb. 2.39), wenn

a) $D_{f_1} = \mathbb{R} \setminus]-\infty; -1]$;
es ergibt sich die Umkehrfunktion $y = f_1^{-1}(x) = +\sqrt{x + 4} - 1$ bzw.
b) $D_{f_2} = \mathbb{R} \setminus [-1; \infty[$;
es resultiert $y = f_2^{-1}(x) = -\sqrt{x + 4} - 1$.

Hinweis: Bei quadratischen Funktionen ergeben sich beim Umkehren Wurzelfunktionen.

Aufgaben

2.98 Geben Sie die inversen Funktionen an und zeichnen Sie ihre Graphen zusammen mit denen der Ausgangsfunktion:

a) $f_1(x) = \dfrac{2}{3}x$;

b) $f_2(x) = \dfrac{3}{4}x + 2$;

c) $f_3(x) = -\frac{4}{3}x + 1$;

d) $f_4(x) = 2$.

2.99 Geben Sie die für $f(x) = mx + b$ inverse Funktion f^{-1} an, wenn $m \neq 0$ ist.

2.100 Ermitteln Sie für $f_1(x) = \sqrt{x+1} - 2$ und $f_2(x) = -\sqrt{x+1} - 2$ die Umkehrfunktionen. Zeichnen Sie alle Graphen unter Berücksichtigung ihrer markanten Punkte.

2.101 Für die Funktionsgraphen zu $f_1(x) = \sqrt{7+x}$ und $f_2(x) = -\sqrt{7+x}$ sind die Schnittpunkte mit der Geraden $g(x) = x + 1$ zu errechnen. Stellen Sie den gesamten Sachverhalt graphisch dar.

2.5 Trigonometrische Funktionen (Kreisfunktionen)

In der *Trigonometrie* helfen die Winkelfunktionen *Sinus*, *Kosinus* und *Tangens* bei der Dreiecksberechnung. Für die *Analysis* ist eine Erweiterung der trigonometrischen Beziehungen auf beliebige Winkelgrößen notwendig. Dazu benötigen wir eine allgemeinen Definition dieser Funktionen, was sehr anschaulich am *Einheitskreis*, also ein Kreis mit Radius $r = 1$, dargestellt werden kann.

2.5.1 Die Eigenschaften der trigonometrischen Grundfunktionen

Das Bogenmaß eines Winkels

Die bislang praktizierte Messung von Winkeln im *Gradmaß* ist wenig geeignet, die trigonometrischen Beziehungen als *reelle* Funktionen darzustellen. Zweckmäßig ist der Übergang vom Grad- zum Bogenmaß:

Der Mittelpunktswinkel φ (Abb. 2.40) schließt Kreisausschnitte ein, für die das Verhältnis aus jeweiliger Kreisbogenlänge und zugehörigem Radius konstant ist, nämlich:

$$x := \operatorname{arc}\varphi = \frac{b_1}{r_1} = \frac{b_2}{r_2} = \frac{b}{r} = \text{const.}$$

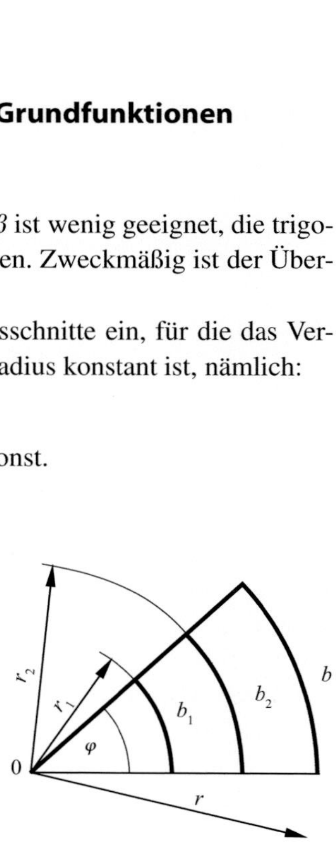

Abb. 2.40 Zusammenhang Bogenmaß b und Mittelpunktswinkel φ

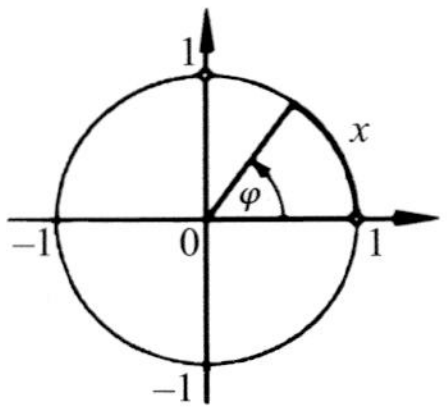

Abb. 2.41 Beziehung $x := \text{arc}\,\varphi$

Diese Verhältniszahl $x = \text{arc}\,\varphi$[9] heißt *Bogenmaß* und lässt sich wie folgt definieren:

Unter dem Bogenmaß x eines Winkels φ versteht man die Längenmaßzahl des Bogens im Einheitskreis zum dazu gehörenden Mittelpunktswinkel φ.

Abbildung 2.41 veranschaulicht die Definition.

Schlussfolgerung: Der im Gradmaß angegebene Vollwinkel von 360° entspricht einem im Bogenmaß angegebenen Winkel von $2\pi r = 2\pi 1$, also $2\pi \mathrel{\hat{=}} 360°$.

Die Angabe im Bogenmaß erfolgt mit der Einheit *Radiant*: $1\,\text{rad} = 1\,\frac{\text{m}}{\text{m}}$. 1 Radiant ist somit das Bogenmaß eines Winkels, bei dem Radius und Bogen gleich lang sind.

Umrechnungen vom Grad- ins Bogenmaß und umgekehrt Ist φ der im Gradmaß und x der im Bogenmaß angegebene Winkel, gilt:

$$\frac{\varphi}{360°} = \frac{x}{2\pi}$$

Ein rechter Winkel ($\varphi = 90°$) ist somit durch $x = \frac{\pi}{2}$ rad festgelegt oder einfacher $x = \frac{\pi}{2}$; entsprechend gilt:

$$1\,\text{rad} = \frac{180°}{\pi} \approx 57{,}3°.$$

Im Bogenmaß angegebene Winkel sind reelle Zahlen. Da die Winkeldrehung nicht auf 360° beschränkt ist, kann mit dem Bogenmaß umgekehrt eindeutig jedem Winkel eine reelle Zahl zugeordnet werden.

Aufgaben

2.102 Geben Sie folgende Winkel im *Bogenmaß* an:

a) 30°;
b) 45°;

[9] Gelesen: arcus φ, wobei *arcus* (lat.) für *Bogen* steht.

c) 60°;
d) 75°;
e) 120°;
f) 276°;
g) 335°;
h) 422°;
i) 810°;
j) 1000°.

2.103 Geben Sie im *Gradmaß* an:

a) $\frac{\pi}{12}$;
b) $\frac{3}{4}\pi$;
c) $\frac{5}{6}\pi$;
d) $\frac{7}{3}\pi$;
e) 5π;
f) 0,12;
g) 1,35;
h) 2,43;
i) 5,61;
j) 10,27.

Sinus- und Kosinusfunktion

In Abb. 2.42 ist für den 1. Quadranten des kartesischen Koordinatensystems der *Einheitskreis* gezeichnet. Der eingetragene Winkel mit Bogenmaß x schneidet mit seinem freien Schenkel den Kreis in $P(u|v)$. Aus der Dreiecksberechnung sind vielleicht noch die beiden Beziehungen

$$\sin\alpha = \frac{\text{Gegenkathete zum Winkel } \varphi}{\text{Hypotenuse}} \quad \text{und} \quad \cos\alpha = \frac{\text{Ankathete zum Winkel } \varphi}{\text{Hypotenuse}}$$

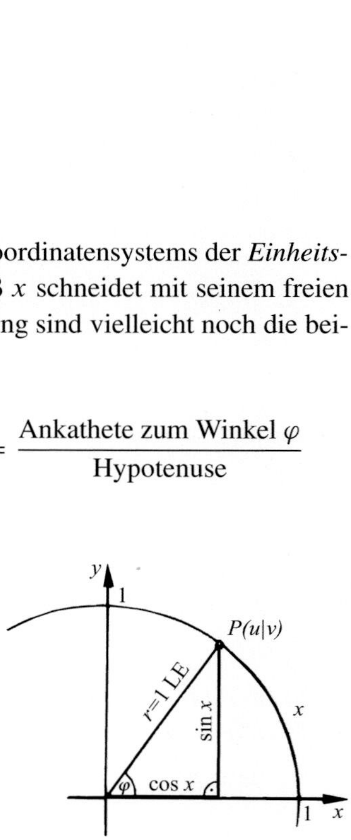

Abb. 2.42 Bedeutung des Sinus und Kosinus am Einheitskreis

bekannt. Natürlich kann anstelle von α auch jeder andere beliebige Winkel stehen. (Wo liegt denn eigentlich allgemein die Hypotenuse und wo kommt sie überhaupt vor?)

Dies auf das Dreieck in Abb. 2.42 angewendet (warum ist das erlaubt?), ergibt sich dann

- der *Sinus* als Ordinate
- der *Kosinus* als Abszisse

des Punktes $P(u|v)$:

$$u := \cos x \quad \text{bzw.} \quad v := \sin x.$$

Durchläuft nun der Drehwinkel alle 4 Quadranten, erfasst er den Definitionsbereich $[0; 2\pi]$. Bei entsprechend fortgesetzter Erweiterung sowohl in positiver als auch negativer Drehrichtung ergibt sich als Definitionsmenge $D = \mathbb{R}$.

Für jedes $x \in \mathbb{R}$ lassen sich demzufolge die Maßzahlen der Abszissen und Ordinaten des sich auf dem Einheitskreis bewegenden Punktes $P(\cos x| \sin x)$ zuordnen, so dass die beiden Kreisfunktionen wie folgt definiert werden können:

1. Unter der **Sinusfunktion** f mit $f(x) = \sin x$, $x \in \mathbb{R}$, versteht man die Vorschrift, die jedem Winkel x seinen *Sinuswert* zuordnet.
2. Unter der **Kosinusfunktion** g mit $g(x) = \cos x$, $x \in \mathbb{R}$, versteht man die Vorschrift, die jedem Winkel x seinen *Kosinuswert* zuordnet.

Die Graphen von Sinus- und Kosinusfunktion ergeben sich mit Hilfe des Einheitskreises, im ersten Fall mittels direkter Konstruktion bzw. Projektion (Abb. 2.43a), im zweiten Fall durch Abgreifen der Kosinuswerte am Einheitskreis (Abb. 2.43b).

Beide Funktionen nehmen regelmäßig wiederkehrend die gleichen Werte aus dem Wertebereich $W = \{y \,|\, -1 \leq y \leq +1\}_{\mathbb{R}}$ an.

Ihre Graphen sind *periodisch* mit der Periodenlänge 2π,

$$\sin(x \pm 2n \cdot \pi) = \sin x \quad \text{bzw.}$$
$$\cos(x \pm 2n \cdot \pi) = \cos x,$$

wobei $n \in \mathbb{N}^*$.

Weiter zeigt sich, dass der Graph der Kosinusfunktion hervorgeht durch Verschiebung der *Sinuskurve* um $\frac{\pi}{2}$ Einheiten in *negativer* x-Richtung (also nach links):

$$\cos x = \sin\left(x + \frac{\pi}{2}\right).$$

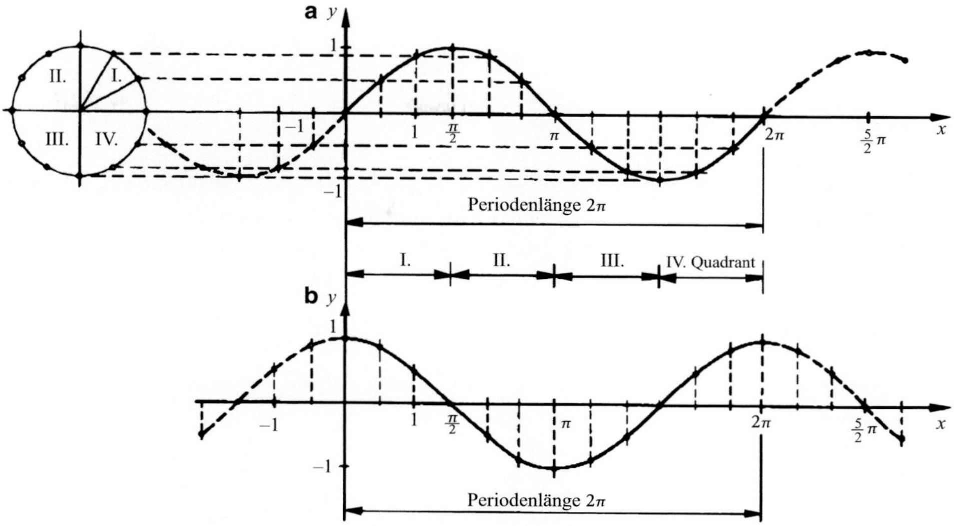

Abb. 2.43 **a** Sinusfunktion $f(x) = \sin x$. **b** Kosinusfunktion $g(x) = \cos x$

Analog: Die Sinuskurve ergibt sich, indem der Graph der Kosinusfunktion um $\frac{\pi}{2}$ Einheiten in *positiver* x-Richtung verschoben wird:[10]

$$\sin x = \cos\left(x - \frac{\pi}{2}\right) \Leftrightarrow \sin x = \cos\left(\frac{\pi}{2} - x\right).$$

Symmetrieeigenschaften Die Äquivalenz ($\Leftrightarrow$) lässt sich damit begründen, dass die Kosinusfunktion eine *gerade* Funktion ist. Ihr Funktionsgraph verläuft *symmetrisch zur y-Achse*, also

$$\cos x = \cos(-x) \quad \text{bzw. allgemein} \quad f(x) = f(-x).$$

Bei der Sinusfunktion dagegen handelt es sich um eine *ungerade* Funktion. Ihr Funktionsgraph verläuft demzufolge *punktsymmetrisch zum Ursprung*, somit ist

$$\sin(-x) = -\sin x \quad \text{bzw. allgemein} \quad f(-x) = -f(x).$$

Nullstellen Die Punktsymmetrie gilt periodisch für alle *Nullstellen* der Sinuskurve, die dort auch ihre *Wendepunkte* (Änderung der Kurvenkrümmung) hat. Allgemein lassen sich die Nullstellen wie folgt angeben:

$$\sin x = 0 \quad \Leftrightarrow \quad x = k \cdot \pi \quad \text{mit } k \in \mathbb{Z}, \quad \text{also z. B. bei } x = -\pi, 0, \pi.$$

[10] Der Sinus eines Winkels ist gleich dem Kosinus seines Komplementwinkels (= Ergänzungswinkel zu $90° = \frac{\pi}{2}$ rad).

Wegen der bereits angesprochenen Verschiebung des Graphen der Kosinusfunktion gegenüber der Sinuskurve lässt sich auf die Nullstellen der Kosinusfunktion analog schließen:

$$\cos x = 0 \quad \Leftrightarrow \quad x = (2k+1) \cdot \frac{\pi}{2} \quad \text{mit } k \in \mathbb{Z}, \quad \text{also z. B. bei } x = -\frac{\pi}{2}, 0, \frac{\pi}{2}.$$

Zusammenhänge für Sinus- und Kosinuswerte von Winkeln $x > \frac{\pi}{2}$ Aufgrund der Periodizität der aufgezeigten Eigenschaften reicht es aus, die Winkelfunktionswerte im Teilintervall $\left[0; \frac{\pi}{2}\right]$ zu kennen, um auf die gesamte Periode schließen zu können:

$$\begin{aligned}
\frac{\pi}{2} < x \le \pi &: \quad \sin x = +\sin(\pi - x) \quad \text{bzw.} \quad \cos x = -\cos(\pi - x);\\
\pi < x \le \frac{3\pi}{2} &: \quad \sin x = -\sin(x - \pi) \quad \text{bzw.} \quad \cos x = -\cos(x - \pi);\\
\frac{3\pi}{2} < x \le 2\pi &: \quad \sin x = -\sin(2\pi - x) \quad \text{bzw.} \quad \cos x = +\cos(2\pi - x).
\end{aligned}$$

Eine wichtige Beziehung zwischen den Sinus- und Kosinuswerten eines Winkels $x \in \mathbb{R}$ liefert der *trigonometrische Pythagoras*. Für den in Abb. 2.42 dargestellten geometrischen Sachverhalt mit Winkeln $0 \le x \le \frac{\pi}{2}$ gilt

$$(\sin x)^2 + (\cos x)^2 = 1,$$

kürzer geschrieben[11]

$$\sin^2 x + \cos^2 x = 1$$

Die Tangens- und Kotangensfunktion

Zu den trigonometrischen Grundfunktionen gehören auch der *Tangens* und *Kotangens*, deren Beziehungen sich aufgrund des geometrischen Sachverhalts ebenfalls als Streckenverhältnisse am Einheitskreis (Abb. 2.44) darstellen lassen.

Formal können beide Funktionen wie folgt definiert werden:

1. Unter der **Tangensfunktion** $f(x) = \tan x$ mit $\tan x := \frac{\sin x}{\cos x}$ versteht man die Vorschrift, die jedem Winkel $x \in \mathbb{R} \setminus \{x \mid \cos x \neq 0\}$ seinen *Tangenswert* zuordnet.
2. Unter der **Kotangensfunktion** $g(x) = \cot x$ mit $\cot x := \frac{\cos x}{\sin x}$ versteht man die Vorschrift, die jedem Winkel $x \in \mathbb{R} \setminus \{x \mid \sin x \neq 0\}$ seinen *Kotangenswert* zuordnet.

[11] Man beachte, dass z. B. $(\sin x)^2 =: \sin^2 x$ (gelesen: Sinus Quadrat x), wobei $(\sin x)^2 \neq \sin x^2$.

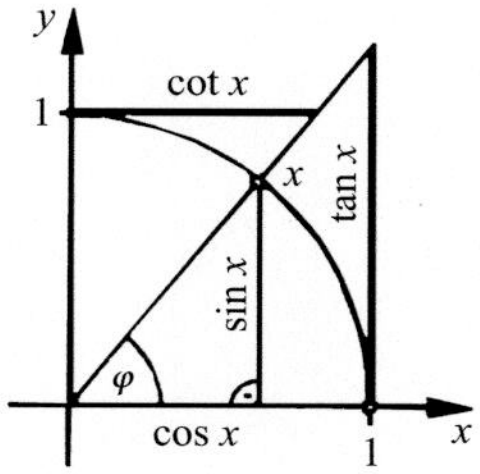

Abb. 2.44 Tangens und Kotangens im Einheitskreis

Aus der Definition der Tangensfunktion folgt:

1. Die Nullstellen der *Tangensfunktion* stimmen mit denen der Sinusfunktion überein (wieso?).
2. Die Definitionslücken entsprechen den Nullstellen der Kosinusfunktion.[12]

Analog: Die Nullstellen der *Kotangensfunktion* sind identisch mit denen der *Kosinusfunktion*. Die Definitionslücken stimmen überein mit den Nullstellen der *Sinusfunktion*.

In beiden Fällen markieren die Definitionslücken die Senkrechten, Polgeraden genannt, an die sich die Funktionsgraphen dichter und dichter annähern. Sie liegen bei:

$$x = (2k+1) \cdot \frac{\pi}{2} \quad \text{mit } k \in \mathbb{Z} \quad \text{(Tangensfunktion)} \quad \text{bzw.}$$
$$x = k \cdot \pi \quad \text{mit } k \in \mathbb{Z} \quad \text{(Kotangensfunktion).}$$

Offensichtlich weist somit der Graph der Tangensfunktion überall dort Polgeraden auf, wo der Graph der Kotangensfunktion die Abszissenachse schneidet, und umgekehrt. Abbildung 2.45 veranschaulicht das.

Festzuhalten bleibt, dass sich der Graph der Tangensfunktion direkt mit Hilfe des Einheitskreises konstruieren lässt, indem man die jeweiligen Abschnitte der *Tangente* an den Kreis in $P(1|0)$ wie angedeutet überträgt. Die Kotangenswerte werden dagegen entweder am Einheitskreis abgegriffen oder aber unter Berücksichtigung der Komplementbeziehung[13] ermittelt.

Beide Funktionen nehmen regelmäßig wiederkehrend die gleichen Werte aus dem Wertebereich $W = \mathbb{R}$ an; sie sind *periodisch* mit der Periodenlänge π:

$$\tan(x \pm n \cdot \pi) = \tan x \quad \text{bzw.}$$
$$\cot(x \pm n \cdot \pi) = \cot x,$$

wobei $n \in \mathbb{N}^*$.

[12] Der Nenner darf nicht null sein.

[13] Der Kotangens (*Ko*mplement-*T*angens) eines Winkels ist gleich dem Tangens seines Komplementwinkels.

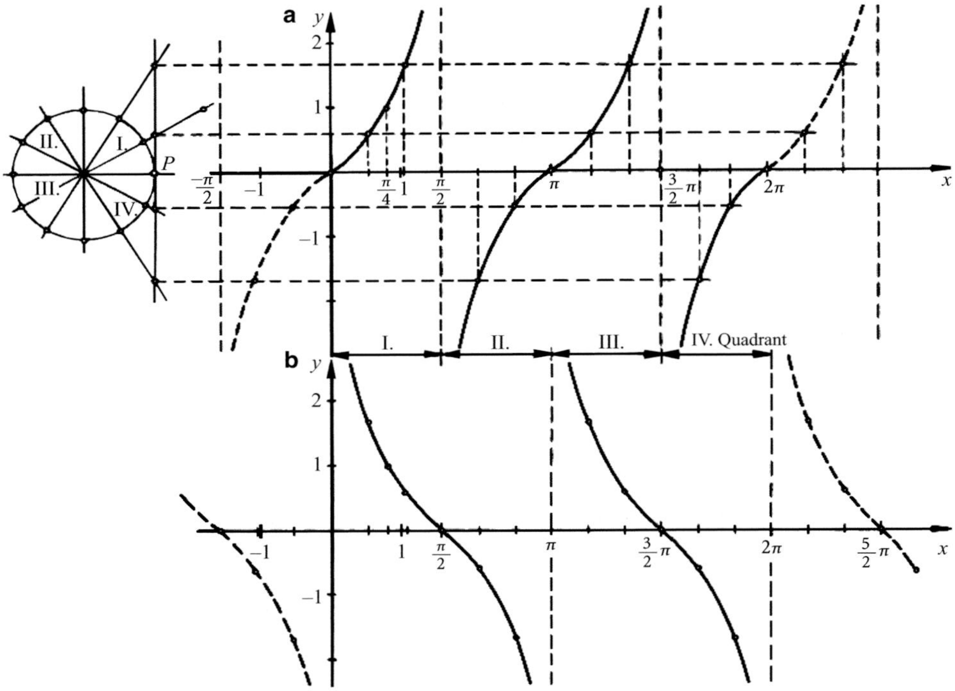

Abb. 2.45 **a** $f(x) = \tan x$. **b** $g(x) = \cot x$

Weiter fällt auf, dass beide Funktionsgraphen *punktsymmetrisch zum Ursprung* sind. Sowohl die Tangens- (Abb. 2.45a) als auch die Kotangensfunktion (Abb. 2.45b) sind *ungerade* Funktionen, es gilt

$$\begin{aligned} f(-x) &= -f(x) \\ \tan(-x) &= -\tan x \quad \text{bzw.} \\ \cot(-x) &= -\cot x. \end{aligned}$$

Die *Punktsymmetrie* gilt periodisch fort für alle Nullstellen beider Funktionen, deren Graphen dort auch ihre Wendepunkte aufweisen.

Zusammenhänge für Tangens- und Kotangenswerte von Winkeln $x > \frac{\pi}{2}$ Aufgrund der Periodizität der aufgezeigten Eigenschaften reicht es aus, die Winkelfunktionswerte im Teilintervall $]0; \frac{\pi}{2}[$ zu kennen, um auf die gesamte Periode schließen zu können:

$$\begin{aligned} \frac{\pi}{2} < x < \pi&: \quad \tan x = -\tan(\pi - x) \quad \text{bzw.} \quad \cot x = -\cot(\pi - x); \\ \pi < x < \frac{3\pi}{2}&: \quad \tan x = +\tan(x - \pi) \quad \text{bzw.} \quad \cot x = +\cot(x - \pi); \\ \frac{3\pi}{2} < x < 2\pi&: \quad \tan x = -\tan(2\pi - x) \quad \text{bzw.} \quad \cot x = -\cot(2\pi - x). \end{aligned}$$

Eine weitere wichtige Beziehung zwischen den Tangens- und Kotangenswerten eines Winkels $x \in \mathbb{R}$ liefert die Identität $\tan x \cdot \cot x = 1$, damit gilt $\cot x = \frac{1}{\tan x} = \tan x^{-1}$. Damit ist eine separate Taste für die cot-Funktion auf dem Taschenrechner nicht notwendig.

Aufgabe

2.104 Zeichnen Sie die Graphen folgender Funktionen:

a) $f(x) = -\tan x,\ x \in \left[-\frac{\pi}{2}; \frac{\pi}{2}\right]$;

b) $g(x) = -\cot x,\ x \in \left[-\frac{\pi}{2}; \frac{\pi}{2}\right]$.

2.5.2 Die allgemeine Sinusfunktion

Die dargestellten trigonometrischen Grundfunktionen reichen in der Regel nicht aus, entsprechend anwendungsbezogene technische Fragestellungen mathematisch zu beschreiben. So erfordern die vielfach auftretenden *Schwingungen* z. B. im Maschinen- oder Brückenbau, in der Wechselstromtechnik, der Akustik oder Optik eine Verallgemeinerung der Sinusfunktion.

Es gilt, die Sinus-Grundfunktion so abzuändern, dass zwar bestehende Einschränkungen aufgehoben werden, grundsätzliche Eigenschaften jedoch erhalten bleiben. Die vorzunehmenden Veränderungen sowie deren Auswirkungen auf die *Sinuskurve* werden an einzelnen Beispielen aufgezeigt.

Beispiel 1

$f_1(x) = 2 \cdot \sin x,\ x \in \mathbb{R}$.

Jeder Funktionswert der Sinus-Grundfunktion $g(x) = \sin x$ wird mit dem Faktor 2 multipliziert, d. h. die *Normal-Sinuskurve* wird in y-Richtung gestreckt (Abb. 2.46).

Die Nullstellen und die Punktsymmetrie des Graphen zum Ursprung bleiben erhalten.

Das Maximum der Ordinaten wird Schwingungsweite oder *Amplitude* genannt und beträgt hier $a = 2$.

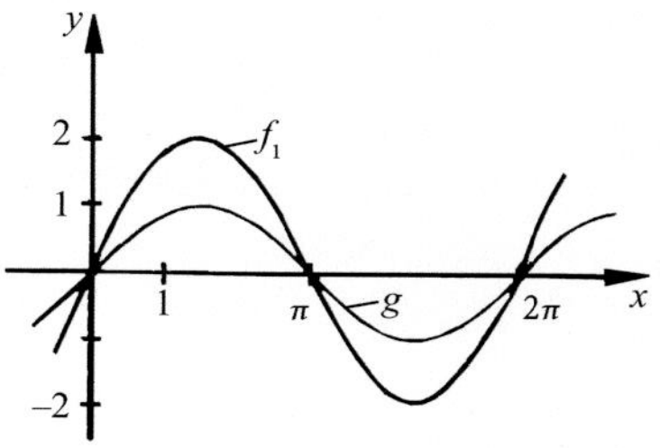

Abb. 2.46 Der Graph von $f_1(x) = 2\sin x$ im Vergleich zur Grundfunktion

Abb. 2.47 Graph von $f_2(x) = \sin\frac{2}{3}x$ im Vergleich zur Grundfunktion

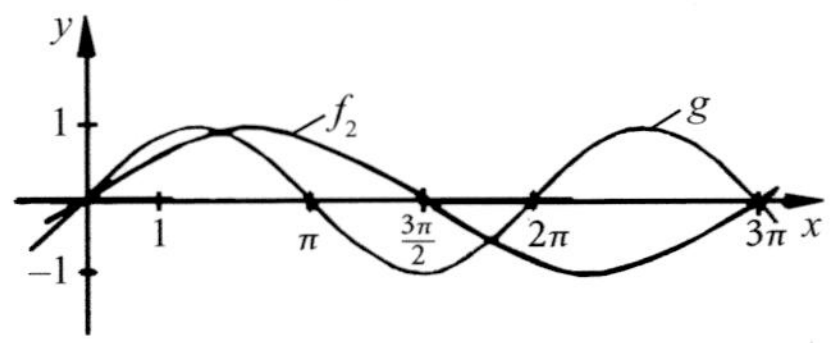

Allgemein: Die Funktionsgleichung

$$y = a \cdot \sin x, \quad a \in \mathbb{R}^*,$$

steht für eine Sinusfunktion, deren Graph die *Amplitude* $|a|$ aufweist, und der durch *Streckung* ($|a| > 1$) oder *Stauchung* ($0 < |a| < 1$) in *y-Richtung* aus der Sinuskurve der Grundfunktion g hervorgegangen ist.
Für $a \in \mathbb{R}^-$ erfolgt zusätzlich eine Vorzeichenumkehr, was eine Spiegelung des Funktionsgraphen an der x-Achse bewirkt.

Beispiel 2

$f_2(x) = \sin\frac{2}{3}x,\ x \in \mathbb{R}$.

Der Faktor $\frac{2}{3}$ verändert die *Periodenlänge* der Sinus-Grundfunktion g von ursprünglich 2π auf nunmehr $\frac{2\pi}{2/3} = 3\pi$, d. h. der Graph von f_2 ist im Vergleich zur Sinuskurve in x-Richtung gestreckt, und zwar mit dem Streckungsfaktor $\frac{1}{b} = \frac{3}{2}$ (Abb. 2.47).

Mit anderen Worten: Während der Graph zu f_2 *eine* Schwingung mit der Periodenlänge 3π absolviert, durchläuft der Graph von g bereits $\frac{3}{2}$ Schwingungen.

Allgemein: Die Funktionsgleichung

$$y = \sin b \cdot x, \quad b \in \mathbb{R}^*,$$

steht für eine Sinusfunktion, deren Graph mit Amplitude 1 aus der Sinuskurve der Grundfunktion g hervorgegangen ist durch *Streckung* ($0 < |b| < 1$; Streckungsfaktor: $\frac{1}{|b|} > 1$) oder *Stauchung* ($|b| > 1$; Stauchungsfaktor: $0 < \frac{1}{|b|} < 1$) in *x-Richtung*. Die *Periodendauer* oder *Wellenlänge* ergibt sich zu $\lambda = \frac{2\pi}{|b|}$.
Für $b \in \mathbb{R}^-$ erfolgt wegen $\sin bx = -\sin|b| \cdot x$ (Punktsymmetrie zum Ursprung!) wiederum zusätzlich eine Spiegelung des Funktionsgraphen an der x-Achse.

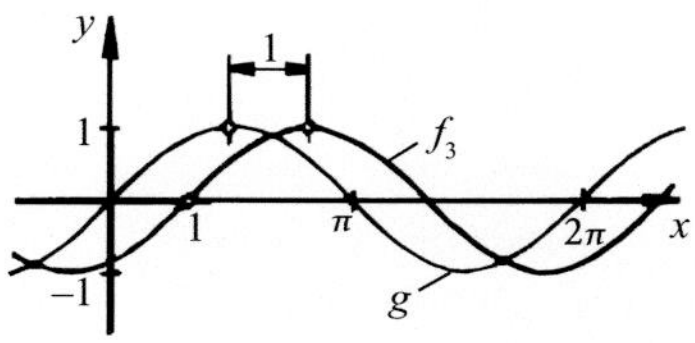

Abb. 2.48 Graph von $f_3(x) = \sin(x - 1)$ im Vergleich zur Grundfunktion

Beispiel 3

$f_3(x) = \sin(x - 1)$, $x \in \mathbb{R}$.

Der Graph von f_3 unterscheidet sich von der *Sinuskurve* lediglich dadurch, dass er um 1 Einheit in positiver *x-Richtung phasenverschoben* ist (Abb. 2.48).

Allgemein: Die Funktionsgleichung

$$y = \sin(x - c), \quad c \in \mathbb{R},$$

steht für eine Sinusfunktion, deren Graph eine *Phasenverschiebung c* in positiver ($c > 0$) oder negativer *x-Richtung* ($c < 0$) erfahren hat. Für den Sonderfall $c = 0$ ergibt sich keine Phasenverschiebung.

Beispiel 4

$f_4(x) = \sin x + 2$, $x \in \mathbb{R}$.

Der Graph von f_4 ist gegenüber der *Sinuskurve* um 2 Einheiten in positiver y-Richtung versetzt; die sog. *Null-Lage* der Schwingung wird durch die Achse $y = 2$ markiert (Abb. 2.49).

Allgemein: Die Funktionsgleichung $y = \sin x + d$, $d \in \mathbb{R}$, steht für eine Sinusfunktion, deren Graph in positiver ($d > 0$) oder negativer y-Richtung ($d < 0$) verschoben ist. Die Achse $y = d$ markiert die Null-Lage der Schwingung. Für den Sonderfall $d = 0$ findet keine Verschiebung statt.

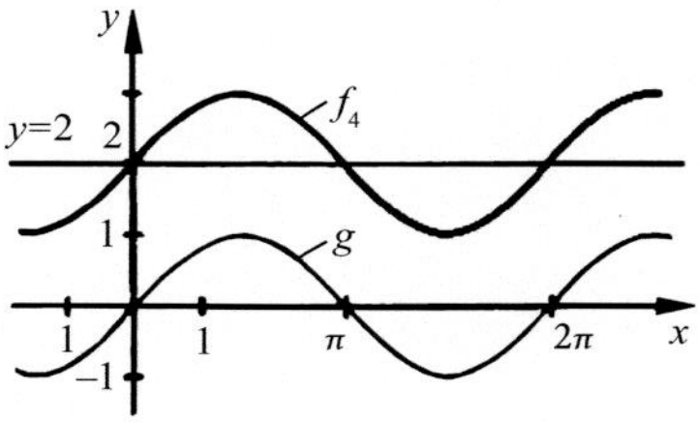

Abb. 2.49 Graph von $f_4(x) = \sin x + 2$ im Vergleich zur Grundfunktion

Die aufgezeigten Gesetzmäßigkeiten lassen sich wie folgt zusammenfassen:

Zusammenfassung

Die Funktionsgleichung

$$y = a \cdot \sin[b(x - c)] + d \quad \text{mit } a, b \in \mathbb{R}^* \text{ und } c, d \in \mathbb{R}$$

beschreibt eine *Sinuskurve*, welche

- die *Amplitude* $|a|$ aufweist,
- die *Periodendauer* $\frac{2\pi}{|b|}$ besitzt,
- eine *Phasenverschiebung* um c Einheiten in positiver ($c > 0$) oder negativer ($c < 0$) x-Richtung erfahren hat und
- insgesamt um d Einheiten in positiver ($d > 0$) oder negativer ($d < 0$) y-Richtung *versetzt* ist.

Die Sinusschwingung erfolgt um die Achse $y = d$, beginnend

- mit einem *Wellenberg*, wenn $a \cdot b > 0$, und
- mit einem *Wellental*, wenn $a \cdot b < 0$ ist.

Beispiel

Die Sinusschwingung $f(x) = 2\sin\left[\frac{2}{3}(x-1)\right] + 2$ ist graphisch darzustellen.

Lösung: Amplitude: $a = 2$; Periodenlänge: $\lambda = 3\pi$, Phasenverschiebung: $c = 1$. Die Sinuskurve beginnt mit einem Wellenberg ($x_0 = 1$); sie schwingt um die Achse $y = 2$ (Abb. 2.50).

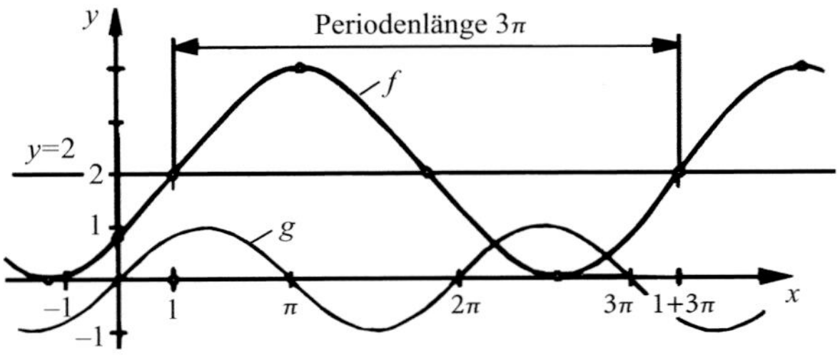

Abb. 2.50 Sinusschwingung der Funktion f mit $f(x) = 2\sin[\frac{2}{3}(x-1)] + 2$

Aufgaben

2.105 Geben Sie die Eigenschaften (vgl. Zusammenfassung) der folgenden Sinusschwingungen an:

a) $y = 3 \cdot \sin x$;

b) $y = \frac{1}{2} \cdot \sin x$;

c) $y = -\frac{3}{2} \cdot \sin x$.

2.106 Ebenso:

a) $y = \sin 2x$;

b) $y = \sin \frac{1}{2}x$;

c) $y = \sin\left(-\frac{3}{2}x\right)$.

2.107 Ebenso:

a) $y = 2 \cdot \sin \frac{4}{3}x$;

b) $y = -3 \cdot \sin \frac{3}{2}x$;

c) $y = -4 \cdot \sin\left(-\frac{2}{3}x\right)$.

2.108 Ebenso:

a) $y = 2 \cdot \sin\left(\frac{1}{2}x - \frac{\pi}{2}\right)$;

b) $y = 4 \cdot \sin 2\left(x + \frac{\pi}{2}\right)$;

c) $y = 3 \cdot \sin(x + 1) - 2$ (Zeichnung!);

d) $y = -\frac{3}{2} \sin[-2(x - 1)] + \frac{5}{2}$ (Zeichnung!).

2.109 Die Spannung in normalen Haushaltssteckdosen beträgt 230 V. Es handelt sich bei dieser Spannungsangabe um den so genannten Effektivwert, der eine Amplitude von $\hat{u} = 230\,\text{V} \cdot \sqrt{2} \approx 325\,\text{V}$ aufweist. Diese Netzwechselspannung hat eine Frequenz von 50 Hz, was bedeutet, dass der Spannungswert 50-mal in der Sekunde eine Sinusperiode von 2π durchläuft.

a) Berechnen Sie für diese 230 V/50 Hz-Spannung die Momentanwerte, wenn $t_1 = 5\,\text{ms}$, $t_2 = 10\,\text{ms}$ und $t_3 = 12\,\text{ms}$ beträgt.

b) Berechnen Sie für eine 110 V/60 Hz-Spannung die Momentanwerte für $t_1 = 1\,\text{ms}$ und $t_2 = 5\,\text{ms}$.

c) Ermitteln Sie, zu welchen Zeitpunkten die Spannung von b) ihr Maximum annimmt.

2.110 a) Berechnen Sie, zu welchen Zeitpunkten eine sinusförmige Wechselspannung mit $\hat{u} = 325\,\text{V}$ und $f = 50\,\text{Hz}$ den Wert 300 V hat.
Hinweis: Es reicht aus, alle Zeitpunkte einer Periode anzugeben.

b) Berechnen Sie die Zeitdauer, bis die Spannung von 100 V auf 200 V angestiegen ist.

Folgen und Reihen

3

3.1 Grundlagen

3.1.1 Folge als Funktion

In der Praxis spielen Angaben eine große Rolle, bei denen es auf eine bestimmte Reihenfolge ankommt. So werden z. B. Warenein- und -ausgänge, Kontobewegungen, Temperatur- und andere meteorologische Messdaten, Messergebnisse verschiedenster wissenschaftlicher und technischer Versuchsreihen an Ordnungszahlen gebunden (am 1., 2., 3., … Tag; der 1., 2., 3., … Versuch usw.). Im mathematischen Sinn bedeutet es den natürlichen Zahlen $\mathbb{N}^*$ oder aber einem Anfangsstück der natürlichen Zahlen $\mathbb{N}_k^* := \{1, 2, 3, \ldots, k\}$ bestimmte Werte (reelle Zahlen ohne Angabe der Maßeinheit) zuzuordnen.

Die zugeordneten Daten, auf deren Reihen*folge* es ankommt, nennt man in ihrer Gesamtheit eine (Zahlen-)*Folge* und die Einzeldaten heißen dann die *Glieder* der Folge.

Zahlenfolge
Ordnet man den natürlichen Zahlen aufgrund einer beliebigen Vorschrift je genau eine reelle Zahl zu, so nennt man diese Funktion eine *reelle* (Zahlen-)*Folge*.

Man schreibt dafür:

$$n \to a_n \quad \text{mit } a_n = f(n).$$

So ist dann

$$f(1) := a_1, \quad f(2) := a_2, \quad f(3) := a_3, \quad \ldots, \quad f(n) := a_n, \quad \ldots,$$

und man spricht vom 1., 2., 3., …, n-ten Glied der Folge.

K.-H. Pfeffer, T. Zipsner, *Mathematik für Technische Gymnasien und Berufliche Oberschulen Band 1*, DOI 10.1007/978-3-658-09265-8_3

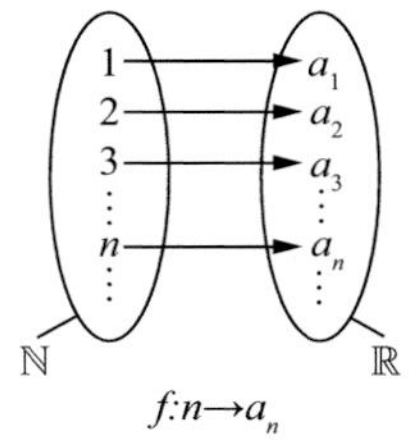

Abb. 3.1 Folge als Funktion mit Definitionsbereich ℕ

Das Pfeildiagramm (Abb. 3.1) veranschaulicht die Funktion

$$f_n = \{(1; a_1), (2; a_2), (3; a_3), \ldots, (n; a_n), \ldots\}$$

wegen $n \in \mathbb{N}$ kürzer geschrieben

$$(a_n) = (a_1, a_2, a_3, a_4, \ldots, a_n, \ldots)$$

(gelesen: Folge a_n mit den Gliedern $a_1, a_2, \ldots$).

Anmerkung: Die Klammern ( ) sollen daran erinnern, dass es sich um eine Paarmenge handelt; vereinfachte Schreibweise: $(a_n) = (a_1, a_2, a_3, \ldots, a_n, \ldots)$ – auch üblich: $\langle a_n \rangle$.

Beispiel:

$$(a_n) = \left(2, -\frac{3}{2}, 1, -\frac{1}{2}, 0, \frac{1}{2}, -1, \frac{3}{2}, \ldots\right)$$

steht für die Funktion

$$f_n = \left\{(1; 2), \left(2; -\frac{3}{2}\right), (3; 1), \left(4; -\frac{1}{2}\right), (5; 0), \ldots\right\}.$$

Abbildung 3.2 zeigt den Graphen von f_n ausschnittsweise; Abszissen- und Ordinatenachse sind vereinbarungsgemäß mit n bzw. a_n beschriftet.

► Zur graphischen Darstellung von *Folgen* wird immer nur der 1. und ggf. der 4. Quadrant eines kartesischen Koordinatensystems benötigt (wieso?).

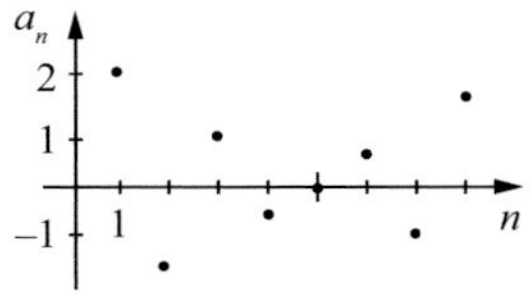

Abb. 3.2 Graph einer Folge

3.1.2 Schreibweise von Folgen

1. Aufzählende Form
Diese Darstellungsform ist insbesondere dann sinnvoll, wenn kein allgemeines *Bildungsgesetz* formuliert werden kann bzw. nur wenige Folgeglieder anzugeben sind.

Beispiele: a) Klassenarbeitsnotenbilanz

$$(a_n) = (4, 3, 2, 3, 3)$$

b) mittlere Sonnenscheindauer (h) eines Urlaubsortes im Juli

$$(a_n) = (8, 10, 10, 12, \ldots, 11, 10)$$

2. Beschreibende Form
(Angabe eines Bildungsgesetzes)

Angabe der Zuordnungsvorschrift

Beispiele: a) $n \to n^2 \Rightarrow (a_n) = (1, 4, 9, 16, \ldots, n^2, \ldots)$;
b) $n \to n + 3 \Rightarrow (a_n) = (4, 5, 6, 7, \ldots, n + 3, \ldots)$;
c) $n \to (-1)^n \cdot n \Rightarrow (a_n) = (-1, 2, -3, 4, \mp \ldots, (-1)^n \cdot n, \ldots)$;
aber:
d) $n \to \frac{n+1}{n}, n \in \mathbb{N}_4 \Rightarrow (a_n) = \left(2, \frac{3}{2}, \frac{4}{3}, \frac{5}{4}\right)$ (endliche Folge).

Hinweis: Drei Punkte am Ende der Folgegliederangabe signalisieren *unendliche* Folgen ($n \in \mathbb{N}$).

Endliche Folgen sind für ein Anfangsstück $\mathbb{N}_k$ der natürlichen Zahlen definiert.

Angabe des n-ten Gliedes

Beispiele: a) $a_n = \frac{n^2-1}{n} \Rightarrow (a_n) = \left(0, \frac{3}{2}, \frac{8}{3}, \frac{15}{4}, \ldots, \frac{n^2-1}{n}, \ldots\right)$;
b) $a_n = 2^{n-1} \Rightarrow (a_n) = (1, 2, 4, 8, \ldots, 2^{n-1}, \ldots)$;
c) $a_n = (-1)^{n+1} \cdot n^2 \Rightarrow (a_n) = (1, -4, 9, -16, \ldots, (-1)^{n+1} \cdot n^2, \ldots)$.
Alternativschreibweise: (n^2) beschreibt die Folge $(n^2) = (1, 4, 9, \ldots, n^2, \ldots)$.

Rekursive Form
Neben der Angabe des ersten Gliedes a_1 bzw. der ersten beiden Glieder a_1 und a_2 bedarf es zur Ermittlung der Folgeglieder einer Rechenvorschrift, auch *Rekursionsformel* genannt, die besonders im Computerbereich ihre Bedeutung hat.

Beispiele: a) $a_1 = 3, a_{n+1} = a_n + 2 \Rightarrow (a_n) = (3, 5, 7, 9, \ldots)$;
b) $a_1 = 0, a_2 = 1, a_{n+2} = a_{n+1} + a_n \Rightarrow (a_n) = (0, 1, 1, 2, 3, \ldots)$.

Anmerkung: Diese Darstellungsform ist nicht geeignet, z. B. auf Anhieb a_{100} oder a_{200} zu bestimmen. Vorteilhafter wäre, das allgemeine Bildungsgesetz für das n-te Glied (a_n) herauszufinden.

Aufgaben

3.1 Geben Sie die Folgen für ein Anfangsstück $\mathbb{N}_5$ an:

a) $n \to 2n$;

b) $n \to \dfrac{1}{n}$;

c) $n \to 3n - 1$;

d) $n \to \dfrac{n^2}{n+1}$;

e) $n \to \left(\dfrac{1}{2}\right)^{-n}$;

f) $n \to \dfrac{n-1}{2^n}$;

g) $n \to 1 - (-1)^n$;

h) $n \to (-n)^{n-3}$.

3.2 Geben Sie jeweils die ersten fünf Glieder ($\mathbb{N}_5$) der Folgen an:

a) $a_n = 3n$;

b) $a_n = 2n - 1$;

c) $a_n = \dfrac{1}{n+1}$;

d) $a_n = \left(\dfrac{n-1}{n^2}\right)$;

e) $a_n = \dfrac{n^2-1}{n}$;

f) $a_n = (-1)^n$;

g) $a_n = (-1)^{n+1}\left(\dfrac{n}{n+2}\right)$.

3.3 Geben Sie das jeweilige Bildungsgesetz an:

a) $(a_n) = (1, 2, 3, 4, \ldots)$;

b) $(a_n) = \left(1, \dfrac{1}{3}, \dfrac{1}{5}, \dfrac{1}{7}, \ldots\right)$;

c) $(a_n) = \left(\dfrac{1}{2}, \dfrac{2}{3}, \dfrac{3}{4}, \dfrac{4}{5}, \ldots\right)$;

d) $(a_n) = \left(1, \frac{1}{2}, \frac{1}{4}, \frac{1}{8}, \ldots\right)$;
e) $(a_n) = \left(-\frac{1}{2}, \frac{1}{4}, -\frac{1}{8}, \frac{1}{16}, \ldots\right)$;
f) $(a_n) = \left(0, -\frac{1}{4}, \frac{2}{9}, -\frac{3}{16}, \ldots\right)$;
g) $(a_n) = (0, 2, 0, 2, \ldots)$;
h) $(a_n) = (1, 0, 1, 0, \ldots)$;
i) $(a_n) = \left(-\frac{1}{2}, \frac{5}{9}, -\frac{1}{2}, \frac{11}{25}, \ldots\right)$.

3.4 Errechnen Sie je vier weitere Glieder der Folge:
a) $a_1 = 1, a_{n+1} = a_n + 2$;
b) $a_1 = 1, a_{n+1} = -a_n + 3$;
c) $a_1 = 3, a_{n+1} = \frac{1}{3}a_n$;
d) $a_1 = -1, a_{n+1} = -2a_n$;
e) $a_1 = 3, a_{n+1} = \frac{1}{2}a_n + 1$;
f) $a_1 = -1, a_{n+1} = a_n^2 - 1$.

3.5 Errechnen Sie je drei weitere Glieder der Folge:
a) $a_1 = 1, a_2 = 2, a_{n+2} = a_{n+1} + a_n$;
b) $a_1 = -1, a_2 = 1, a_{n+2} = a_{n+1} \cdot a_n$.

3.1.3 Eigenschaften von Folgen

Beispiele und Übungen haben gezeigt, dass es besondere Folgen gibt. Diese werden etwas näher betrachtet.

Alternierende Folgen
Eine Folge (a_n) heißt *alternierend*[1], wenn ihre Glieder ständig das Vorzeichen wechseln, also $a_n \cdot a_{n+1} < 0$ ist für alle $n \in \mathbb{N}$.

Beispiele: a) $a_n = (-1)^n \cdot 2n \Rightarrow (a_n) = (-2, +4, -6, +8, \mp \ldots, (-1)^n \cdot 2n, \ldots)$;
b) $a_n = (-1)^{n+1} \cdot 2n \Rightarrow (a_n) = (+2, -4, +6, -8, \pm \ldots, (-1)^{n+1} \cdot 2n, \ldots)$.

[1] Von *alternare* (lat.): abwechseln.

Monotone Folgen

Eine Folge (a_n) heißt

- *streng monoton steigend*, wenn für alle $n \in \mathbb{N}$ gilt: $a_{n+1} > a_n$;
- *streng monoton fallend*, wenn für alle $n \in \mathbb{N}$ gilt: $a_{n+1} < a_n$.

Gilt $a_{n+1} \geq a_n$ bzw. $a_{n+1} \leq a_n$, dann ist die Folge *monoton* (steigend oder fallend).

Hinweis: a) Alternierende Folgen sind *nicht* monoton;
b) $(n) = (1, 2, 3, 4, \ldots)$ ist *streng* monoton steigend;
c) $\left(\frac{n}{n!}\right) = \left(1, 1, \frac{1}{2}, \frac{1}{6}, \frac{1}{24}, \ldots\right)$ ist monoton fallend.
Oftmals reicht ein Hinsehen um zu entscheiden, ob eine Folge die Monotoniebedingungen erfüllt oder aber nicht. In der Regel jedoch bedarf es einer exakten Nachprüfung.

Beispiel

Zu untersuchen ist, ob die Folge $\left(\frac{2n-3}{n}\right)$ streng monoton steigend ist.

Lösung: $a_{n+1} > a_n$ oder $a_n < a_{n+1}$

$$\begin{aligned} &\Rightarrow & \frac{2n-3}{n} &< \frac{2(n+1)-3}{n+1} \\ &\Leftrightarrow & (2n-3)(n+1) &< (2n-1)n \\ &\Leftrightarrow & 2n^2 - n - 3 &< 2n^2 - n \Rightarrow -3 < 0. \end{aligned}$$

Diese Aussage ist wahr für alle $n \in \mathbb{N}$, also ist die Folge wegen $a_n < a_{n+1}$ streng monoton steigend.

Beschränkte Folgen

Es geht um die Fragestellung, ob die Wertemenge $W = \{a_1, a_2, a_3, \ldots, a_n, \ldots\}$ einer Folge eingeschränkt bzw. *beschränkt* ist. Das träfe dann zu, wenn sich W durch ein Intervall $[s_k; S_K] \in \mathbb{N}$ mit unterer Schranke s_k und oberer Schranke S_K beschreiben ließe.

Beispiele: a) Die Folge $(n-1) = (0, 1, 2, 3, \ldots)$ besitzt eine größte *untere Schranke* $s_k = 0$, aber keine *obere Schranke* S_K; damit ist sie nicht beschränkt.
b) Die Folge $(3-n) = (2, 1, 0, -1, \ldots)$ besitzt eine kleinste *obere Schranke* $S_K = 2$, aber keine untere Schranke s_k, damit ist sie insgesamt gesehen auch nicht beschränkt.
c) Die Folge $\left(\frac{2n-3}{n}\right) = \left(-1, \frac{1}{2}, 1, \frac{5}{4}, \frac{7}{5}, \frac{3}{2}, \ldots\right)$ ist beschränkt.
Als größte *untere* Schranke kann $s_k = -1$ angegeben und als kleinste *obere* Schranke $S_K = 2$ vermutet werden, die aber von den Folgegliedern nicht

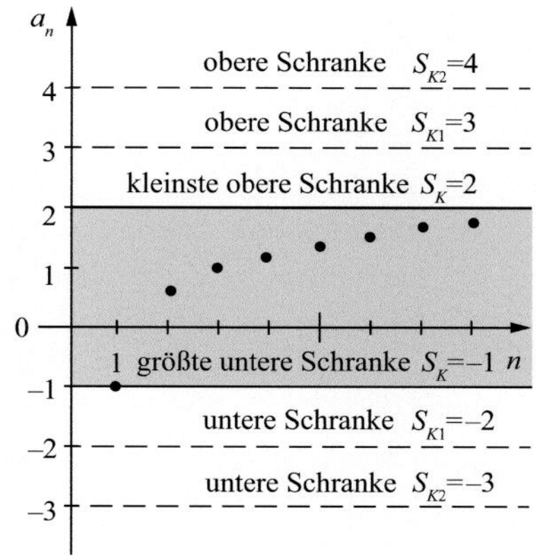

Abb. 3.3 Schranken der Folge $\left(\frac{2n-3}{n}\right)$

erreicht wird. Abbildung 3.3 veranschaulicht die Zusammenhänge und verdeutlicht insbesondere, dass auch andere untere und obere Schranken genannt werden können.

Letztendlich interessieren als Schranken jedoch nur

- die größte untere (= untere Grenze oder *Infimum*) und
- die kleinste obere (= obere Grenze oder *Supremum*).

Beispiel

Zu zeigen ist, dass die Folge $\left(\frac{2n-3}{n}\right)$ beschränkt ist.

Lösung: nach unten beschränkt: $s_k = -1$

$$\begin{aligned} s_k &\le a_n \\ -1 &\le \left(\frac{2n-3}{n}\right) \\ -n &\le 2n-3 \\ 3 &\le 3n \\ 1 &\le n \quad \text{(Bedingung erfüllt!)} \end{aligned}$$

nach oben beschränkt: $S_K = 2$

$$\begin{aligned} a_n &\le S_K \\ \frac{2n-3}{n} &\le 2 \\ 2n-3 &\le 2n \\ -3 &\le 0 \quad \text{(gilt für alle } n \in \mathbb{N}\text{).} \end{aligned}$$

Die Folge ist nach unten und oben beschränkt, also insgesamt beschränkt.

Aufgaben

3.6 Klären Sie per Augenschein, welche der in den Aufgaben 3.1–3.5 angegebenen Folgen
a) alternierend,
b) monoton bzw. streng monoton,
c) nach unten bzw. oben beschränkt,
d) beschränkt sind.

3.7 Weisen Sie rechnerisch nach, welche der Folgen streng monoton wachsend bzw. fallend sind:
a) $\left(\frac{n+2}{n}\right)$;
b) $\left(\frac{2n-1}{1-3n}\right)$;
c) $\left(\frac{n+1}{n^2}\right)$;
d) $\left(\frac{2^n}{n^2}\right)$.

3.8 Welche der Folgen aus Aufgabe 3.7 sind beschränkt? Geben Sie ggf. ein untere und eine obere Schranke an.

3.1.4 Reihen

In vielen Kaufhäusern werden Warenein- und -ausgänge mittels Computer festgehalten, wobei insbesondere die Warenausgänge unmittelbar an den Kassen (sog. Kassenterminals) eingespeist werden. Eine Fortschreibung jeder Veränderung erlaubt es, jeden Abend nach Geschäftsschluss den Istbestand des Warenlagers anzugeben, so dass u. a. Entscheidungen über weitere Einkäufe getroffen werden können. Die Warenbestandsänderung eines bestimmten Artikels ließe sich als Folge mit z. B. nachstehenden Gliedern angeben:

$$\begin{aligned}
a_1 &= 2000 && \text{(Wareneinkauf)},\\
a_2 &= -1200 && \text{(reißender Absatz!)},\\
a_3 &= -750 && \text{(weiterer Absatz)},\\
a_4 &= +500 && \text{(Wareneinkauf)},\\
a_5 &= -325 && \text{(weiterer Absatz)},\\
&\text{usw.}
\end{aligned}$$

Der jeweilige Warenbestand (Istwert) resultiert wie folgt:

$s_1 = a_1 = 2000$ (Istwert nach der 1. Veränderung)

$s_2 = a_1 + a_2 = 2000 + (-1200)$ (Istwert nach der 2. Veränderung)

$s_3 = a_1 + a_2 + a_3 = 2000 + (-1200) + (-750)$ (Istwert nach der 3. Veränderung)

$s_4 = a_1 + a_2 + a_3 + a_4 = \cdots$ (Istwert nach der 4. Veränderung)

$s_5 = a_1 + a_2 + a_3 + a_4 + a_5 = \cdots$ (Istwert nach der 5. Veränderung)

usw.

Mit Fortschreibung des Warenbestands ergibt sich eine neue Folge (s_n).

Die Glieder $s_1, s_2, s_3, \ldots, s_n$ heißen erste, zweite, dritte, ..., n-te Teilsumme. Der unausgerechnete Term der n-ten Teilsumme, also

$$s_n = a_1 + a_2 + a_3 + \cdots + a_{n-1} + a_n$$

wird auch *Reihe* genannt.

Anschaulich: Summiert man die Glieder einer Folge auf, so heißt der unausgerechnete Summenterm *Reihe.*

Für die **Schreibweise einer Reihe** wird eine verkürzte Form benutzt:

$$s_n = a_1 + a_2 + a_3 + \cdots + a_n = \sum_{k=1}^{n} a_k \quad \text{(gelesen: Summe aller } a_k \text{ für } k = 1 \text{ bis } n).$$

Das Summationszeichen $\sum$[2] besagt, nacheinander für k die natürlichen Zahlen 1 bis n einzusetzen und die sich ergebenden Glieder a_1 bis a_n zu addieren.

Beispiele für endliche Reihen: a) $\sum_{k=1}^{5}(2k-1) = 1 + 3 + 5 + 7 + 9$;

b) $\sum_{i=1}^{4}(i^2+1) = 2 + 5 + 10 + 17$;

c) $\sum_{k=1}^{n} \frac{1}{k} = 1 + \frac{1}{2} + \frac{1}{3} + \frac{1}{4} + \cdots + \frac{1}{n}$.

Anmerkung: Soll verdeutlicht werden, dass es sich um eine unendliche Reihe handelt, schreibt man üblicherweise

$$\sum_{k=1}^{\infty} a_k := a_1 + a_2 + a_3 + \cdots + a_n + \cdots$$

[2] Großer griechischer Buchstabe Sigma.

Aufgaben

3.9 Schreiben Sie als Reihe und ermitteln Sie die jeweilige Teilsumme:

a) $\sum_{k=1}^{6}(2k+1)$;

b) $\sum_{i=1}^{5}(1-2i)$;

c) $\sum_{m=1}^{4} 2^{m-1}$;

d) $\sum_{k=1}^{4} \frac{k^2}{k+1}$;

e) $\sum_{i=1}^{6}(-1)^i i^2$;

f) $\sum_{m=1}^{7}(-1)^{m+1}(m^2-1)$.

3.10 Schreiben Sie kürzer mit Hilfe des Summenzeichens $\sum$:

a) $\frac{3}{2}+\frac{4}{3}+\frac{5}{4}+\frac{6}{5}+\frac{7}{6}$;

b) $1-\frac{1}{2}+\frac{1}{3}-\frac{1}{4}$;

c) $\frac{1}{2}+\frac{5}{9}+\frac{1}{2}+\frac{11}{25}+\frac{7}{18}+\frac{17}{49}$;

d) $-\frac{1}{2}+\frac{4}{9}-\frac{1}{2}+\frac{16}{25}-\frac{32}{25}+\frac{64}{49}-2$;

e) $2+\frac{3}{2}+\frac{2}{3}+\frac{5}{24}+\frac{1}{20}+\frac{7}{720}$;

f) $0+1+0+1+0$.

3.2 Spezielle Folgen

3.2.1 Arithmetische Folgen

Das Bildungsgesetz

In den nachfolgend genannten streng monotonen Folgen

$$(n) = (1, 2, 3, 4, \ldots),$$
$$(2n-1) = (1, 3, 5, 7, \ldots) \quad \text{und}$$
$$(1-3n) = (-2, -5, -8, -11, \ldots)$$

zeigt sich ein gemeinsames Prinzip:

Die *Differenz* zweier aufeinander folgender Glieder ist konstant.

Allgemein lässt sich das Entwicklungsschema *rekursiv* beschreiben in der Form

$$a_{n+1} - a_n = d$$
$$a_n - a_{n-1} = d, \quad \text{also}$$
$$a_{n+1} - a_n = a_n - a_{n-1}.$$

Hieraus resultiert

$$2 \cdot a_n = a_{n-1} + a_{n+1}$$

und damit

$$a_n = \frac{a_{n-1} + a_{n+1}}{2}.$$

Diese „konstanten Differenzenfolgen“ sind so strukturiert, dass mit Ausnahme von Anfangs- und Endglied jedes Glied der Folge *arithmetisches Mittel* seiner Nachbarglieder ist.

Arithmetische Folge
Eine arithmetische Folge (a_n) ist eine Folge, bei der die Differenz zweier benachbarter Glieder konstant ist:

$$d = a_{n+1} - a_n \quad \text{mit } d \in \mathbb{Z} \quad \text{für alle } n \in \mathbb{N}.$$

Zwei Fälle sind zu unterscheiden:

1. $d > 0$: die Folgen sind streng monoton *steigend*;
2. $d < 0$: die Folgen sind streng monoton *fallend*.

Sonderfall: Für $d = 0$ ergeben sich *konstante* Folgen.

Mittels *Rekursionsformel* $a_{n+1} = a_n + d$ und Anfangsglied a_1 folgt:

$$\begin{aligned} a_2 &= a_1 + d, \\ a_3 &= a_2 + d = a_1 + 2d, \\ a_4 &= a_3 + d = a_1 + 3d, \quad \text{usw.} \end{aligned}$$

und durch Verallgemeinerung auf das allgemeine Bildungsgesetz schließen:

$$a_n = a_1 + (n-1) \cdot d, \quad \text{wobei } d \neq 0, \quad \text{für alle } n \in \mathbb{N}$$

Beispiel 1:
Von einer AF (Abk. f. arithmetische Folge) sind $a_1 = 3$ und $d = -2$ bekannt.
Das allgemeine Bildungsgesetz ist zu erstellen.

Lösung:

$$a_n = a_1 + (n-1)d \quad \Rightarrow \quad a_n = 3 + (n-1)(-2)$$
$$a_n = 5 - 2n.$$

Beispiel 2:
Von einer AF sind $a_1 = -7$ und $d = 4$ bekannt. Die Anzahl n der Glieder ist gesucht, wenn $a_n = 53$ ist.

Lösung: Das allgemeine Bildungsgesetz lässt sich überführen in

$$n = \frac{a_n - a_1}{d} + 1 \quad \text{(Achtung: } d \neq 0\text{)}$$

$$\Rightarrow \quad n = \frac{53 - (-7)}{4} + 1 = 16.$$

Aufgaben

3.11 Geben Sie für die *arithmetischen* der nachstehend aufgeführten Folgen das allgemeine Bildungsgesetz an:
a) $(a_n) = (1, 5, 9, 13, \ldots)$;
b) $(a_n) = (-7, -2, +3, +8, \ldots)$;
c) $(a_n) = (6, 3, 0, -3, \ldots)$;
d) $(a_n) = (1, 2, 4, 8, \ldots)$;
e) $(a_n) = \left(1, \frac{1}{2}, \frac{1}{4}, \frac{1}{6}, \ldots\right)$;
f) $(a_n) = \left(1, \frac{1}{2}, 0, -\frac{1}{2}, \ldots\right)$.

3.12 Vervollständigen Sie die Tabelle:

	a_1	a_n	d	n
a)	6	?	7	12
b)	?	105	5	26
c)	11	123	?	15
d)	56	2	−3	?

3.13 Geben Sie jeweils das 25. Glied einer AF an, wenn gilt:
a) $a_6 = 18, d = 3$;
b) $a_9 = 25, d = -2$;
c) $a_3 = -6, d = \frac{1}{2}$;
d) $a_{12} = \frac{1}{4}, d = -\frac{1}{3}$.

3.14 Zwischen 2 und 127 sollen 24 Zahlen so eingeschaltet werden, dass eine AF entsteht. Geben Sie das allgemeine Bildungsgesetz an.

3.15 Von einer AF sind $a_5 = 17$ und $a_{37} = 145$ bekannt. Bestimmen Sie a_{100}.

3.2.2 Geometrische Folgen

Das Bildungsgesetz
In den Folgen

$$(2^n) = (2, 4, 8, \ldots) \quad \text{und} \quad (3^{1-n}) = \left(1, \frac{1}{3}, \frac{1}{9}, \ldots\right)$$

ist wiederum ein gemeinsames Prinzip zu erkennen:

Der *Quotient* zweier aufeinander folgender Glieder ist konstant.

Allgemein lässt sich das Entwicklungsschema *rekursiv* beschreiben in der Form

$$\frac{a_{n+1}}{a_n} = q \quad \text{bzw.} \quad \frac{a_n}{a_{n-1}} = q.$$

Geometrische Folge
Eine geometrische Folge (a_n) ist eine Folge, bei der der Quotient zweier aufeinanderfolgender Glieder konstant ist:

$$q = \frac{a_{n+1}}{a_n}; \quad a_1 \neq 0$$

Das rekursive Bildungsgesetz einer geometrischen Folge lautet somit: $a_n = a_{n-1}q$

Das allgemeine Bildungsgesetz einer geometrischen Folge lautet: $a_n = a_1 q^{n-1}$

Für $a_1 \in \mathbb{R}^+$ sind drei Fälle zu unterscheiden:

1. $q > 1$: die Folgen sind streng monoton *steigend*;
2. $0 < q < 1$: die Folgen sind streng monoton *fallend*;
3. $q < 0$: die Folgen sind *alternierend*.

Sonderfall: Für $q = 1$ ergeben sich *konstante* Folgen, die keine geometrischen sind.

Anmerkung: Ließe man $q = 0$ zu, so ergäbe sich für $n = 1$ der unbestimmte Ausdruck 0^0.

Beispiel
Von einer GF (Abkürzung für geometrische Folge) sind $a_1 = 243$ und $q = \frac{1}{3}$ bekannt.
Das allgemeine Bildungsgesetz ist zu erstellen.

Lösung:

$$a_n = a_1 \cdot q^{n-1} \quad \Rightarrow \quad a_n = 243 \cdot \left(\frac{1}{3}\right)^{n-1} = 3^5 \cdot 3^{-(n-1)}$$

$$a_n = 3^{6-n}.$$

Aufgaben

3.16 Geben Sie für die *geometrischen* der nachstehend aufgeführten Folgen das allgemeine Bildungsgesetz an:

a) $(a_n) = \left(\frac{1}{8}, \frac{1}{4}, 1\right)$;

b) $(a_n) = (0{,}1; 0{,}01; 0{,}001; \ldots)$;

c) $(a_n) = (\pi, \pi^2, \pi^3, \ldots)$.

3.17 Vervollständigen Sie die Tabelle:

	a_1	a_n	q	n
a)	3	?	2	7
b)	?	96	-2	8
c)	$\frac{8}{5}$	$-\frac{1}{1280}$	?	12
d)	64	0,015625	$\frac{1}{2}$	?

3.18 Geben Sie jeweils die ersten 6 Glieder sowie das 10. Glied einer GF an, für die gilt:

a) $a_1 = 32$ und $a_6 = 243$;

b) $a_3 = -\frac{4}{3}$ und $a_4 = \frac{8}{9}$;

c) $a_6 = -121{,}5$ und $a_8 = -1093{,}5$ mit $q > 0$.

3.19 Zwischen $\frac{2}{7}$ und 33.614 sind fünf Zahlen so einzuschalten, dass eine GF mit $q \in \mathbb{N}$ entsteht. Geben Sie die Zahlen an.

3.20 Ermitteln Sie jeweils die Position, ab welcher die Glieder der Folge

a) $(a_n) = \left(3, 4, \frac{16}{3}, \ldots\right)$ größer als 1000;

b) $(a_n) = \left(4, 3, \frac{9}{4}, \ldots\right)$ kleiner als $\frac{1}{1000}$ sind.

3.3 Grenzwerte von Folgen

Beispielhaft wird hier das Grenzwertverhalten einer harmonischen Folge betrachtet. Der Grenzwertbegriff (limes) wird später bei den Funktionen eingehend behandelt.

Die Glieder der *harmonischen* Folge

$$(a_n) = \left(1, \frac{1}{2}, \frac{1}{3}, \ldots, \frac{1}{n}, \ldots\right)$$

streben mit wachsendem n gegen die Zahl $g = 0$, sie bilden eine Nullfolge:

$$\lim_{n \to \infty} \frac{1}{n} = 0 \quad \left(\text{gelesen limes für } n \text{ gegen } \infty \text{ von } \frac{1}{n}\right).$$

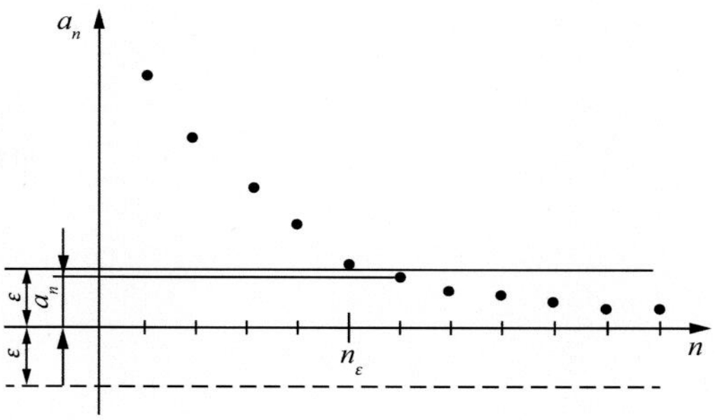

Abb. 3.4 Konvergenz der Folge mit $a_n = \frac{1}{n}$ gegen $g = 0$

Es bedeutet, dass von einem bestimmten Folgeglied an jedes weitere Glied der Folge kleiner als eine beliebig gewählte Zahl $\varepsilon \in \mathbb{R}^+$ sein wird. Mit Hilfe von Abb. 3.4 zeigt sich, dass gelten muss

$$a_n < \varepsilon \quad \text{also}$$
$$\frac{1}{n} < \varepsilon \quad \text{oder} \quad n > \frac{1}{\varepsilon}$$

Man kann also ein $n_\varepsilon = \frac{1}{\varepsilon}$ anzugeben, ab der alle weiteren Glieder der Folge $n > n_\varepsilon$ in der ε-Umgebung von $g = 0$ liegen:

- Für $\varepsilon = \frac{1}{10}$ ergibt sich $n_\varepsilon = 10$, also $n > 10$;
- für $\varepsilon = \frac{1}{100}$ ergibt sich $n_\varepsilon = 100$, also $n > 100$;
- für $\varepsilon = \frac{1}{1000}$ ergibt sich $n_\varepsilon = 1000$, also $n > 1000$ usw.

Je kleiner ε gewählt wird, desto mehr Anfangsglieder liegen außerhalb dieser ε-Umgebung, aber ab einem bestimmten Glied wird dieses und alle weiteren Folgeglieder innerhalb von ε liegen.

Grenzwerte von Funktionen – Stetigkeit

4

4.1 Grenzwerte von Funktionen

4.1.1 Weg-Zeit-Gesetzmäßigkeit

Die physikalische Gesetzmäßigkeit $s = vt$ bei einer gleichförmigen Bewegung verdeutlicht, dass es immer eine bestimmte Zeit t erfordert, eine vorgegebene Wegstrecke s zu durchfahren. Bei $t = 0$ ist $s = 0$. Je höher die Geschwindigkeit v ist, desto geringer ist die Zeit t, diese Strecke zurückzulegen, aber: Die benötigte Zeit wird nie 0 werden können.

- Für eine Strecke von z. B. $s = 1$ km kann geschrieben werden

$$g := t_g = \lim_{v\to\infty} \frac{1}{v} = 0$$

- für beliebige vorgegebene Strecken s gilt entsprechend

$$g := t_g = \lim_{v\to\infty} \frac{s}{v} = 0.$$

Die angestellten Überlegungen sind nachvollziehbar für $v \in \mathbb{N}$. Realistisch werden sie aber erst für $v \in \mathbb{R}^+$. Alternativ lässt sich auch die Umkehrfunktion $v = f(t) = \frac{s}{t}$ betrachten. Man erkennt, dass für $t \to \infty$ die Geschwindigkeit gegen 0 gehen muss, also

$$v_g = \lim_{t\to\infty} \frac{s}{t} = 0.$$

Was geschieht, wenn die für die Wegstrecke erforderliche Zeit immer kleiner wird, also gegen 0 geht?

Es ist wegen $v = f(t) = \frac{s}{t}$ unmöglich, eine vorgegebene Strecke in $t = 0$ Sekunden zu bewältigen. Selbst das Licht benötigt zum Zurücklegen für ca. 300.000 km eine Sekunde.

K.-H. Pfeffer, T. Zipsner, *Mathematik für Technische Gymnasien und Berufliche Oberschulen Band 1*, DOI 10.1007/978-3-658-09265-8_4

Abb. 4.1 Geschwindigkeit-Zeit-Abhängigkeit

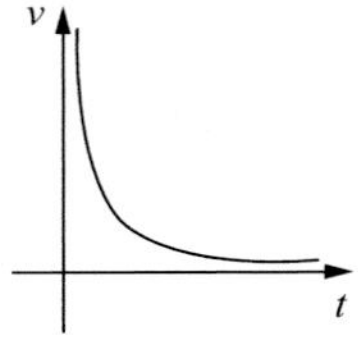

Für $t \to 0$ würde die Geschwindigkeit v über alle Maßen groß werden:

$$v_g = \lim_{t \to 0} \frac{s}{t} = \infty.$$

Abbildung 4.1 veranschaulicht, dass sich der Graph einerseits der Horizontal- andererseits der Vertikalachse beliebig dicht annähert, ohne diese jedoch zu berühren.

Grenzwertbetrachtung bei Funktionen
Die aufgeführten Anwendungsbeispiele werden letztendlich alle repräsentiert durch $f(x) = \frac{1}{x}$ mit $x \in \mathbb{R}^*$. Der Definitionsbereich ist jetzt erweitert worden auf die negative x-Achse.

Grenzwerte für $x \to \pm\infty$ Analog zur bisherigen Vorgehensweise lässt sich der Grenzwert für $x \to +\infty$ ermitteln zu

$$g = \lim_{x \to +\infty} f(x) = \lim_{x \to +\infty} \frac{1}{x} = +0$$

Mit wachsender Abszisse x nähern sich die Funktionswerte $f(x)$ aus dem *positiven* Zahlenbereich kommend der Zahl $g = 0$ an.

Neu ist, dass nun auch die Grenzwertbetrachtung für $x \to -\infty$ durchgeführt werden kann:

$$g = \lim_{x \to -\infty} f(x) = \lim_{x \to -\infty} \frac{1}{x} = -0.$$

Die Funktionswerte nähern sich $g = 0$ an, jetzt aus dem *negativen* Zahlenbereich kommend. Die x-Achse ist also waagrechte Asymptote.

Die geometrische Interpretation der unterschiedlichen Annäherung der Funktionswerte $f(x)$ an $g = 0$ erfolgt gemäß Abb. 4.2.

Abb. 4.2 $f(x) = \frac{1}{x}$: Asymptotisches Verhalten für $x \to \pm\infty$

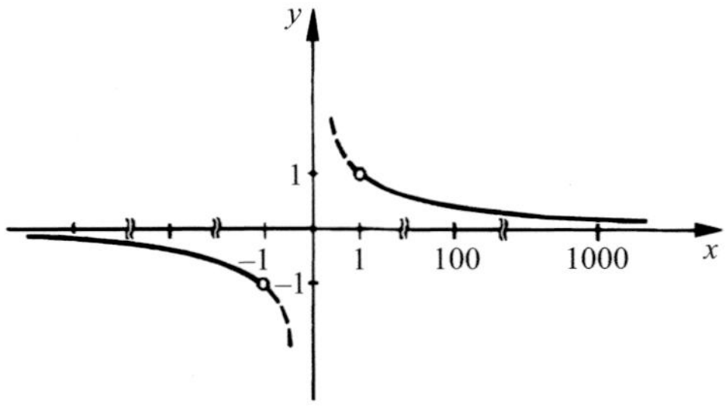

Abb. 4.3 Graph von $f(x) = \frac{1}{x}$, $x \in \mathbb{R}^*$

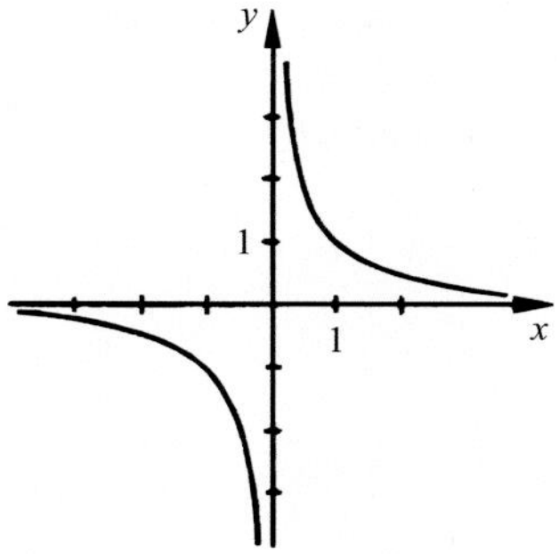

Grenzwerte für $x \to 0$ Eine Grenzwertbetrachtung muss für jene x_0-Werte durchgeführt werden, für die die Funktion *nicht* definiert ist, also eine *Definitionslücke* aufweist. In diesem Beispiel bei $x_0 = 0$.

Zwei Möglichkeiten bieten sich an: Die Funktion nähert sich sowohl von *rechts* als auch von *links* beliebig dicht der y-Achse. Die praktizierte Annäherung an $x_0 = 0$ zeigt sich in der nachfolgend aufgeführten Wertetabelle und lässt jeweils die Tendenz vermuten:

−0,1	−0,01	−0,001	$\ldots\to\ldots$	$x = 0$	$\ldots\leftarrow\ldots$	0,001	0,01	0,1
−10	−100	−1000	$\ldots$	$f(x)$	$\ldots$	1000	100	10

Linksseitige (-0) wie rechtsseitige $(+0)$ Annäherung liefern *uneigentliche* Grenzwerte:

linksseitiger Grenzwert: $g_l = \lim_{x\to -0} \frac{1}{x} = -\infty$,
rechtsseitiger Grenzwert: $g_r = \lim_{x\to +0} \frac{1}{x} = +\infty$.

Hinweis: Die Angaben -0 bzw. $+0$ beschreiben die Richtung, aus der man sich $x_0 = 0$ annähert.

Die geometrische Interpretation ist in Abb. 4.2 gestrichelt markiert. Der Graph in seiner Gesamtheit heißt (rechtwinklige) *Hyperbel*, Abb. 4.3.

Polgerade Je dichter die Annäherung an $x_0 = 0$ von rechts erfolgt, desto mehr wachsen die Funktionswerte an; sie werden schließlich über alle Maßen groß.

Bei entsprechender Annäherung von links werden die Ordinaten schließlich kleiner und gehen gegen $-\infty$.

Der Graph nähert sich asymptotisch einer Vertikalen, hier ist es die y-Achse.

Die Gerade $x_p = 0$ heißt *Polgerade* (= senkrechte Asymptote).

4.1.2 Rechnerischer Umgang mit Grenzwerten

Grenzwerte für $x \to \pm\infty$

Beispiel: Betrachten wir die Funktion

$$f(x) = \frac{x-1}{x} \quad \text{für } x \to +\infty;\ x \neq 0.$$

Wir dividieren Zähler und Nenner durch x, also

$$f(x) = \frac{x-1}{x} = \frac{\frac{x-1}{x}}{\frac{x}{x}} = 1 - \frac{1}{x},$$

da Nenner den Wert 1 annimmt.
Man erhält:

$$\lim_{x\to\infty} f(x) = \lim_{x\to\infty} 1 - \frac{1}{x} = 1$$

Der Funktionsgraph nähert sich bei immer größeren x-Werten der Asymptote $y = 1$, das gilt auch für $x \to -\infty$.

Für zusammengesetzte Funktionen gelten folgende Rechenregeln:

Grenzwertsätze für Grenzwerte $x \to x_0$ bzw. $x \to \pm\infty$

1. $$\lim_{x\to\infty} [f(x) \pm g(x)] = \lim_{x\to\infty} f(x) \pm \lim_{x\to\infty} g(x),$$
2. $$\lim_{x\to\infty} [f(x) \cdot g(x)] = \lim_{x\to\infty} f(x) \cdot \lim_{x\to\infty} g(x),$$
3. $$\lim_{x\to\infty} \frac{f(x)}{g(x)} = \frac{\lim_{x\to\infty} f(x)}{\lim_{x\to\infty} g(x)} \quad \text{mit } \lim_{x\to\infty} g(x) \neq 0.$$

Beispiel

Für die Funktion $f(x) = x^3 + x^2$ ist das Grenzwertverhalten für $x \to \pm\infty$ zu untersuchen.

Lösung:

$$\lim_{x\to-\infty} (x^3 + x^2) = \lim_{x\to-\infty} x^3 \left(1 + \frac{1}{x}\right) = \lim_{x\to-\infty} x^3 \cdot \lim_{x\to-\infty} \left(1 + \frac{1}{x}\right) = -\infty,$$

$$\lim_{x\to+\infty} (x^3 + x^2) = \lim_{x\to+\infty} x^3 \left(1 + \frac{1}{x}\right) = \lim_{x\to+\infty} x^3 \cdot \lim_{x\to+\infty} \left(1 + \frac{1}{x}\right) = \infty,$$

da der Ausdruck in der Klammer jeweils gegen den Wert 1 geht.

Der Potenzausdruck x^3 ist somit verantwortlich für das Grenzwertverhalten. Darum verlaufen Graphen ganzrationaler Funktionen 3. Grades für Leitkoeffizient $a_3 \in \mathbb{R}^+$ von „links unten nach rechts oben".

Aufgaben

4.1 Bestimmen Sie die Grenzwerte folgender Funktionen für $x \to \pm\infty$:

a) $f_1(x) = x^3 - 4x^2 + x - 1$;

b) $f_2(x) = -x^3 + 3x - 2$;

c) $f_3(x) = -\dfrac{1}{2}x^4 + x^2 - 3$.

4.2 Ebenso:

a) $f_1(x) = \dfrac{2x-1}{3x+1}$;

b) $f_2(x) = \dfrac{1-3x}{1+2x}$;

c) $f_3(x) = \dfrac{x^2-1}{x^2+1}$;

d) $f_4(x) = \dfrac{x^3-x+1}{x^2}$;

e) $f_5(x) = \dfrac{2x^3-3x^2+x-1}{5x^3+x-2}$;

f) $f_6(x) = \dfrac{x^5-3x^2+1}{x^6-x^4+x^2-1}$.

4.3 Geben Sie die Grenzwerte folgender Funktionen für $x \to \pm\infty$ an:

a) $f_1(x) = 2^{-x}$;

b) $f_2(x) = \mathrm{e}^x$;

c) $f_3(x) = \mathrm{e}^{-x}$.

Hinweis: Manchmal ist es günstig, die im Zähler- und Nennerpolynom auftretenden gemeinsamen Linearfaktoren der Form $(x - x_0)$ abzuspalten und zunächst zu kürzen und dann erst die Grenzwertbetrachtung unter Anwendung der Grenzwertsätze vorzunehmen.

Beispiel

Zu bestimmen ist der Grenzwert

$$\lim_{x\to -1} \frac{x^2-2x-3}{x^2+3x+2}.$$

Lösung: Grenzwertsatz (3) kann nicht angewandt werden, denn die Nennerfunktion

$$g_2 = \lim_{x\to -1}(x^2+3x+2) = 0.$$

Lösungsvariante: Zähler- und Nennerpolynom lassen sich mit dem Satz von Vieta in Linearfaktoren zerlegen:

$$\lim_{x \to -1} \frac{x^2 - 2x - 3}{x^2 + 3x + 2} = \lim_{x \to -1} \frac{(x+1)(x-3)}{(x+1)(x+2)}$$

durch Kürzen und mit $x \neq -1$ folgt

$$g = \lim_{x \to -1} \frac{x-3}{x+2} = -4.$$

Aufgaben

4.4 Bestimmen Sie folgende Grenzwerte:

a) $\lim\limits_{x \to 0} \frac{x-1}{x+1}$;

b) $\lim\limits_{x \to -1} \frac{x^2-1}{x^2+1}$;

c) $\lim\limits_{x \to -1} \frac{x^3-1}{x-1}$;

d) $\lim\limits_{x \to 0} \frac{x}{x}$;

e) $\lim\limits_{x \to -1} \frac{x^3-2x^2-x}{x}$;

f) $\lim\limits_{x \to 1} \frac{x^2-2x+1}{x^2-1}$.

4.2 Stetigkeit

Merksatz für den Nichtmathematiker Eine Funktion heißt an einer Stelle x_0 ihres Definitionsbereichs stetig, wenn ihr Graph dort keine Sprünge aufweist, also ohne abzusetzen gezeichnet werden kann.

Die Begründung für die Stetigkeit resultiert aus der nachfolgenden Definition, die wiederum auf dem Grenzwertbegriff von Funktionen basiert:

Eine Funktion f heißt an einer Stelle x_0 ihres Definitionsbereichs D stetig, wenn

- der Grenzwert g für $x \to x_0$ existiert und
- mit dem Funktionswert an der Stelle x_0 übereinstimmt:

$$\lim_{x \to x_0} f(x) = f(x_0).$$

Beispiel 1

Es ist zu untersuchen, ob $f_1(x) = x + 1$ stetig ist für $x_0 = 3$.

Lösung: a) Existiert der Grenzwert für $x \to 3$?
Es ist $\lim\limits_{x \to 3}(x + 1) = 4 \Rightarrow$ Grenzwert existiert!
b) Stimmen Grenzwert und Funktionswert überein?
Es ist $f(x) = x + 1 \Rightarrow f(3) = 3 + 1 = 4$.
$\Rightarrow f_1$ ist für $x_0 = 3$ stetig!

Beispiel 2

Es ist

$$f_2(x) = \begin{cases} x & \text{für } x \in \mathbb{R}^+, \\ -x + 1 & \text{für } x \in \mathbb{R}_0^-. \end{cases}$$

Zu untersuchen ist die Stetigkeit für $x_0 = 0$.

Lösung: Für die *Nahtstelle* der abschnittsweise definierten Funktion müssen links- und rechtsseitiger Grenzwert gebildet werden.
Es ist $g_l = \lim\limits_{x \to -0}(-x + 1) = +1$ bzw. $g_r = \lim\limits_{x \to +0} x = 0$.
Der Grenzwert existiert nicht, da $g_l \neq g_r$; f_2 ist für $x_0 = 0$ unstetig (Abb. 4.4).

Eine anschauliche Zusammenfassung des Begriffs Stetigkeit gibt Abb. 4.5.

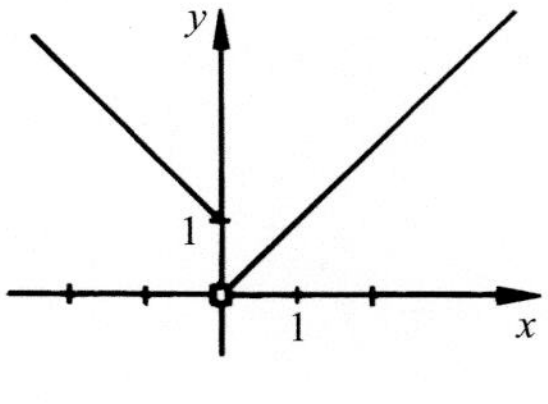

Abb. 4.4 Unstetigkeit an der Stelle $x_0 = 0$

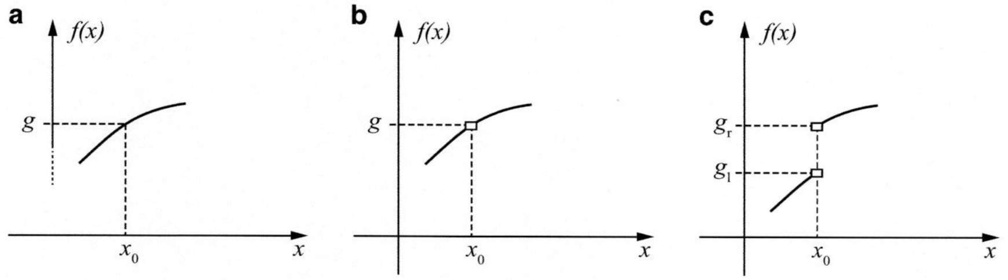

Abb. 4.5 Anschauliche Darstellung des Begriffs Stetigkeit (**a**) bzw. Nichtstetigkeit (**b**, **c**). **a** $\lim\limits_{x \to x_0} f(x) = f(x_0) = g$. **b** $\lim\limits_{x \to x_0} f(x) = g$ existiert, aber $f(x_0)$ nicht. **c** g_l = linksseitiger Grenzwert, g_r = rechtsseitiger Grenzwert; $g_l \neq g_r$; an der Stelle x_0 existiert der Grenzwert, $\lim\limits_{x \to x_0} f(x)$ nicht

Aufgaben

4.5 Überprüfen Sie die Stetigkeit folgender abschnittsweise definierten Funktionen an ihren jeweiligen Nahtstellen:

a) $f_1(x) = \begin{cases} 2x & \text{für } x \in \mathbb{R}_0^+, \\ 0 & \text{für } x \in \mathbb{R}^-; \end{cases}$

b) $f_2(x) = \begin{cases} -x & \text{für } x \in \mathbb{R}^+, \\ 2x & \text{für } x \in \mathbb{R}_0^-; \end{cases}$

c) $f_3(x) = \begin{cases} x+1 & \text{für } x \in \mathbb{R} \setminus [2;\infty[, \\ x-2 & \text{für } x \in \mathbb{R} \setminus]-\infty;2[. \end{cases}$

4.6 Ebenso:

a) $f_1(x) = \begin{cases} \frac{1}{x} & \text{für } x \in \mathbb{R}^+, \\ x & \text{für } x \in \mathbb{R}_0^-; \end{cases}$

b) $f_2(x) = \begin{cases} -\frac{1}{x^2} & \text{für } x \in \mathbb{R}^* \\ 0 & \text{für } x = 0; \end{cases}$

c) $f_3(x) = \begin{cases} \frac{x^3-x^2}{x-1} & \text{für } x \in \mathbb{R} \setminus \{1\}, \\ 0 & \text{für } x = 1; \end{cases}$

d) $f_4(x) = \begin{cases} \frac{x^3-5x^2+6x}{x-3} & \text{für } x \in \mathbb{R} \setminus \{3\}, \\ 3 & \text{für } x = 3. \end{cases}$

Differentialrechnung

5

5.1 Die Tangente und der Funktionsgraph

5.1.1 Die Differenzenquotientenfunktion

Für die schematisch und nicht maßstabsgerecht dargestellte Wasserrutsche (Abb. 5.1) muss aus Sicherheitsgründen in $P(1|1)$ der normalparabelförmige Verlauf krümmungsfrei in eine Gerade übergehen.

Die Größe der Steigung der Normalparabel in diesem Punkt lässt sich durch die Betrachtung von Sekanten anschaulich annähern.

Bezogen auf den Punkt $P(1|1)$ ergeben sich die Sekantensteigungen für $f(x) = x^2$ zu

$$m_s = \frac{y_p - y_{Qn}}{x_p - x_{Qn}} \quad \Rightarrow \quad m_{s0} = \frac{1-0}{1-0} = 1$$

$$\vdots$$

$$m_{s5} = \frac{1-0{,}25}{1-0{,}5} = 1{,}5$$

$$\vdots$$

$$m_{s10} = \frac{1-1}{1-1} = \frac{0}{0} = ?$$

oder übersichtlich in Tabellenform festgehalten:

x_Q	0	0,1	0,2	0,5	0,9	0,99	0,999	1
y_Q	0	0,01	0,04	0,25	0,81	0,9801	0,998001	1
m_s	1	1,1	1,2	1,5	1,9	1,99	1,999	?

K.-H. Pfeffer, T. Zipsner, *Mathematik für Technische Gymnasien und Berufliche Oberschulen Band 1*, DOI 10.1007/978-3-658-09265-8_5

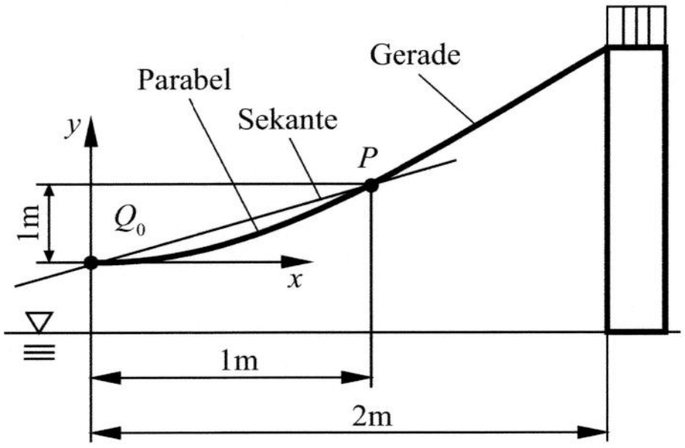

Abb. 5.1 Steigung der Normalparabel im Punkt P

Für $Q_n \to P$ ist jetzt eine Grenzwertbetrachtung erforderlich:

$$m_t = \lim_{x \to 1} m_s = \lim_{x \to 1} \frac{1 - x^2}{1 - x} = \lim_{x \to 1}(1 + x) = 2$$

Ergebnis: Die Steigung der sich krümmungsfrei anschließenden Geraden beträgt $m_t = 2$; es ist die Steigung der *Tangente* in $P(1|1)$. Der Rutscheneinstieg erfolgt somit in 3 m Höhe.

Würde die Rutsche über P hinaus gehend parabelförmig gestaltet, ergäbe sich für $x = 2$ eine Steigung von $m_t(2) = 4$ und der Einstieg wäre in 4 m Höhe.

Das Tangentensteigungsverhalten der Normalparabel

Ausgangssituation: Normalparabel mit $f(x) = x^2$, fixer Parabelpunkt $P_1(1|1)$ und ein weiterer auf der Parabel beweglicher Punkt $Q(x|x^2)$.

Für die *Steigung der Sekante* durch P_1 und Q gilt gemäß Abb. 5.2a

$$m_s = \tan\sigma = \frac{y_Q - y_{P_1}}{x_Q - x_{P_1}}$$

$$\Rightarrow \quad m_s = \tan\sigma = \frac{x^2 - 1}{x - 1}, \quad \text{wobei } x \neq 1.$$

Bezogen auf den Fixpunkt $P_1(1|1)$ kann für jedes $x \in \mathbb{R} \setminus \{1\}$ die Sekantensteigung errechnet werden:

$$Q_1(-2|4) \quad \Rightarrow \quad m_s(-2) = \frac{4 - 1}{-2 - 1} = -1;$$

$$Q_2(-1|1) \quad \Rightarrow \quad m_s(-1) = \frac{1 - 1}{-1 - 1} = 0;$$

$$Q_3(0|0) \quad \Rightarrow \quad m_s(0) = \frac{0 - 1}{0 - 1} = 1;$$

$$Q_4(2|4) \quad \Rightarrow \quad m_s(2) = \frac{4 - 1}{2 - 1} = 3.$$

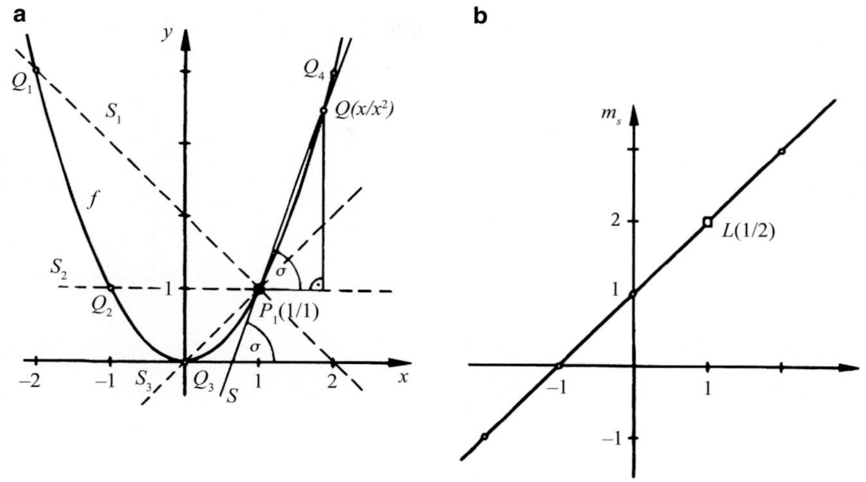

Abb. 5.2 **a** Graph von $f(x) = x^2$ mit Sekanten durch $P_1(1|1)$ und **b** zugehörigem Graph der Differenzenquotientenfunktion $m_s = m_s(x) = \frac{x^2-1}{x-1}$, $x \in \mathbb{R} \setminus \{1\}$

Der aufgezeigte funktionale Zusammenhang

$$m_s = m_s(x) = \frac{x^2 - 1}{x - 1}, \quad x \in \mathbb{R} \setminus \{1\}$$

heißt *Differenzenquotientenfunktion*.

Der Funktionsgraph ist in Abb. 5.2b dargestellt und zeigt für $L(1|2)$ eine *Lücke*, deswegen, weil

- an der Stelle $x = 1$ *keine* Sekantensteigung angegeben werden kann (warum?), und
- der Grenzwert für $x \to 1$ existiert.

Der Funktionswert der Lücke (hier: $y_L = 2$) ergibt sich als Grenzwert der Differenzenquotientenfunktion:

$$\lim_{x \to 1} m_s(x) = \lim_{x \to 1} \frac{x^2 - 1}{x - 1} = \lim_{x \to 1} \frac{(x + 1)(x - 1)}{x - 1} = 2.$$

Oder: Mit dem Grenzwert der Sekantensteigung ist die *Steigung der Tangente* in P_1 ermittelt.

Somit kann geschrieben werden

$$m_t = \tan \tau = \lim_{x \to 1} m_s(x) = 2.$$

Abbildung 5.3 veranschaulicht die Zusammenhänge.

Abb. 5.3 Graph von $f(x) = x^2$ mit Sekante und Tangente in $P_1(1|1)$

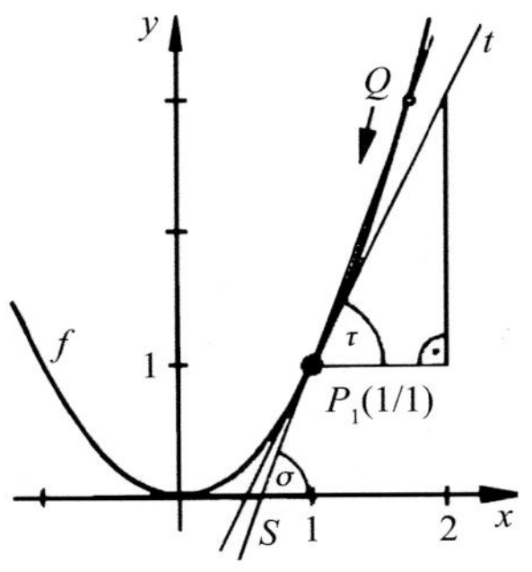

Verallgemeinerung Auf analoge Weise lassen sich für beliebige Punkte P des Funktionsgraphen G_f mit der Gleichung $f(x) = x^2$ Differenzenquotientenfunktionen aufstellen:

$$P_2(2|4) \quad \Rightarrow \quad m_s(x) = \frac{x^2-4}{x-2}, \qquad x \in \mathbb{R} \setminus \{2\}$$

$$P_3(3|9) \quad \Rightarrow \quad m_s(x) = \frac{x^2-9}{x-3}, \qquad x \in \mathbb{R} \setminus \{3\}$$

$$P_5(-1|1) \quad \Rightarrow \quad m_s(x) = \frac{x^2-1}{x-(-1)}, \quad x \in \mathbb{R} \setminus \{-1\}$$

$$P_6(-2|4) \quad \Rightarrow \quad m_s(x) = \frac{x^2-4}{x-(-2)}, \quad x \in \mathbb{R} \setminus \{-2\}$$

usw.

Die im Koordinatensystem dargestellten Geraden dieser Differenzenquotientenfunktionen (Abb. 5.4) zeigen, dass alle Lücken auf einer gemeinsamen Geraden liegen. Das lässt eine Gesetzmäßigkeit zwischen der Funktion f und den y-Werten der „Lücken" vermuten.

Abb. 5.4 Schar der Differenzenquotientenfunktions-Graphen für $y = x^2$

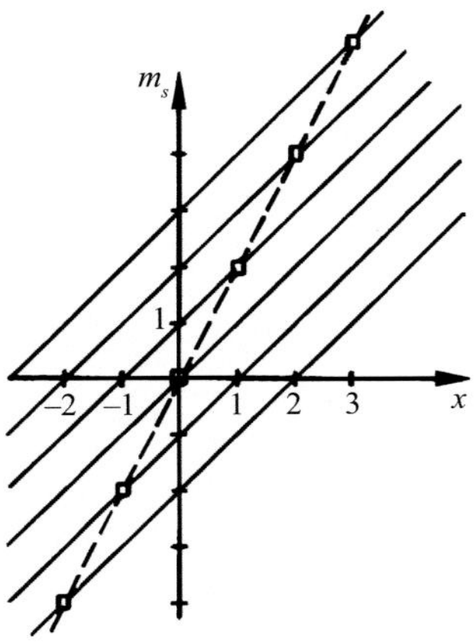

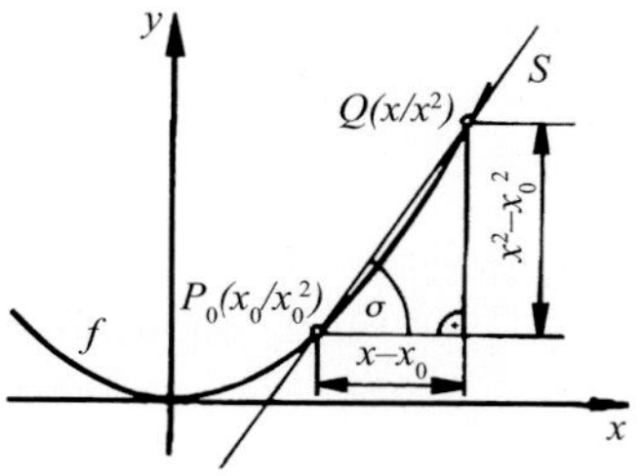

Abb. 5.5 Sekantensteigung zweier Punkte der Normalparabel $P \equiv y = x^2$

Wir betrachten einen beliebigen Punkt $P_0(x_0|x_0^2)$ auf der Normalparabel (Abb. 5.5).

Steigung der Sekante:

$$m_s(x) = \frac{x^2 - x_0^2}{x - x_0}, x \in \mathbb{R} \setminus \{x_0\};$$

Steigung der Tangente:

$$m_t = \lim_{x \to x_0} \frac{x^2 - x_0^2}{x - x_0} = \lim_{x \to x_0} (x + x_0)$$

$$m_t = 2x_0.$$

Für den beliebig vorgegebenen Punkt $P_0(x_0|x_0^2)$ ergibt sich die Steigung des Funktionsgraphen zu $m_t(x_0) = 2x_0$. Dieser funktionale Zusammenhang wird durch die in Abb. 5.4 gestrichelt dargestellte Verbindungslinie der Lücken veranschaulicht: eine *Ursprungsgerade*. Der Austausch der Variablen x_0 durch x[1] ergibt die Funktionsvorschrift $m_t(x) = 2x$.

Üblich ist die Festsetzung $y' := m_t$, also gilt

$$y' = f'(x) = 2x.$$

f' heißt *1. Ableitungsfunktion*. Mit ihr lässt sich jeder Abszisse x des Definitionsbereichs der Ausgangsfunktion f die Steigung m_t der Tangente an den Graphen G_f zuordnen.

Für das gewählte Beispiel mit der m_t-Charakteristik

$$y = f(x) = x^2 \quad \Rightarrow \quad y' = f'(x) = 2x$$

folgt

$$y'(1) = f'(1) = 2 \cdot 1 = 2;$$
$$y'(3) = f'(3) = 2 \cdot 3 = 6;$$
$$y'(0) = f'(0) = 2 \cdot 0 = 0;$$
$$y'(-1) = f'(-1) = 2 \cdot (-1) = -2$$

usw.

[1] Üblicherweise wird die unabhängige Variable mit „x“ bezeichnet.

Beispiel

Die Funktionsgleichung der Tangente an die Parabel $P{:}y = x^2$ in $B(1{,}5|y_B)$ ist gesucht.

Lösung: a) Steigung der Tangente: $y' = 2x \Rightarrow y'(1{,}5) = 3$;
b) y_B ermitteln: $y = x^2 \Rightarrow y(1{,}5) = y_B = 2{,}25$;
c) Tangentengleichung: Punktsteigungsform führt auf $y - 2{,}25 = 3(x - 1{,}5)$ $\Rightarrow y = 3x - 2{,}25$.

5.1.2 Allgemeine Definition des Differentialquotienten

Die Steigung der Sekante ergibt sich bei einer beliebigen stetigen Funktion gemäß Abb. 5.6 als Differenzenquotientenfunktion zu

$$\tan\sigma = m_s(x) = \frac{f(x) - f(x_0)}{x - x_0}, \quad \text{wobei } x \neq x_0.$$

Für die Steigung der Tangente resultiert

$$\tan\tau := m_t(x_0) = \lim_{x \to x_s} m_s.$$

Der Grenzwert gibt das Steigungsverhalten des Funktionsgraphen in $P_0(x_0|f(x_0))$ an:

$$m_t = \lim_{x \to x_0} \frac{f(x) - f(x_0)}{x - x_0},$$

auch *Differentialquotient* genannt.

► Ist f an *jeder* Stelle x_0 differenzierbar, so schreibt man für die *1. Ableitung* von f auch

$$y' = f'(x).$$

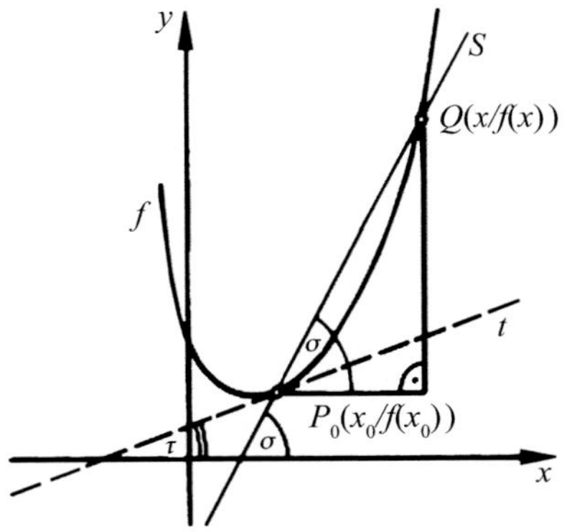

Abb. 5.6 Tangente und Sekante durch P_0

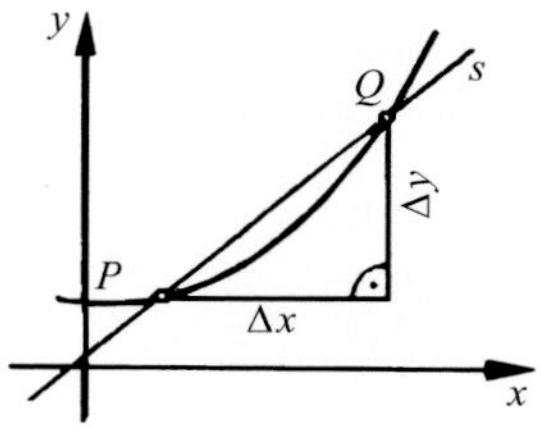

Abb. 5.7 Steigung der Sekante $m_s = \frac{\Delta y}{\Delta x}$

Anmerkungen: 1. Das Erstellen der Ableitungsfunktion f' wird auch *Differenzieren* genannt; die Rechenoperation selbst heißt dann *Differentiation*.

2. Der Begriff *1. Ableitung* beinhaltet, dass die aus der Ausgangsfunktion hervorgegangene Ableitungsfunktion weiter differenziert werden kann. Man spricht dann von der 2., 3., 4., ..., n-ten Ableitung und schreibt y'', y''', y^{IV}, usw. (gelesen: y zwei Strich, y drei Strich, ...).

Das Differential Gemäß Abb. 5.7 schließt man aus der Steigung der *Sekante*

$$m_s = \frac{\Delta y}{\Delta x}$$

die Steigung der *Tangente*:

$$m_t = \lim_{\Delta x \to 0} \frac{\Delta y}{\Delta x}.$$

Mit der Festlegung

$$\frac{\mathrm{d}y}{\mathrm{d}x} = \lim_{\Delta x \to 0} \frac{\Delta y}{\Delta x}$$

folgt

$$y' = \frac{\mathrm{d}y}{\mathrm{d}x} = \frac{\mathrm{d}f(x)}{\mathrm{d}x} \quad \text{(gelesen: d}y\text{ nach d}x\text{).}$$

Die Symbole $\mathrm{d}y$ und $\mathrm{d}x$ heißen *Differentiale*.

Beispiel 1

Zu differenzieren ist die Funktion $f(x) = x^3$.

Lösung: Es ist

$$m_t = \lim_{x \to x_0} \frac{f(x) - f(x_0)}{x - x_0}, \quad x \neq x_0$$

$$\Rightarrow \quad m_t = \lim_{x \to x_0} \frac{x^3 - x_0^3}{x - x_0} = \lim_{x \to x_0} \frac{(x - x_0)(x^2 + x x_0 + x_0^2)}{x - x_0}$$

$$m_t = \lim_{x \to x_0} (x^2 + x x_0 + x_0^2) = 3x_0^2 \quad \text{oder}$$

$$y' := m_t(x) = 3x^2.$$

Beispiel 2

Zu differenzieren ist die Funktion $f(x) = 3x^2 - 4x$.

Lösung: Es ist

$$m_t = \lim_{x \to x_0} \frac{(3x^2 - 4x) - (3x_0^2 - 4x_0)}{x - x_0}, x \neq x_0$$

$$\Rightarrow \quad m_t = \lim_{x \to x_0} \frac{3(x^2 - x_0^2) - 4(x - x_0)}{x - x_0}$$

$$m_t = \lim_{x \to x_0} [3(x + x_0) - 4] = 6x_0 - 4 \quad \text{oder}$$

$$y' = 6x - 4$$

5.1.3 Allgemeine Differentiationsregeln

Die Beispiele lassen Regeln vermuten, mit deren Hilfe ganzrationale Funktionen mit geringerem Rechenaufwand zu differenzieren sind.

Potenzregel

Aus den Vorüberlegungen zu reinen *Potenzfunktionen* wissen wir:

$$y = x^2 \quad \Rightarrow \quad y' = 2x$$

$$y = x^3 \quad \Rightarrow \quad y' = 3x^2$$

Allgemein:

Potenzregel

Für die Ableitung von Potenzfunktionen $y = x^n$ gilt:

$$y' = nx^{n-1}, \quad n \in \mathbb{N}.$$

Sonderfall: $n = 1$

$$y = x^1 \quad \Rightarrow \quad y' = 1 \cdot x^0 \quad \Rightarrow \quad y' = 1.$$

Die Steigung des Funktionsgraphen ist für jedes $x \in \mathbb{R}$ konstant.

Geltungsbereich der Potenzregel Die Potenzregel gilt für Exponenten $n \in \mathbb{R}$, damit auch für solche aus $\mathbb{Z}$ und aus $\mathbb{Q}$.

Beispiel 1

$$f(x) = \frac{1}{x}, \quad x \in \mathbb{R} \setminus \{0\},$$

$f(x) = x^{-1}$, mit Potenzregel folgt

$$y' = -1x^{-2} = -\frac{1}{x^2}.$$

Beispiel 2

Ebenso für die *Wurzelfunktion* $f(x) = \sqrt{x} = x^{\frac{1}{2}}$, $x \in \mathbb{R}_0^+$.

Potenzregel:

$$y' = \frac{1}{2}x^{\frac{-1}{2}} = \frac{1}{2\sqrt{x}}.$$

Faktoren- und Konstantenregel

1. Ein konstanter Faktor $c \in \mathbb{R} \setminus \{0\}$ bleibt beim Differenzieren erhalten:

$$y = c \cdot f(x) \quad \Rightarrow \quad y' = c \cdot f'(x) \quad \text{(Faktorenregel)}$$

2. Ein konstanter Summand entfällt beim Differenzieren:

$$y = f(x) + c \quad \Rightarrow \quad y' = f'(x) \quad \text{(Konstantenregel)}$$

Hinweis: Die Ableitung der konstanten Funktion ist 0:

$$y = c \quad \Rightarrow \quad y' = 0, \quad \text{wobei } c \in \mathbb{R}.$$

Graphen konstanter Funktionen sind Parallelen zur x-Achse ($m = 0$).

Beispiel 1

Gesucht ist die Ableitung von

$$f(x) = -\frac{2}{x^3}, \quad x \in \mathbb{R}^*.$$

Lösung:

$$y = -\frac{2}{x^3} = -2x^{-3}$$
$$y' = (-2)(-3)x^{-4} = \frac{6}{x^4}$$

Beispiel 2

Gesucht y' von

$$f(x) = \frac{1}{2}\sqrt[3]{x^2}, \quad x \in \mathbb{R}_0^+.$$

Lösung:

$$y = \frac{1}{2}\sqrt[3]{x^2} = \frac{1}{2}x^{\frac{2}{3}}$$
$$y' = \frac{1}{2}\frac{2}{3}x^{-\frac{1}{3}} = \frac{1}{3\sqrt[3]{x}}$$

Abb. 5.8 Der Graph von f_2 ist lediglich parallel zur x-Achse gegenüber des Graphen von f_1 verschoben. Das Steigungsverhalten ist gleich

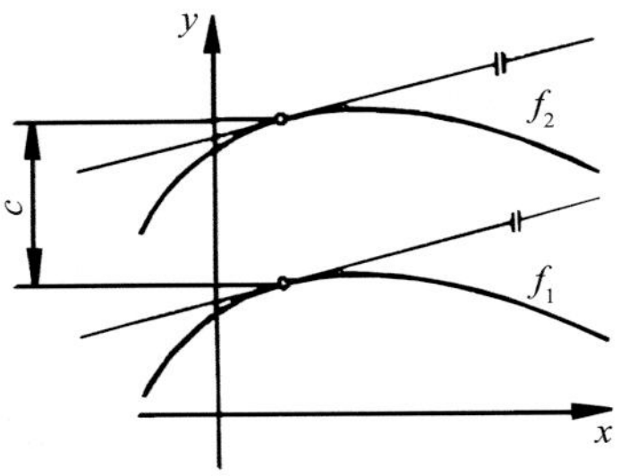

Summenregel

Eine Summe von Funktionen wird gliedweise abgeleitet

$$y = f(x) + g(x) + h(x) + \cdots$$
$$\Rightarrow \quad y' = f'(x) + g'(x) + h'(x) + \cdots \quad \text{(Summenregel)}$$

Beispiel

Für $y = f(x) = x^3 - 2x^2 - 7x - 1$ ist die Steigung des Graphen an der Stelle $x = 2$ gesucht.

Lösung: Eine kombinierte Anwendung der aufgeführten Differentiationsregeln führt auf

$$y' = 3x^2 - 4x - 7 \quad \Rightarrow \quad y'(2) = 3 \cdot 2^2 - 4 \cdot 2 - 7 = -3.$$

Hinweis:

$$y = x^3 - 2x^2 - 7x + 3 \quad \Rightarrow \quad y' = 3x^2 - 4x - 7;$$
$$y = x^3 - 2x^2 - 7x - 2 \quad \Rightarrow \quad y' = 3x^2 - 4x - 7;$$

d. h. die Funktionsgraphen haben dieselbe Ableitungsfunktion.

Anschaulich bedeutet das: Ein absolutes Glied im Funktionsterm bewirkt lediglich eine Verschiebung des Funktionsgraphen in y-Richtung. Abbildung 5.8 zeigt den *allgemeinen* Fall:

$$y = f(x) + c \quad \Rightarrow \quad y' = f'(x).$$

Aufgaben

5.1 Differenzieren Sie jeweils dreimal.

a) $y = x^5$;

b) $y = -x^2$;

c) $y = 2x^3$;

d) $y = -\frac{2}{3}x^3 + \frac{3}{2}x^2$;

e) $y = -\frac{4}{3}x^3 + \frac{5}{2}x^2 - 3x + 2$;

f) $y = -\frac{1}{2}x^4 + 2x^3 - \frac{3}{2}x^2 + x - 1$.

5.2 Erstellen Sie die 1. *Ableitungsfunktion* und geben Sie deren jeweilige Definitionsmenge an:

a) $f_1(x) = -\frac{1}{x}$;

b) $f_2(x) = \frac{2}{x^3}$;

c) $f_3(x) = -\frac{3}{x^5}$;

d) $f_4(x) = \sqrt[3]{x}$;

e) $f_5(x) = \frac{1}{x} - \sqrt{x}$;

f) $f_6(x) = \sqrt{x} - \frac{1}{x^2}$.

5.3 Unter welchem Winkel schneidet der Graph von $f(x) = x^3 + x^2 + 2x$ die x-Achse?

5.4 Berechnen Sie die Winkel, unter welchen sich die Graphen der beiden Funktionen schneiden:

$$f_1(x) = -x^2 - \frac{5}{2}x + 4 \quad \text{und} \quad f_2(x) = \frac{1}{2}x^2 - x + 1.$$

5.5 Ermitteln Sie jeweils die Tangentengleichung im Berührpunkt $B(1|y_B)$ der Graphen nachfolgender Funktionen:

a) $f_1(x) = \frac{1}{2}x^2 + 3x - \frac{1}{2}$;

b) $f_2(x) = x^3 - 2x^2 + x - 2$;

c) $f_3(x) = \frac{1}{x}$;

d) $f_4(x) = 3\sqrt[3]{x}$.

5.6 Erstellen Sie für die in Aufgabe 5.5 aufgeführten Funktionen die *Normalen*gleichung in $B(1|y_B)$.

Hinweis: die Normale steht senkrecht auf der Tangente und es gilt $m_\text{n} = -\frac{1}{m_\text{t}}$

5.7 Es ist $f(x) = \frac{1}{x}$, $x \in \mathbb{R}^*$.

In welchem Punkt berührt eine Tangente parallel zur *2. Winkelhalbierenden* G_f?

5.8 Es ist $f(x) = \frac{1}{x^2}$, $x \in \mathbb{R}^*$.

a) Ermitteln Sie die Gleichung der Tangente an G_f, wenn diese eine Steigung $m_\text{t} = 2$ aufweist.

b) In welchem Punkt schneidet die Tangente den Funktionsgraphen?

5.9 Es ist $f(x) = x^2 - 3x - 1$.

a) Wie lautet die Funktionsgleichung der zur *1. Winkelhalbierenden* parallelen Tangente an G_f?

b) Berechnen Sie, in welchem Punkt die Normale im Tangentenberührpunkt den Funktionsgraphen ein zweites Mal schneidet und unter welchem Winkel das geschieht.

5.10 Erstellen Sie die Funktionsgleichung der Geraden, die die Parabel mit $P(x) = x^2 - 1{,}5x + 4$ berührt und die Gerade mit $g(x) = 2x - 3$ rechtwinklig schneidet.

5.11 Bestimmen Sie $a \in \mathbb{R}^*$ so, dass der Graph zu $f(x) = ax^3$ die Gerade mit $g(x) = -\frac{1}{3}x + \frac{4}{3}$ rechtwinklig schneidet.

5.12 Gegeben sind die Funktionen $f_1(x) = ax^2 + 2$, $x \in \mathbb{R}$, und $f_2(x) = \frac{1}{x^2}$, $x \in \mathbb{R}^*$.
Bestimmen Sie $a \in \mathbb{R}^*$ so, dass sich die Graphen von f_1 und f_2 berühren. Stellen Sie den Sachverhalt im Koordinatensystem dar.

5.13 Gegeben: $f_1(x) = \frac{1}{2}x^2$ und $f_2(x) = x - 3$.
Errechnen Sie den kürzesten Abstand zwischen den Funktionsgraphen von f_1 und f_2.
Hinweis: $|\overline{P_1P_2}| = \sqrt{(x_2 - x_1)^2 + (y_2 - y_1)^2}$

5.14 Es ist $f(x) = -x^2 + 2x$.
Ermitteln Sie die Funktionsgleichungen der Tangenten an G_f, die durch $T(2|4)$ gehen. Skizzieren Sie die Zusammenhänge.

5.15 Eine nach unten geöffnete Normalparabel, deren Symmetrieachse parallel zur y-Achse verläuft, berührt die Parabel mit der Funktionsgleichung $y = \frac{1}{4}x^2 - 2x + 5$ in $B(2|y_B)$.
Geben Sie die Funktionsgleichung der Normalparabel an.

5.16 Gegeben ist $f(x) = x^2 + 3x + 1$.
Erstellen Sie die Funktionsgleichung der Parabel, die mit dem Graphen von f im Berührpunkt die gemeinsame Tangente $t \equiv y = -x - 3$ hat und für deren Symmetrieachse $x + 4 = 0$ gilt.

5.17 Eine die x-Achse in $x_T = -1/2$ schneidende Gerade ist Tangente an eine nach oben geöffnete Normalparabel, deren Symmetrieachse parallel zur y-Achse verläuft. Wie heißt die Parabelgleichung, wenn die Normale im Berührpunkt durch $g(x) = -\frac{1}{2}x - \frac{3}{2}$ beschrieben werden kann?

5.18 Bei einem Kugelstoßwettbewerb erzielt ein Schüler eine Weite von 10 m; der Stoß erfolgt dabei aus 1,5 m Höhe unter einem Winkel von 45°.
Unter welchem Winkel schlägt die Kugel auf dem Erdboden auf, wenn die Wurfbahn angenähert dem Funktionsgraphen einer ganzrationalen Funktion 2. Grades entspricht?

5.19 Während eines Basketballspieles wagt ein Spieler einen 3-Punkte-Wurf: Er wirft den Ball vom 6,25 m-Halbkreis aus einer Höhe von 2,13 m unter einem Winkel von 45° ab und hat dabei die Korbmitte in 3,05 m Höhe anvisiert. Prüfen Sie rechnerisch, ob der 3-Punkte-Wurf gelingt.
Hinweis: Der Basketball-Durchmesser beträgt $d = 24$ cm, der Korbdurchmesser $D = 45$ cm.

5.20 Das Seil einer Drahtseilbahn hängt in der Nähe der Talstation in Form einer Parabel durch, die sich bei dem gewählten Koordinatensystem angenähert durch die Funktionsgleichung $y = \frac{1}{450}x^2 + 10$ beschreiben lässt.

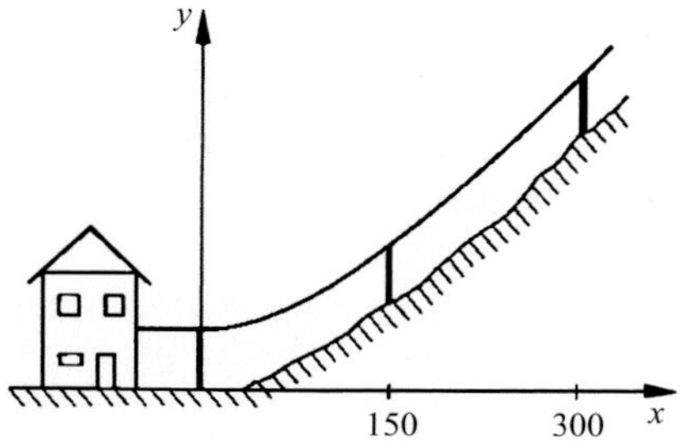

Bedingt durch das Gelände soll das Seil ab einer bestimmten Stelle so geführt werden, dass der weitere Verlauf grob angenähert als Gerade mit der Steigung $m = \frac{4}{3}$ aufgefasst werden kann. Durch welche lineare Funktion und in welchem Punkt geschieht das?

5.21 Eine Freileitung (Masthöhe 20 m) soll bei einem horizontal gemessenen Mastabstand von je 150 m mit drei Masten einen Niveauunterschied von 48 m überbrücken, und zwar zunächst von Mast I zu Mast II 6 m und schließlich von Mast II zu Mast III 42 m.

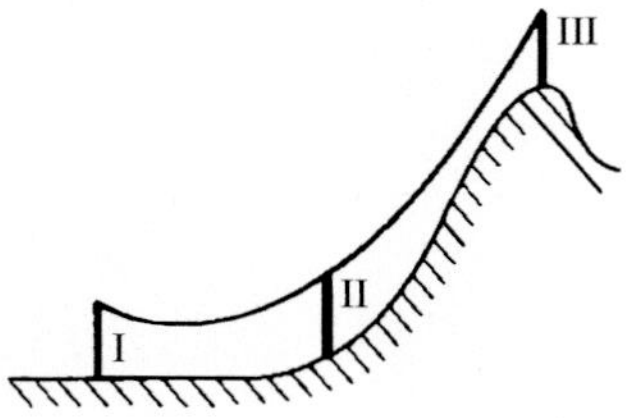

Errechnen Sie die Winkel, unter denen die drei Masten die auftretenden Seilkräfte aufnehmen.
Hinweis: Fassen Sie die Seildurchhängung angenähert als Parabel auf.

5.22 Ein Brückenbogen mit nebenstehendem Querschnittsprofil – angenähert als Parabel aufzufassen – wird in A und B gelagert, wobei B 36 m rechts von A und 18 m höher liegt. Der Brückenbogen läuft mit einer Steigung von $m = +2$ (gemessen gegen die Horizontale) in A ein.

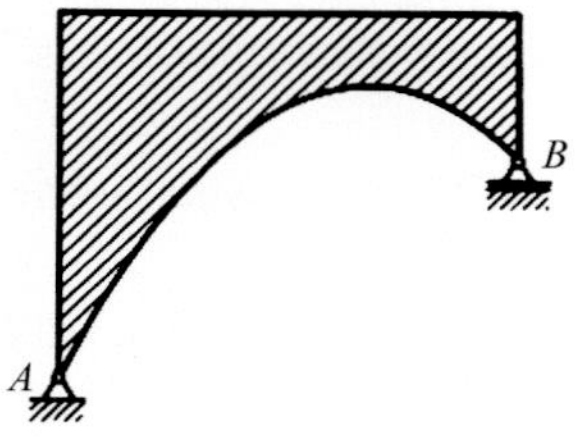

a) Stellen Sie die Funktionsgleichung für den Brückenbogen auf.
b) Unter welchem Winkel läuft der Brückenbogen in B ein?
c) Geben Sie die Lage der schwächsten Stelle der Brücke an.
Hinweis: 1. Ableitungsfunktion Null setzen und daraus Scheitelkoordinaten bestimmen.

5.2 Anwendung auf Kurvenuntersuchungen

Mit der Ableitung sind wir jetzt in der Lage neben den Nullstellen einer Funktion auch

- die Extremwerte sowie
- die Wendepunkte

von Funktionsgraphen zu ermitteln.

5.2.1 Extremwerte von Funktionen – Krümmungsverhalten

Zunächst wird definiert, was unter *Extremwerten* zu verstehen ist:

f ist eine im Intervall $[a; b]$ stetige Funktion.

Dann besitzt f an der Stelle $x_H \in\ ]a; b[$ ein *relatives Maximum*, wenn für alle Abszissen x einer Umgebung von x_H gilt:

$$f(x_H) > f(x);$$

$H(x_H | f(x_H))$ heißt *Hochpunkt* von G_f.

Entsprechend besitzt f an der Stelle $x_T \in\ ]a; b[$ ein *relatives Minimum*, wenn für alle Abszissen x einer Umgebung von x_T gilt:

$$f(x_T) < f(x);$$

$T(x_T | f(x_T))$ heißt *Tiefpunkt* von G_f.

Abbildung 5.9 veranschaulicht die Verhältnisse.

Hinweis: H und T sind Extrem*punkte*, auch Extremwerte genannt.

Der in Abb. 5.10 dargestellte Graph besitzt im Intervall $]a; b[$ vier Extrempunkte. Zu beachten ist, dass

Abb. 5.9 Hochpunkt H und Tiefpunkt T

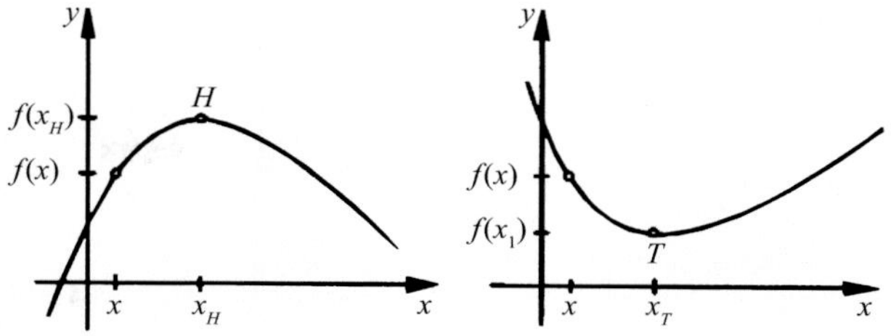

Abb. 5.10 *Relative* Hoch- und Tiefpunkte

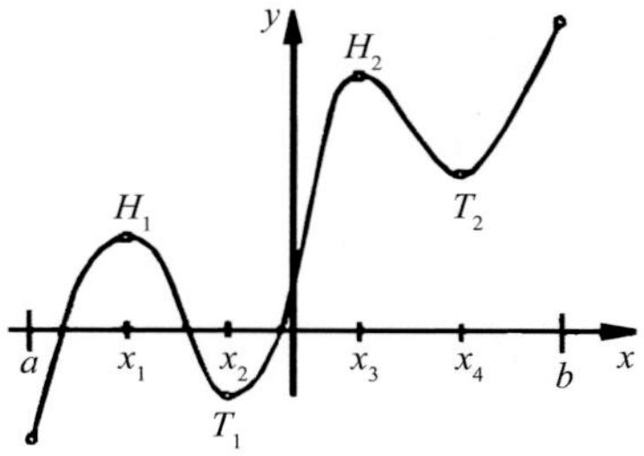

- für x_1 ein relatives Maximum (H_1) und
- für x_4 ein relatives Minimum (T_2) vorliegt,

obwohl $f(x_1) < f(x_4)$.

Sonderfall: Randextrema

Sollen die Funktionswerte $f(a)$ bzw. $f(b)$ in die Überlegungen einbezogen werden, spricht man von sog. *Randextrema*[2]. Ihnen kommt dann eine gewisse Bedeutung zu, wenn es die *absoluten* Extremwerte im Intervall $[a; b]$ sind. Abbildung 5.10 zeigt für $x = a$ ein absolutes Minimum und für $x = b$ ein absolutes Maximum.

Im Folgenden verwenden wir den Begriff *Extrema*, wenn *relative* Extrema gemeint sind.

Rechnerisches Vorgehen Wir haben gesehen, dass durch die 1. Ableitung die Steigung des Graphen in jedem Punkt gegeben ist. In einem Extrempunkt muss die Steigung der Tangente null werden, das heißt die 1. Ableitung wird null. Die Bedingung für das Vorliegen eines Extremwertes ist $f'(x) = y' = 0$.

Beispiel 1

$$f_1(x) = x^2 - 2x + 3, \quad x \in \mathbb{R}$$
$$0 = y' = f_1'(x) = 2x - 2$$
$$\Rightarrow \quad 2x - 2 = 0 \quad \Leftrightarrow \quad x = 1;$$
$$f_1(1) = 2 \quad \Rightarrow \quad \text{Extremum } E_1(1; 2).$$

[2] Mehrzahl von Extremum (= das Äußerste); Sammelbegriff für Maximum und Minimum.

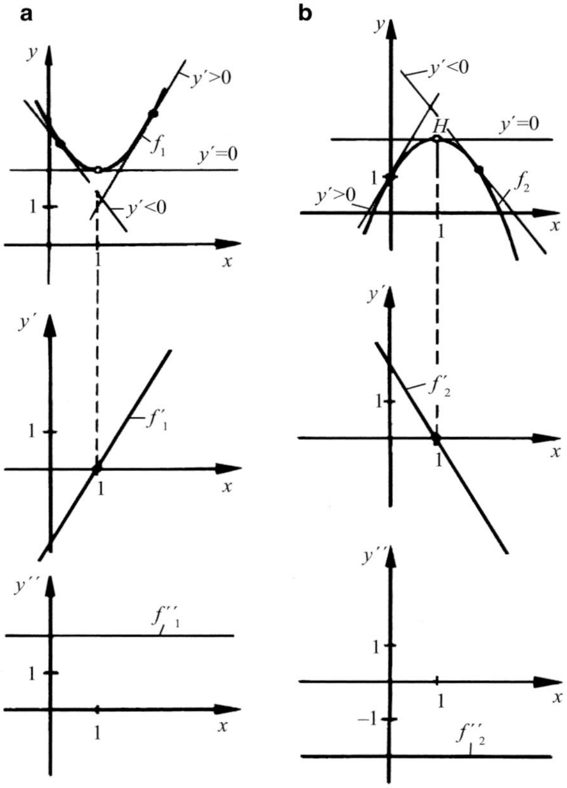

Abb. 5.11 **a** Graph von $f_1(x) = x^2 - 2x + 3$ im Zusammenhang mit den Graphen der 1. und 2. Ableitungsfunktion. **b** Graph von $f_2(x) = -x^2 + 2x + 1$ im Zusammenhang mit den Graphen der 1. und 2. Ableitungsfunktion

Beispiel 2

$$
\begin{aligned}
f_2(x) &= -x^2 + 2x + 1, \quad x \in \mathbb{R} \\
0 = y' = f_2'(x) &= -2x + 2 \\
\Rightarrow \quad -2x + 2 = 0 \quad &\Leftrightarrow \quad x = 1; \\
f_2(1) = 2 \quad &\Rightarrow \quad \text{Extremum } E_2(1;2).
\end{aligned}
$$

Obwohl in beiden Fällen die Komponenten der Extrema dieselben sind, handelt es sich bei E_1 um ein Minimum der Funktion f_1, während E_2 Maximum der Funktion f_2 ist.

- Zu E_1 gehört der Tiefpunkt $T(1|2)$,
- zu E_2 der Hochpunkt $H(1|2)$.

Beide Punkte repräsentieren die Scheitelpunkte der nach oben geöffneten Parabel zu f_1 bzw. der nach unten geöffneten Parabel zu f_2. Die Abb. 5.11a, b veranschaulicht das. Sie gibt auch die Graphen der 1. und 2. Ableitungsfunktion an, deren Bedeutung noch zu erläutern ist.

Linkskurve: Tiefpunkt
Die Steigung des Graphen von f_1 ist in positiver x-Richtung

$$\left.\begin{array}{ll}\text{zunächst negativ} & (y' < 0),\\ \text{dann im Tiefpunkt 0} & (y' = 0),\\ \text{schließlich positiv} & (y' > 0).\end{array}\right\} \quad \Rightarrow \quad \textit{Linkskurve}$$

Die Tangentensteigung nimmt in der Umgebung eines *Tiefpunktes* von negativen zu positiven Werten hin zu:

► Der Graph der 1. Ableitungsfunktion hat *positiven* Nulldurchgang.

Die 2. Ableitung liefert das Steigungsverhalten des Graphen der 1. Ableitungsfunktion:

► Für den gesamten Bereich der *Linkskurve* gilt $y'' > 0$.

Im konkreten Fall ist $y'' = f''(x) = 2$ konstant positiv, G_{f_1} ist *linksgekrümmt*.

Rechtskurve: Hochpunkt
Die Steigung des Graphen von f_2 ist in positiver x-Richtung

$$\left.\begin{array}{ll}\text{zunächst positiv} & (y' > 0),\\ \text{dann im Hochpunkt 0} & (y' = 0),\\ \text{schließlich negativ} & (y' < 0).\end{array}\right\} \quad \Rightarrow \quad \textit{Rechtskurve}$$

Die Tangentensteigung nimmt in der Umgebung eines *Hochpunktes* von positiven zu negativen Werten hin ab:

► Der Graph der 1. Ableitungsfunktion hat negativen Nulldurchgang.

Die 2. Ableitung liefert das Steigungsverhalten des Graphen der 1. Ableitungsfunktion:

► Für den gesamten Bereich der *Rechtskurve* gilt $y'' < 0$.

Im konkreten Fall ist $y'' = f''(x) = -2$ konstant negativ, G_{f_2} ist *rechtsgekrümmt*.
Die Extrema einer Funktion rechnerisch zu erfassen erfordert also zweierlei:

1. die Nullstellen der 1. *Ableitung* zu ermitteln.
2. die Bestimmung der 2. *Ableitung*, um das Krümmungsverhalten des Graphen von $f(x)$ zu bestimmen und damit die *Art* der Extrema (Hoch- oder Tiefpunkt) anzugeben.

f hat an der Stelle $x_E \in]a; b[$ ein (relatives)

- *Maximum*, wenn $f'(x_E) = 0$ und $f''(x_E) < 0$;
- *Minimum*, wenn $f'(x_E) = 0$ und $f''(x_E) > 0$.

Beispiel

Es sei $f(x) = \frac{1}{3}x^3 - \frac{3}{2}x^2$, $x \in \mathbb{R}$. Zu bestimmen sind Lage und Art der Extrema.

Lösung: Lage der Extrema

$$y = \frac{1}{3}x^3 - \frac{3}{2}x^2$$
$$y' = x^2 - 3x = 0 \quad \Rightarrow \quad x(x-3) = 0 \quad \Rightarrow \quad x_1 = 0,\ x_2 = 3$$

$f(0) = 0$, $f(3) = -4{,}5$, es ergeben sich die Extremalpunkte $E_1(0|0)$ und $E_2(3|-4{,}5)$.

Art der Extrema

$$y'' = 2x - 3$$
$$\Rightarrow \quad y''(0) = -3 < 0 \quad \Rightarrow \quad E_1 \text{ ist Hochpunkt;}$$
$$y''(3) = +3 > 0 \quad \Rightarrow \quad E_2 \text{ ist Tiefpunkt.}$$

G_f ist zusammen mit den Graphen der zugehörigen 1. und 2. Ableitungsfunktion in Abb. 5.12 dargestellt.

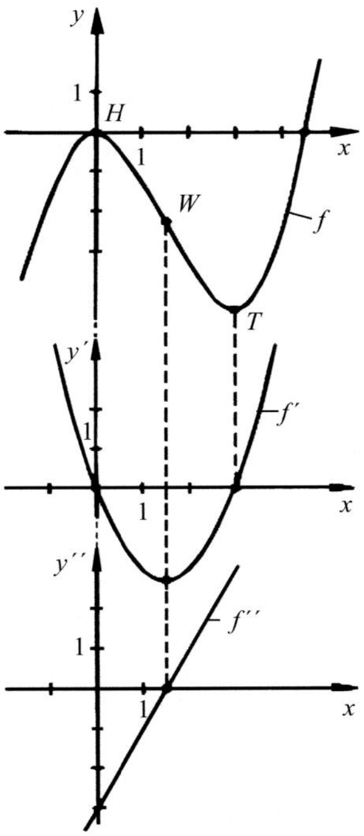

Abb. 5.12 Graph von $f(x) = \frac{1}{3}x^3 - \frac{3}{2}x^2$ mit 1. und 2. Ableitungsfunktion

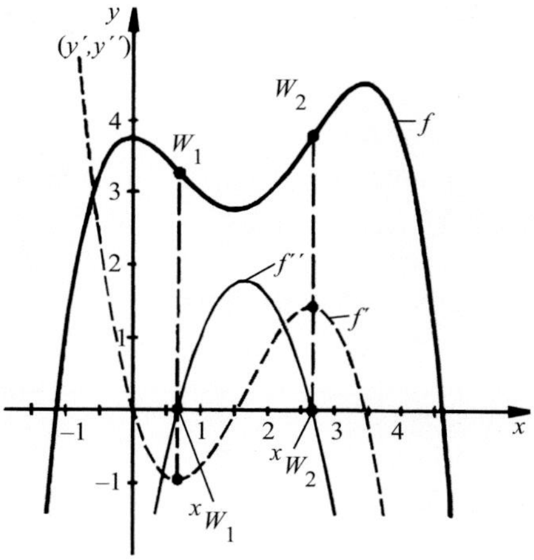

Abb. 5.13 Wendepunkte mit verschiedenen Krümmungsübergängen

5.2.2 Wendepunkte

Die 2. *Ableitungsfunktion* $y'' = f''(x) = 2x - 3$ liefert Aussagen zum Kurvenverhalten des Graphen der Ausgangsfunktion f: Dieser beschreibt

- eine *Rechtskurve* für $2x - 3 < 0 \Leftrightarrow x < \frac{3}{2}$ bzw.
- eine *Linkskurve* für $2x - 3 > 0 \Leftrightarrow x > \frac{3}{2}$.

Für $x_W = \frac{3}{2}$ ist der Funktionsgraph weder *rechts-* noch *linksgekrümmt*; der zugehörige Punkt $W(\frac{3}{2}|f(\frac{3}{2}))$, also $W(\frac{3}{2}|-\frac{9}{4})$, heißt *Wendepunkt*.

► Ein *Wendepunkt* markiert den Übergang von einem Krümmungsbereich zum anderen.

Abbildung 5.13 veranschaulicht die Zusammenhänge:

1. Der Graph von f zeigt einen Wendepunkt W_1 mit Übergang von *Rechts-* zu *Linkskrümmung*:
   a) Der Graph von f' besitzt einen *Tiefpunkt*.
   b) Der Graph von f''
      - schneidet bei x_{W_1} die x-Achse ($y'' = 0$) und
      - hat *positiven* Nulldurchgang ($y''' > 0$).
2. Der Graph von f zeigt einen Wendepunkt W_2 mit Übergang von *Links-* zu *Rechtskrümmung*:
   a) Der Graph von f' besitzt einen *Hochpunkt*.
   b) Der Graph von f''
      - schneidet bei x_{W_2} die x-Achse ($y'' = 0$) und
      - hat *negativen* Nulldurchgang ($y''' < 0$).

Die Ergebnisse werden zusammengefasst:

Zusammenfassung
Der Graph von f hat an der Stelle $x_W \in]a; b[$ einen *Wendepunkt* mit

- *Links-Rechts-Übergang*, wenn $f''(x_W) = 0$ und $f'''(x_W) < 0$;
- *Rechts-Links-Übergang*, wenn $f''(x_W) = 0$ und $f'''(x_W) > 0$.

Beispiel
Gegeben $f(x) = \frac{1}{4}x^3 - \frac{3}{2}x^2 + \frac{3}{4}x + \frac{3}{2}, x \in \mathbb{R}$.
Zu bestimmen sind die Wendepunkt-Koordinaten sowie die Funktionsgleichung der *Wendetangente*.

Lösung:

$$f'(x) = \frac{3}{4}x^2 - 3x + \frac{3}{4}$$

$$f''(x) = \frac{3}{2}x - 3;$$

$$f''(x) = 0: \quad \frac{3}{2}x - 3 = 0 \text{ oder } x = 2$$

Ferner ist $y''' = \frac{3}{2}$ und damit $f'''(2) \neq 0$, was gewährleistet, dass $W(2|-1)$ *Wendepunkt* ist.
Für das Erstellen der Funktionsgleichung der *Wendetangente* – das ist die Tangente im Wendepunkt – ist es zunächst einmal erforderlich, die Tangensteigung zu ermitteln. Mit der *Punktsteigungsform* der Geradengleichung erhält man:

$$y'(2) = \frac{3}{4} \cdot 2^2 - 3 \cdot 2 + \frac{3}{4}$$

$$\Rightarrow \quad y'(2) = -\frac{9}{4} \quad \text{(Steigung der Wendetangente)}$$

$$y - (-1) = -\frac{9}{4}(x - 2)$$

$$\Rightarrow \quad y = -\frac{9}{4}x + \frac{7}{2} \quad \text{(Gleichung der Wendetangente).}$$

Abbildung 5.14 zeigt G_f ausschnittsweise in einer *Umgebung* des Wendepunktes. Die Wendetangente veranschaulicht die Änderung im Krümmungsverhalten eines Graphen.

Sonderfall: Sattelpunkt
Der Sachverhalt wird anhand eines Beispiels verdeutlicht.

Abb. 5.14 Graph mit Wendepunkt und Wendetangente

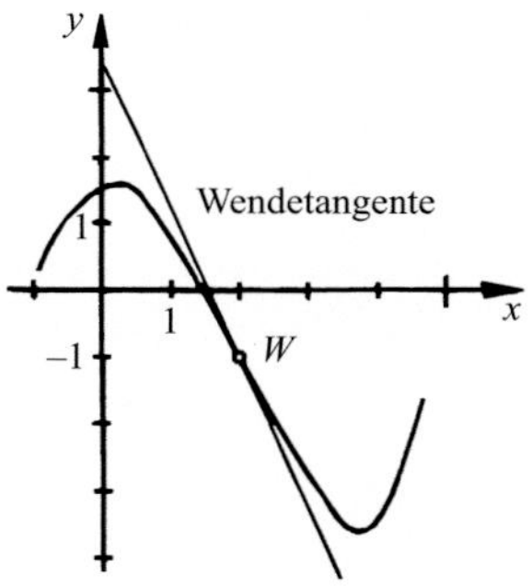

Beispiel

$f(x) = \frac{1}{4}x^3 - \frac{3}{2}x^2 + 3x$ ist auf Extrem- und Wendepunkte zu untersuchen.

Lösung: 1. *Extrema*

$$0 = y' = \frac{3}{4}x^2 - 3x + 3 \quad \Rightarrow \quad \frac{3}{4}x^2 - 3x + 3 = 0$$
$$\Leftrightarrow \quad x^2 - 4x + 4 = 0$$
$$\Leftrightarrow \quad (x-2)(x-2) = 0;$$

$x = 2$ ist doppelte Nullstelle der *1. Ableitungsfunktion* f'; ferner gilt $f(2) = 2$.

Um eine Aussage über die Art des Extremums und damit über das Krümmungsverhalten des Funktionsgraphen an der Stelle $x = 2$ anzustellen, bedarf es der 2. *Ableitungsfunktion*:

$$y'' = f''(x) = \frac{3}{2}x - 3 \quad \Rightarrow \quad y''(2) = 0;$$

der Funktionsgraph ist weder rechts- noch linksgekrümmt, also existiert *kein* Extremum.

2. *Wendepunkte*

Aus $y'' = 0 = \frac{3}{2}x - 3$ folgt $x = 2$, $y''' = \frac{3}{2}$.

Wegen $y'''(2) \neq 0$ ist $W(2|2)$ Wendepunkt des Graphen von f, allerdings mit einer Besonderheit: Die Wendetangente verläuft parallel zur x-Achse, also $y'(2) = 0$ (Abb. 5.15).

► Ein *Sattel-* oder *Terrassenpunkt* ist ein Wendepunkt mit waagerechter Tangente. Falls $y'''(x_w) = 0$ liegt ein sogenannter *Flachpunkt* vor.

Bedingungen für Extrem- und Wendepunkte

In nachfolgender Tabelle sind die erarbeiteten Kriterien für Extrem- und Wendepunkte zusammengefasst:

Abb. 5.15 Graph mit Sattelpunkt und waagerechter Tangente

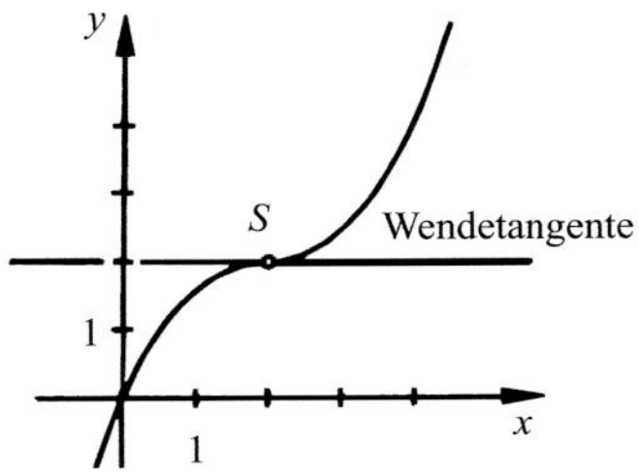

	Extrempunkte		Wendepunkte	
	Maximum (H)	Minimum (T)	Normal	Sattelpunkt
Bedingung 1	$y'(x_E) = 0$		$y''(x_W) = 0$	$y'(x_W) = y''(x_w) = 0$
Bedingung 2	$y''(x_E) < 0$	$y''(x_E) > 0$	$y'''(x_W) \neq 0$	$y'''(x_W) \neq 0$

Hinweis: x_E bzw. x_W stehen jeweils für die Extrem- bzw. Wendestellen.

5.2.3 Kurvendiskussion ganzrationaler Funktionen

Vorbemerkung: Eine Aussage über den Definitionsbereich kann in der Regel unterbleiben, denn ganzrationale Funktionen sind für alle $x \in \mathbb{R}$ definiert.

Kurvendiskussion

1. *Schnittpunkte mit den Koordinatenachsen*
   a) Schnitt mit der y-Achse – Kriterium: $x = 0$ setzen!
   b) Schnitt mit der x-Achse (Nullstellen) – *Kriterium*: $y = f(x) = 0$ setzen!
   Eine ganzrationale Funktion n-ten Grades hat maximal n Nullstellen.
2. *Lage und Art der Extrema*
   a) Lage der Extrema – Kriterium: $y' = 0$ setzen!
   b) Art der Extrema – Kriterien: $y'' < 0$ (Maximum) bzw. $y'' > 0$ (Minimum).
   Eine ganzrationale Funktion n-ten Grades hat maximal $(n - 1)$ Extrema.
3. *Wendepunkte*
   a) Lage der Wendepunkte – Kriterium: $y'' = 0$ setzen!
   b) Art des Krümmungsübergangs – Kriterien: $y''' < 0$ (Links-Rechts-Krümmung), $y''' > 0$ (Rechts-Links-Krümmung);
   c) ggf. Sonderfall des Sattelpunktes beachten – Kriterium: $y' = 0 \wedge y'' = 0$.
   Eine ganzrationale Funktion n-ten Grades hat maximal $(n - 2)$ Wendepunkte.
4. *Graph*
   Der Funktionsgraph wird *qualitativ* (ggf. kleine Wertetabelle) unter Berücksichtigung des Grenzverhaltens der Funktion für $x \to \pm\infty$ im kartesischen Koordinatensystem dargestellt.

Beim Zeichnen ist ein eventuell existierendes *Symmetrie*verhalten zu berücksichtigen:

a) Symmetrie zur y-Achse – Kriterium: $f(x) = f(-x)$.
b) Symmetrie zum Ursprung – Kriterium: $f(-x) = -f(x)$ (daraus folgt insbesondere, dass der Graph durch $O(0|0)$ geht).

Zusätzlich ist es hilfreich, das Steigungsverhalten des Graphen in den Nullstellen bzw. Wendepunkten zu berücksichtigen.

Beispiel 1

Eine Kurvendiskussion ist durchzuführen für $f(x) = \frac{1}{3}x^3 - \frac{1}{2}x^2 - 2x + \frac{10}{3}$.

Lösung: 1. *Schnitt mit den Koordinatenachsen*

a) y-Achse:

$$x = 0 \quad \Rightarrow \quad y = \frac{10}{3}; \quad S_y = \left(0; \frac{10}{3}\right);$$

b) x-Achse (Nullstellen):

$$\begin{aligned} y = 0 &= \frac{1}{3}x^3 - \frac{1}{2}x^2 - 2x + \frac{10}{3} \\ 0 &= x^3 - \frac{3}{2}x^2 - 6x + 10 \end{aligned}$$

Die 1. zu ratende Lösung findet sich unter den Teilern des absoluten Gliedes 10, hier: $x_1 = 2$, also

$$x^2 - \frac{3}{2}x^2 - 6x + 10 = (x - 2) \cdot P(x) = 0,$$

wobei $P(x)$ durch *Polynomdivision* bestimmt wird:

$$\begin{array}{l} (x^3 - \frac{3}{2}x^2 - 6x + 10) : (x - 2) = x^2 + \frac{1}{2}x - 5 \\ \underline{-(x^3 - 2x^2)} \\ \qquad \frac{1}{2}x^2 - 6x \\ \qquad \underline{-(\frac{1}{2}x^2 - \ x)} \\ \qquad\qquad -5x + 10 \\ \qquad\qquad \underline{-(-5x + 10)} \\ \qquad\qquad\qquad 0 \end{array}$$

Das führt zu:

$$x^3 - \frac{3}{2}x^2 - 6x + 10 = 0 = (x-2)(x^2 + 0{,}5x - 5),$$

also $x_1 = 2$ oder $x^2 + 0{,}5x - 5 = 0$.
Die Nullstellen ergeben sich zu

$$x_1 = 2 \quad \text{und} \quad x_{2,3} = -\frac{1}{4} \pm \sqrt{\frac{1}{16} + 5}, \quad \text{d. h.}$$
$$x_{1,2} = 2 \quad \text{und} \quad x_3 = -\frac{5}{2}.$$

(Achtung: $x_{1,2} = 2$ ist *Doppelnullstelle*!)
2. *Lage und Art der Extrema*

$$0 = y' = x^2 - x - 2$$
$$\Rightarrow \quad x^2 - x - 2 = 0 \quad \Leftrightarrow \quad (x-2)(x+1) = 0 \quad \Leftrightarrow \quad x = 2 \vee x = -1.$$

- Für $x_4 = 2$ ist $y_4 = f(x_4) = 0$,
- für $x_5 = -1$ ist $y_5 = f(x_5) = \frac{9}{2}$.

$$y'' = 2x - 1$$
$$\Rightarrow \quad y''(2) = 3 \quad \Rightarrow \quad \text{Minimum (Tiefpunkt) für } T(2|0)$$
$$y''(-1) = -3 \quad \Rightarrow \quad \text{Maximum (Hochpunkt) für } H(-1|4{,}5).$$

Hinweis: Die *Doppelnullstelle* ist Extremum.
3. *Wendepunkte*

$$0 = y'' = 2x - 1$$
$$\Rightarrow \quad 2x - 1 = 0 \quad \Leftrightarrow \quad x = \frac{1}{2}.$$

Der Funktionswert zu $x_6 = \frac{1}{2}$ ist $y_6 = \frac{9}{4}$.

$y''' = 2 > 0 \quad \Rightarrow \quad W(0{,}5|2{,}25)$ ist Wendepunkt, und zwar mit R-L-Übergang.

4. *Graph*
Grenzverhalten für $x \to \pm\infty$:

$$\lim_{x \to \pm\infty} \left(\frac{1}{3}x^3 - \frac{1}{2}x^2 - 2x + \frac{10}{3} \right) = \lim_{x \to \pm\infty} x^3 \left(\frac{1}{3} - \frac{1}{2x} - \frac{2}{x^2} + \frac{10}{3x^3} \right)$$
$$= \pm\infty;$$

Der Graph (Abb. 5.16) verläuft von „*links unten nach rechts oben*“.

Abb. 5.16 Graph von $f(x) = \frac{1}{3}x^3 - \frac{1}{2}x^2 - 2x + \frac{10}{3}, x \in \mathbb{R}$

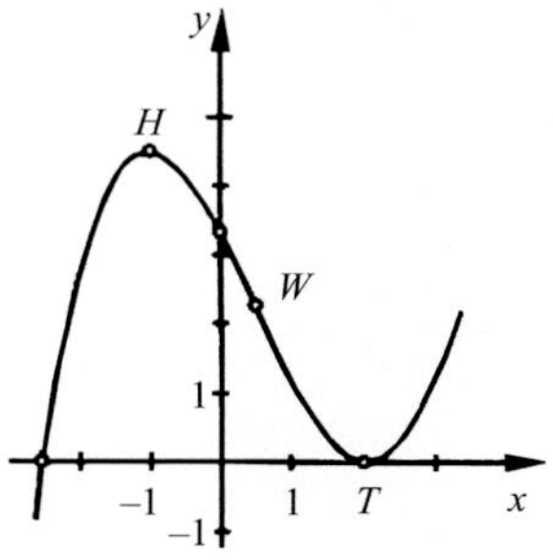

► **Wendepunkt-Symmetrie** Ganzrationale Funktionen *3. Grades* – und nur diese! – zeichnen sich durch eine Besonderheit aus; ihre Graphen sind punktsymmetrisch zum Wendepunkt:

$$x_W = \frac{x_H + x_T}{2} \quad \text{bzw.} \quad y_W = \frac{y_H + y_T}{2}.$$

Beispiel 2

Gegeben: $f(x) = \frac{1}{8}x^4 - \frac{1}{2}x^3, x \in \mathbb{R}$. Eine Kurvendiskussion ist durchzuführen.

Lösung: 1. *Schnitt mit den Koordinatenachsen*

a) y-Achse: $x = 0 \Rightarrow y = 0$ (Graph von f geht durch den *Ursprung*)

b) x-Achse: $y = 0 \Rightarrow \frac{1}{8}x^4 - \frac{1}{2}x^3 = 0 \Leftrightarrow x^3(x-4) = 0$,
Nullstellen sind $x_{1,2,3} = 0$ (Dreifachnullstelle!) und $x_4 = 4$.

2. *Lage und Art der Extrema*

$$0 = y' = \frac{1}{2}x^3 - \frac{3}{2}x^2$$
$$\Rightarrow \quad x^2(x-3) = 0$$

Nullstellen der 1. Ableitungsfunktion sind $x_{5,6} = 0$ und $x_7 = 3$; $y_7 = f(x_7) = -3{,}375$.

$$y'' = \frac{3}{2}x^2 - 3x$$
$$\Rightarrow \quad y''(0) = 0 \quad \Rightarrow \quad \textit{kein } \text{Extremum, vermutlich Sattelpunkt.}$$
$$\Rightarrow \quad y''(3) = \frac{9}{2} > 0, \quad \text{d. h. Minimum (Tiefpunkt) für } T(3|-3{,}375).$$

3. *Wendepunkte*

$$0 = y'' = \frac{3}{2}x^2 - 3x$$
$$\Rightarrow \quad \frac{3}{2}x^2 - 3x = 0 \quad \text{oder} \quad x(x-2) = 0$$

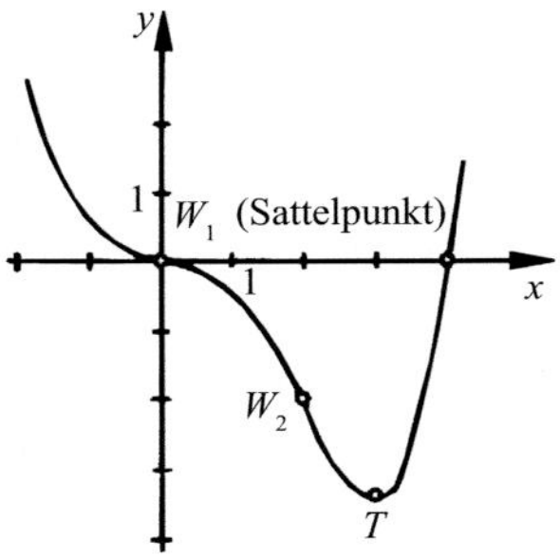

Abb. 5.17 Graph von $f(x) = \frac{1}{8}x^4 - \frac{1}{2}x^3$, $x \in \mathbb{R}$

Man erhält $x_8 = 0$ und $x_9 = 2$; $y_9 = f(x_9) = -2$.

$$y''' = 3x - 3$$

$$\Rightarrow \quad y'''(0) = -3 \quad \Rightarrow \quad W_1(0|0) \text{ ist Wendepunkt mit L-R-Übergang (= Sattelpunkt)}$$

$$\Rightarrow \quad y'''(2) = +3 \quad \Rightarrow \quad W_2(2|-2) \text{ ist Wendepunkt mit R-L-Übergang.}$$

4. *Graph*
Grenzverhalten für $x \to \pm\infty$:

$$\lim_{x\to\pm\infty}\left(\frac{1}{8}x^4 - \frac{1}{2}x^3\right) = \lim_{x\to\pm\infty} x^4\left(\frac{1}{8} - \frac{1}{2x}\right) = +\infty$$

Der Graph (Abb. 5.17) verläuft von „links oben nach rechts oben“.

Aufgaben

5.23 Führen Sie eine Kurvendiskussion durch:

a) $f_1(x) = -\frac{1}{3}x^3 + 2x^2 - 3x$;
b) $f_2(x) = -6x^3 + 18x^2 - 15x$;
c) $f_3(x) = 3x^3 - 6x^2 + 6x$;
d) $f_4(x) = -x^3 + 6x^2 - 9x + 2$;
e) $f_5(x) = \frac{1}{8}x^3 + \frac{3}{4}x^2 + \frac{9}{8}x - 2$;
f) $f_6(x) = 2x^3 + 4x^2 + 4x + 2$.

5.24 Ebenso:

a) $f_1(x) = \frac{1}{3}x^4 + 2x^3 + 3x^2$;
b) $f_2(x) = -2x^4 + 2x^3 + 4x^2$;
c) $f_3(x) = -\frac{1}{6}x^4 + \frac{2}{3}x^3$;

d) $f_4(x) = -\frac{3}{4}x^4 + 4x^3 - 6x^2$;

e) $f_5(x) = \frac{3}{8}x^4 - \frac{5}{2}x^3 + \frac{9}{2}x^2$;

f) $f_6(x) = -\frac{1}{4}x^4 + 2x^3 - \frac{11}{2}x^2 + 6x$.

5.25 Ebenso:

a) $f_1(x) = \frac{1}{3}x^4 - 2x^2 + 1$;

b) $f_2(x) = \frac{1}{2}x^4 - x^2 + 3$;

c) $f_3(x) = \frac{1}{4}x^4 + 2x^2 - \frac{9}{4}$.

5.26 Ebenso:

a) $f_1(x) = \frac{1}{2}x^4 - x^3 - \frac{3}{2}x^2 + 2x + 2$;

b) $f_2(x) = \frac{9}{16}x^4 - 3x^3 + \frac{9}{2}x^2 - 3$;

c) $f_3(x) = \frac{1}{4}x^4 - \frac{9}{4}x^2 + x + 3$;

d) $f_4(x) = -\frac{1}{3}x^4 + \frac{20}{9}x^3 - 4x^2 + 3$;

e) $f_5(x) = -\frac{1}{2}x^4 + \frac{1}{2}x^3 + \frac{3}{2}x^2 - \frac{5}{2}x$;

f) $f_6(x) = -\frac{1}{4}x^4 + x + \frac{13}{4}$.

5.27 Ebenso:

a) $f_1(x) = \frac{1}{2}x^5 + \frac{1}{2}x^4 - \frac{5}{2}x^3 - \frac{1}{2}x^2 + 4x$;

b) $f_2(x) = -\frac{1}{8}x^5 + 2x + 3$;

c) $f_3(x) = 6x^5 + 15x^4 + 10x^3 + 2$;

d) $f_4(x) = \frac{3}{5}x^5 - 2x^4 + 2x^3 + 1$.

Hinweis: Die Graphen zu b), c) und d) haben jeweils nur eine Nullstelle.

5.28 Eine Zulieferfirma der Autoindustrie, die u. a. Bauteile für die Steuerelektronik von Pkw herstellt, modelliert im Jahresabschluss ihre Gesamtkosten für diese Bauteile durch die Kostenfunktion $K(x) = 0{,}25x^3 - 0{,}75x^2 + x + 2$ mit dem ökonomischen Definitionsbereich $D_{\text{Ök}} = [0; 5]$, wobei x für Mengeneinheiten ME in Stück/10.000 und $K(x)$ in €/100.000 steht.

a) Berechnen Sie die Gewinnschwelle und die Gewinngrenze, wenn der Erlös durch die Erlösfunktion $E(x) = 2{,}5x$ beschrieben werden kann.
Hinweis: Für Gewinnschwelle und -grenze gilt $E(x) = K(x)$.

b) Ermitteln Sie den maximalen Gewinn, wenn für die Gewinnfunktion gilt $G(x) = E(x) - K(x)$.

c) Stellen Sie den gesamten Sachverhalt in *einem* Koordinatensystem dar.

5.29 Anbietende Unternehmen versuchen der abnehmenden Attraktivität alternder Produkte und somit dem Umsatzrückgang durch verbesserte und modernisierte Produkte ab einem bestimmten Zeitpunkt entgegenzuwirken. Eine derartige Wiederbelebung wird für ein bestimmtes Produkt durch eine besondere Art von Gewinnfunktion G dargestellt, die sog. Zwei-Höcker-Funktion; hier:

$$G(x) = -x^4 + 20x^3 - 137x^2 + 358x - 240,$$

wobei x für Jahre und $G(x)$ für 1000 € steht.
Bestätigen Sie, dass die erste Gewinnphase bei $x = 1$ beginnt und bei $x = 5$ endet und ermitteln Sie Anfang und Ende der zweiten Phase, in der positive Gewinne erwirtschaftet werden.

5.30 Geben Sie für nachstehende Funktionen die *Wendetangenten* ihrer Funktionsgraphen an:

a) $f_1(x) = -2x^3 + 4x + 1$;
b) $f_2(x) = x^3 + 3x^2$;
c) $f_3(x) = \frac{1}{2}x^3 - 3x^2 + 4x - 1$;
d) $f_4(x) = \frac{1}{3}x^3 + x^2 + x + 3$.

5.31 Erstellen Sie für nachfolgende Funktionen die Funktionsgleichungen der *Wendenormalen* und errechnen Sie, wo und unter welchen Winkeln sich jeweils die Wendenormale mit zugehörigem Funktionsgraphen schneidet:

a) $f_1(x) = -\frac{1}{2}x^3 + \frac{3}{2}x^2 - \frac{1}{2}x + \frac{5}{2}$;
b) $f_2(x) = x^3 - 3x^2 + 4x + 1$.

Hinweis: Die Wendenormale verläuft orthogonal zur Wendetangente.

5.32 Es ist $f(x) = \frac{1}{4}x^4 - x^3,\ x \in \mathbb{R}$.
Erstellen Sie die Funktionsgleichung der *Wendetangente* mit Steigung $m_t \neq 0$ und geben Sie Schnittpunkt sowie Schnittwinkel mit dem Graphen von f an.

5.33 Berechnen Sie, in welchen Punkten und unter jeweils welchem Winkel sich die *Wendetangenten* der Graphen folgender Funktionen schneiden:

a) $f_1(x) = -\frac{1}{8}x^4 + x^3 - \frac{9}{4}x^2 + 2x - \frac{5}{8}$;
b) $f_2(x) = +\frac{1}{8}x^4 - \frac{3}{4}x^3 + \frac{3}{2}x^2$.

5.2.4 Aufstellen und Bestimmen der Funktionsgleichung

Neben den bislang praktizierten Kurvenuntersuchungen sind solche Fragestellungen von Bedeutung, bei denen aufgrund vorgegebener Bedingungen wie z. B. Mess- oder Planungsdaten die Funktionsgleichungen angenähert zu ermitteln sind, gewissermaßen also eine umgekehrte Kurvendiskussion erfolgen muss.

Für ganzrationale Funktionen n-ten Grades bedeutet es, über $(n+1)$ voneinander unabhängige Informationen zu verfügen, mit deren Hilfe ein Gleichungssystem mit $(n+1)$ Gleichungen aufgestellt werden kann.

Beispiel

Der Graph einer ganzrationalen Funktion 3. Grades besitzt für $x = -1$ eine waagerechte Tangente sowie einen Wendepunkt $W(1|2)$; die Wendetangente verläuft parallel zur Geraden $g \equiv y = -2x$. Wie lautet die Funktionsgleichung?

Lösung: Die gesuchte Funktion lässt sich allgemein in der folgenden Form schreiben:

$$y = ax^3 + bx^2 + cx + d.$$

Aufgrund vorgegebener Bedingungen resultieren nunmehr nachstehende Bestimmungsgleichungen:

a) W gehört zum Funktionsgraphen, also *Punktprobe* mit $W(1|2)$:

$$\begin{aligned} f(x) &= ax^3 + bx^2 + cx + d \\ f(1) &= 2 \\ &\Rightarrow \quad a + b + c + d = 2; \end{aligned} \tag{1}$$

b) waagerechte Tangente für $x = -1$:

$$\begin{aligned} f'(x) &= 3ax^2 + 2bx + c \\ f'(-1) &= 0 \\ &\Rightarrow \quad 3a - 2b + c = 0; \end{aligned} \tag{2}$$

c) Wendetangente parallel zu $g \equiv y = -2x$, also $m_{t_W} = -2$:

$$\begin{aligned} f'(x) &= 3ax^2 + 2bx + c \\ f'(1) &= -2 \\ &\Rightarrow \quad 3a + 2b + c = -2; \end{aligned} \tag{3}$$

d) Wendepunkt hat die Abszisse $x_W = 1$:

$$f''(x) = 6ax + 2b$$
$$f''(1) = 0$$
$$\Rightarrow \quad 6a + 2b = 0. \tag{4}$$

Das (lineare) Gleichungssystem für die Variablen a, b, c und d besteht aus den vier voneinander unabhängigen algebraischen Gleichungen (1)–(4). Es ergeben sich die Lösungen (bitte nachprüfen!)

$$a = \frac{1}{6}, \quad b = -\frac{1}{2}, \quad c = -\frac{3}{2} \quad \text{und} \quad d = \frac{23}{6}, \quad \text{also}$$
$$y = \frac{1}{6}x^3 - \frac{1}{2}x^2 - \frac{3}{2}x + \frac{23}{6}.$$

Aufgaben

5.34 Bestimmen Sie jeweils die Funktionsgleichung der Parabel, die
a) die x-Achse bei $x_0 = -1$ schneidet und in $P(3|2)$ eine waagerechte Tangente besitzt;
b) in $P(-3|1)$ eine Tangente hat, die die x-Achse in $N(-1|0)$ schneidet und für die durchgängig $y'' = 1$ gilt.

5.35 Eine Skischanze bestimmter Bauart lässt sich im Absprungbereich des Schanzentisches wie folgt modellieren (Angabe in m):

$$f(x) = \frac{1}{40}x^2 \quad \text{für } x \in [0; 20].$$

Für $x \in [20; 30]$ verläuft die Schanze übergangslos geradlinig.
Berechnen Sie die Absprunggeschwindigkeit der Skispringer, wenn sich der Schanzeneinstieg horizontal gemessen 30 m vom Schanzentisch entfernt befindet.
Hinweis: Zwecks Vereinfachung soll der Energieerhaltungssatz $mgh = \frac{m}{2}v^2$ gelten.

5.36 Ermitteln Sie, zu welcher ganzrationalen Funktion 3. Grades ein Funktionsgraph mit Extremum $E(-1|5)$ sowie Wendepunkt $W(1|3)$ gehört.

5.37 Der Graph einer ganzrationalen Funktion 3. Grades geht durch den Ursprung und besitzt einen Wendepunkt mit der Abszisse $x_W = -2$, ferner schneidet die *Wendenormale* die x-Achse in $N(-\frac{4}{3}|0)$ unter einem Winkel von $\sigma_N = 45°$. Geben Sie seine Funktionsgleichung an.

5.38 Der Graph einer ganzrationalen Funktion 3. Grades schneidet die Parabel mit $P(x) = x^2 - 2x$ im Ursprung rechtwinklig und hat seinen Wendepunkt dort, wo die Parabel ein zweites Mal die x-Achse schneidet. Geben Sie die Funktionsgleichung an.

5.39 Der Graph einer ganzrationalen Funktion 3. Grades berührt mit seinem Wendepunkt die Parabel mit der Funktionsgleichung $P(x) = x^2 - 2x$ in deren Scheitel und schneidet die Ordinatenachse in $Q(0|-2)$. Geben Sie die Funktionsgleichung an.

5.40 Geben Sie die ganzrationale Funktion 3. Grades an, deren Graph einen Hochpunkt $H(-2|3)$ aufweist und die Parabel $P \equiv y = -x^2 + 2x + 4$ an der Stelle $x_B = -1$ berührt.

5.41 Wie lautet die Funktionsgleichung der ganzrationalen Funktion 3. Grades, deren Graph einen Wendepunkt mit der Abszisse $x_W = 1$ hat, die x-Achse im Ursprung berührt und sie ein weiteres Mal unter 45° schneidet?

5.42 Gegeben $f(x) = x^3 - 3x^2 - x + 3$, $x \in \mathbb{R}$.

a) Gesucht ist die ganzrationale Funktion 3. Grades, die für $x \in \mathbb{R}^+$ dieselben Nullstellen aufweist wie f und deren Graph in $W(0|-1)$ einen Wendepunkt besitzt.

b) Wo schneidet der Graph von f den Graphen der gesuchten Funktion ein weiteres Mal?

5.43 Der wirtschaftliche Zusammenhang zwischen der Produktionsmenge x, den Herstellungskosten $K(x)$ und den Grenzkosten $K'(x)$ eines bestimmten Produktes ist unvollständig in nebenstehender Tabelle festgehalten. Vervollständigen Sie diese.

x	0	2	4	6
$K(x)$		31		
$K'(x)$	15		11	45

5.44 Berechnen Sie zwecks CNC-Programmierung des dargestellten Blechteils die Ordinate des Stützpunktes P, wenn die Kontur dem Graphen einer ganzrationalen Funktion 3. Grades entspricht.

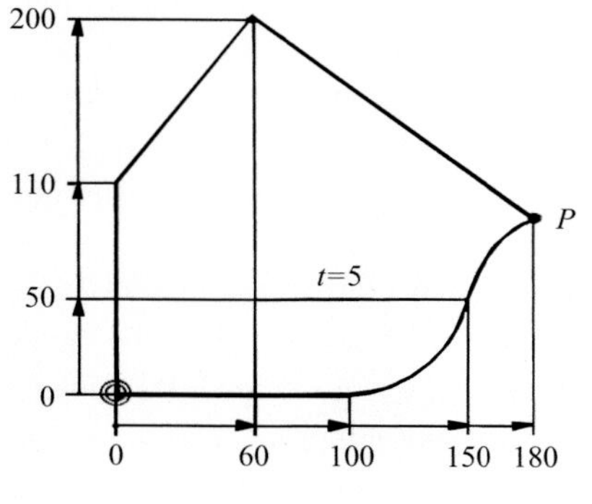

Hinweis: Geben Sie die Maßangaben in cm ein.

5.45 Zwei geradlinig verlaufende Straßenabschnitte (jeweils 6 m Breite) sollen durch einen Übergangsbogen (Angabe in m) möglichst glatt miteinander verbunden werden.

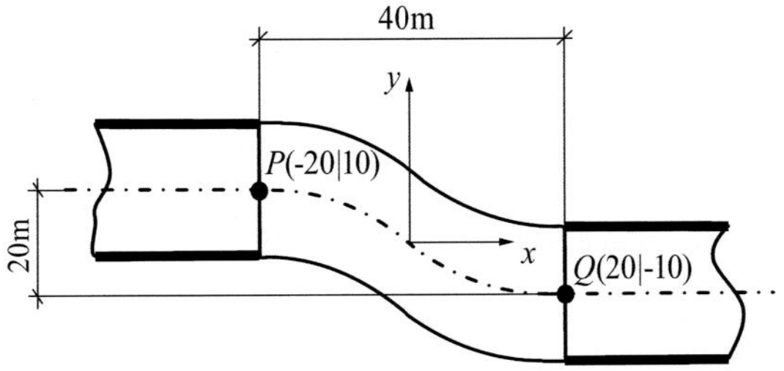

Um die Straßenführung abstecken zu können, muss die Funktionsgleichung ermittelt werden. Geben Sie diese unter Bezug auf das einen Messpunkt markierende eingetragene Koordinatensystem an.

5.46 In einer Sägerei werden zum Betrieb der Sägen Drehstrom-Asynchron-Motoren eingesetzt, für die folgende Daten gelten:
Antriebsdrehmoment: $M_A = 62{,}5\,\text{N m}$, Nenndrehmoment $M_n = 25\,\text{N m}$ bei $n_n = 2835\,\text{min}^{-1}$. Das maximale Drehmoment von 74,5 N m stellt sich bei einer Drehzahl von $2000\,\text{min}^{-1}$ ein.
Zur Kundeninformation soll die Drehzahl-Drehmomenten-Kennlinie der Motoren möglichst genau mit einem Computerprogramm gezeichnet werden. Ermitteln Sie dazu die Gleichung der ganzrationalen Funktion 3. Grades in der Form $M = f(n)$, wobei die Skalierung von n auf der Horizontalachse in $\frac{\text{min}^{-1}}{1000}$ vorgenommen werden soll.
Hinweis: Geben Sie die Koeffizienten a, b, c gerundet als ganze Zahlen an.

5.47 Der Graph einer ganzrationalen Funktion 4. Grades besitzt im Ursprung einen Hochpunkt und weist in $P(2|-4)$ eine Ursprungsgerade als *Wendetangente* auf. Geben Sie die zugehörige Funktionsgleichung an.

5.48 Der Graph einer ganzrationalen Funktion 4. Grades geht durch den Ursprung des Koordinatensystems, hat in $W_1(1|-0{,}625)$ einen Wendepunkt mit waagerechter Tangente sowie einen weiteren Wendepunkt mit der Abszisse $x_{W_2} = 3$. Geben Sie die Funktionsgleichung an.

5.49 Der Graph einer ganzrationalen Funktion 4. Grades besitzt einen Tiefpunkt $T(0|0)$ und einen Flachpunkt mit der Abszisse $x_F = 2$; die Tangente ist dort mit $t_F \equiv y = 4x - 2$ angegeben. Wie heißt die zugehörige Funktionsgleichung?

5.50 Der Graph einer ganzrationalen Funktion 4. Grades hat in $S_p(2|0)$ einen Sattelpunkt und geht unter einem Winkel von 135° durch den Ursprung. Geben Sie die Funktionsgleichung an.

5.51 Der zur y-Achse symmetrische Graph einer ganzrationalen Funktion 4. Grades geht durch $P(-3|1)$ und hat in $W(\sqrt{3}|3)$ einen Wendepunkt. Wie heißt die Funktionsgleichung?

5.52 Der zur y-Achse symmetrische Graph einer ganzrationalen Funktion 4. Grades besitzt einen Wendepunkt $W_p(1|1)$ mit R-L-Übergang. Bestimmen Sie die zugehörige Funktionsgleichung, wenn die Wendetangenten orthogonal zueinander sind.

5.53 Ermitteln Sie jeweils die Gleichung der ganzrationalen Funktion 5. Grades, deren Graph

a) sowohl im Ursprung als auch für $P(-1|-2)$ je einen Sattelpunkt aufweist;

b) die x-Achse bei $x_0 = 2$ berührt und im Ursprung eine *Wendenormale* $n_w(x) = \frac{1}{2}x$ hat.

5.3 Extremwertaufgaben mit Nebenbedingungen

Viele Fragestellungen naturwissenschaftlicher, technischer und auch nichttechnischer Art erfordern eine optimale (sprich wirtschaftliche) Lösung, d. h. es ist eine Maximierung bzw. Minimierung anzustreben.

Dazu ist oftmals hilfreich, den zu optimierenden Sachverhalt mittels *differenzierbarer* Funktion zu beschreiben und für den zugehörigen Funktionsgraphen die Abszisse zu ermitteln, für die sich ein Maximum oder ein Minimum ergibt.

Die Vorgehensweise entspricht einer *verkürzten* Kurvendiskussion. Die Nullstellen sind wegen des Definitionsbereichs bis zu einem gewissen Grade relevant; in erster Linie interessiert das Extremum, nicht dagegen ggf. existierende Wendestellen und auch nicht der Graph.

Beispiel 1

Zur Herstellung eines Blechbehälters mit quadratischer Grundfläche soll zunächst aus 21,3 m langem gleichschenkligem Winkelstahl ein umlaufender Versteifungsrahmen gefertigt werden. Es sind die Abmessungen (in mm) zu bestimmen, die ein maximales Behältervolumen gewährleisten.

Lösung: Aufgrund der in der Schemazeichnung (Abb. 5.18) eingeführten Variablen ergibt sich für das zu maximierende Volumen

$$V = x^2 y,$$

wobei V Funktion zweier Veränderlicher ist: $V = f(x, y)$.

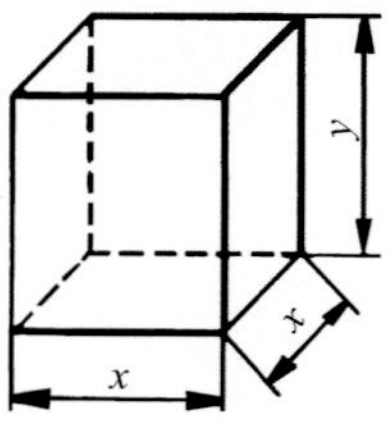

Abb. 5.18 Quadratischer Blechbehälter

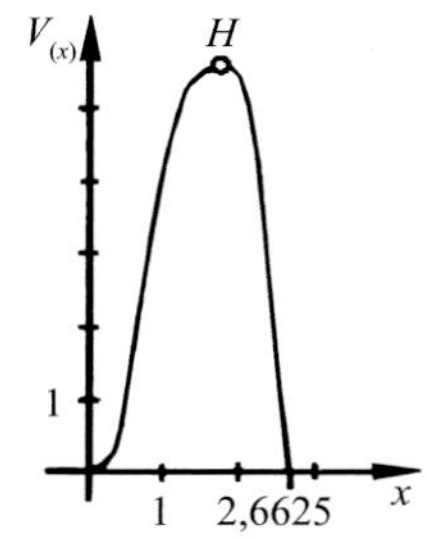

Abb. 5.19 Graph von f: $V(x) = -2x^3 + 5{,}325x^2$, $x \in \left[0; \frac{5{,}325}{2}\right]$

Mittels *Nebenbedingung* lässt sich eine Variable durch die andere beschreiben:

$$21{,}3 = 8x + 4y$$

damit

$$y = \frac{21{,}3 - 8x}{4} = -2x + 5{,}325.$$

Somit resultiert

$$V = x^2 \cdot (-2x + 5{,}325),$$

wobei nunmehr V Funktion einer Veränderlichen ist: $V = f(x)$;
also

$$V(x) = -2x^3 + 5{,}325x^2 \quad \text{(gelesen: } V \text{ von } x \text{ gleich } \ldots\text{)}.$$

Abbildung 5.19 zeigt den Funktionsgraphen.
Die *notwendige* Bedingung für Extrema führt auf

$$\begin{aligned} 0 = V'(x) = \frac{\mathrm{d}V}{\mathrm{d}x} &= -6x^2 + 10{,}65x \\ \Rightarrow \quad -6x^2 + 10{,}65x &= 0 \\ \Leftrightarrow \quad x = 0 \text{ (unsinnig)} &\vee x = 1{,}775. \end{aligned}$$

Die 2. Ableitung ergibt:

$$\begin{aligned} V''(x) = -12x + 10{,}65 \quad &\Rightarrow \quad V''(1{,}775) < 0 \\ &\Rightarrow \quad \text{Maximum für } x = 1{,}775; \end{aligned}$$

wegen der Nebenbedingung resultiert $y = -2 \cdot 1{,}775 + 5{,}325 \Rightarrow y = 1{,}775$. Der Behälter maximalen Volumens hat Würfelform mit einer Kantenlänge von $x = y = 1775\,\text{mm}$. Das maximale Volumen beträgt $V_{\text{max}} = 5{,}59\,\text{m}^3$, was der Ordinate des Hochpunktes entspricht.

Das **Lösungsschema** für Extremwertaufgaben lässt sich allgemein wie folgt angeben:

Lösungsschema

1. Soweit erforderlich, Skizze anfertigen und Variablen einführen.
2. Für die Größe, die ein Maximum oder Minimum annehmen soll, mit Hilfe der Variablen den funktionalen Zusammenhang erstellen. In der Regel ergeben sich Funktionen mehrerer Veränderlicher.
3. Mittels *Nebenbedingung(en)* den funktionalen Zusammenhang reduzieren auf eine Funktion mit *einer* Veränderlichen und den Definitionsbereich dieser Funktion angeben.
4. Abszisse des gesuchten Extremums bestimmen, also 1. Ableitung bilden und 0 setzen (*notwendige* Bedingung für Extrema).
5. Gegebenenfalls Nachweis bezüglich Maximum oder Minimum führen, also 2. Ableitung bilden (*hinreichende* Bedingung für Extrema). Dieser Nachweis kann unterbleiben, wenn sich die Sachlage aus dem Zusammenhang heraus eindeutig ergibt.
6. Die in der Aufgabenstellung enthaltenen Fragen beantworten.

Hinweis: Vorrangig die Extremstellen sind von Interesse. Insofern ist es erlaubt, die zu untersuchende Funktion – soweit möglich! – zu vereinfachen, indem man z. B. einen im Funktionsterm auftretenden konstanten Faktor wegfallen lässt oder gar das Quadrat der Funktion betrachtet: Die Extremstellen ändern sich dadurch nicht. Dafür ein weiteres Beispiel:

Beispiel 2

Aus einer Edelstahlblechabwicklung mit der Stärke $t = 5$ mm und konstruktiv bedingt vorgegebener Mantellinie von $s = \sqrt{6}$ dm soll ein kegelförmiger Trichter für eine Getreidetrocknungsanlage angefertigt werden. Durchmesser und Höhe des Trichters sind unter Vernachlässigung des Auslaufdurchmessers so anzugeben, dass das Volumen maximal wird.

Lösung: Gemäß der in Abb. 5.20 eingeführten Variablen ist das Volumen

$$V = \frac{1}{3} \cdot \frac{\pi x^2}{4} \cdot h;$$

die *Nebenbedingung* liefert $s^2 = (\frac{x}{2})^2 + h^2$ oder $h = \frac{1}{2} \cdot \sqrt{4s^2 - x^2}$.

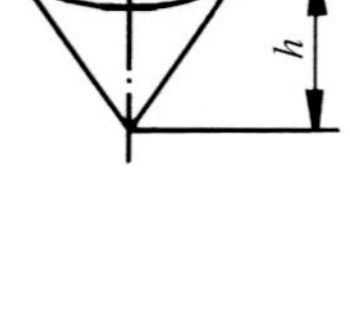

Abb. 5.20 Kegelförmiger Edelstahlbehälter

Somit resultiert

$$V(x) = \frac{\pi}{12}x^2 \cdot \frac{1}{2} \cdot \sqrt{4s^2 - x^2}$$

oder mit $s = \sqrt{6}\,\text{dm}$

$$V(x) = \frac{\pi}{24}x^2 \cdot \sqrt{24 - x^2},$$

wobei $x \in [0; \sqrt{24}]$ ist (wieso?).
Die Vereinfachung besteht darin, den konstanten Faktor $\frac{\pi}{24}$ des Funktionsterms wegfallen zu lassen und nachfolgende Ersatzfunktion zu betrachten:

$$\overline{V}(x) = x^2 \cdot \sqrt{24 - x^2}.$$

Diese Funktion kann mit den bislang dargestellten Differentiationsregeln nicht differenziert werden.
Ein „Trick“ hilft weiter, nämlich die quadrierte Funktion der weiteren Untersuchung zu unterziehen:

$$[\overline{V}(x)]^2 := Q(x) = x^4 \cdot (24 - x^2) \quad \text{oder}$$
$$Q(x) = -x^6 + 24x^4.$$

Die *notwendige* Bedingung für Extrema liefert

$$Q'(x) = \frac{\mathrm{d}Q}{\mathrm{d}x} = -6x^5 + 96x^3 = 0 \quad \Rightarrow \quad 6x^3(x^2 - 16) = 0;$$

man erhält $x_{1,2,3} = 0$, $x_4 = 4$ und $x_5 = -4$.
Der Trichter muss einen Durchmesser von $d := x = 4\,\text{dm}$ haben; seine Höhe ergibt sich aufgrund der Nebenbedingung zu $h = \sqrt{2}\,\text{dm}$.
Alternativlösung: Sie bestätigt einerseits die Richtigkeit obiger Vorgehensweise (Quadrieren!) und zeigt andererseits, dass es unerheblich ist, mittels welcher Variablen der funktionale Zusammenhang beschrieben wird.
Die Hauptbedingung $V = \frac{\pi}{12}x^2h$ kann mit der Nebenbedingung $s^2 = (\frac{x}{2})^2 + h^2 \Leftrightarrow x^2 = 4s^2 - 4h^2$ überführt werden in

$$V(h) = \frac{\pi}{12}(4s^2 - 4h^2) \cdot h \quad (\text{Achtung: } V = f(h))$$
$$\Rightarrow \quad V(h) = \frac{\pi}{3} \cdot (s^2 - h^2) \cdot h$$

oder mit $s = \sqrt{6}\,\text{dm}$

$$V(h) = \frac{\pi}{3} \cdot (6 - h^2)h.$$

Es genügt folgende Ersatzfunktion zu betrachten:

$$\overline{V}(h) = (6 - h^2) \cdot h = -h^3 + 6h.$$

Die *notwendige* Bedingung für Extrema liefert

$$\overline{V}'(h) = \frac{\mathrm{d}V}{\mathrm{d}h} = -3h^2 + 6 = 0 \quad \Leftrightarrow \quad h^2 = 2,$$

wobei nur die Lösung $h = +\sqrt{2}$ sinnvoll ist.

Aufgaben

5.54 In einer Stanzerei fallen quadratische Abfallstücke aus Messingblech (240 mm · 240 mm) an. Ein findiger Betriebsingenieur schlägt vor, hieraus durch Ausschneiden von Quadraten in den 4 Ecken, anschließendem Abkanten und Verlöten oben offene Kästchen herzustellen und auf den Markt zu bringen.

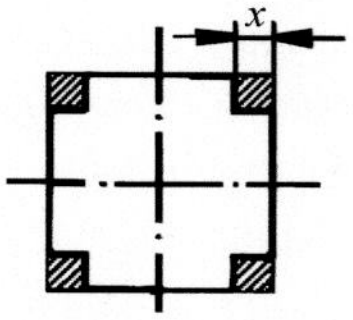

a) Berechnen Sie, für welche Abszisse x das Volumen maximal wird. Geben Sie die Abmessungen der Kästchen an.

b) Ermitteln Sie, welche Kästchen-Abmessungen sich bei gleicher Zielsetzung ergeben, wenn die Abfallstücke DIN-A4-Format (210 mm · 297 mm) haben.

c) Lösen Sie das Problem allgemein für Abfallstücke mit den Maßen $a \cdot b$.

5.55 Aus Karton (450 mm · 300 mm) werden durch Ausschneiden von Quadraten Halbzeuge gefertigt, aus denen sich Schachteln falten lassen, deren Deckel auf 3 Seiten übergreifen.

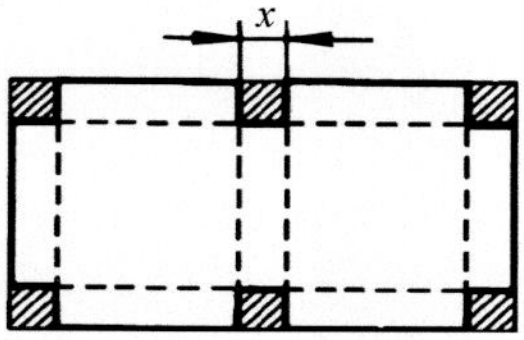

Bestimmen Sie die ein maximales Volumen gewährleistenden Schachtelabmessungen.

5.56 Oben offene Streichholzschachteln mit rechteckigem Querschnitt sollen wegen der besonderen Art von Zündhölzern zum Anzünden von Kaminholz bei einem geplanten Volumen von 0,54 ℓ eine Länge von 200 mm aufweisen. Ermitteln Sie die Abmessungen unter Einbezug der Hülle so, dass zur Herstellung minimaler Materialverbrauch ansteht.

Hinweis: Bei der Hülle ist zu berücksichtigen, dass für eine der beiden kleineren Flächen eine Materialüberlappung vorzunehmen ist. Toleranzen sollen außer Acht bleiben.

5.57 Ein Teegroßhändler vertreibt verschiedene seiner Teesorten in Büchsen aus Weißblech mit quadratischer Grundfläche und verschließt sie mit einem Kunststoffdeckel.

Geben Sie die Abmessungen an, wenn die Behälter bei minimalem Blechverbrauch ein Volumen von $1\,\ell$ aufweisen.

5.58 Ein Hausbesitzer plant den Anbau einer $18\,\text{m}^2$ großen Veranda, deren Dachgesims eine Holzverkleidung erhalten soll. Wie sind die Verandaabmessungen (Länge · Breite) zu wählen, wenn die umlaufende Holzattika wegen der Kosten eine minimale Länge aufweisen soll?
Hinweis: Die Veranda wird an einer Seite von der Hauswand begrenzt.

5.59 In den Service-Informationen der Deutschen Post AG (Stand: 07/2006) heißt es unter der Rubrik „DHL Päckchen" für den *internationalen* Versand von Päckchen in Rollenform, dass Länge plus zweifacher Durchmesser zusammen nicht mehr als 104 cm betragen dürfen.
Welches sind die ein Maximalvolumen gewährleistenden Abmessungen?

5.60 Aus gleicher Quelle ist zu entnehmen, dass quaderförmige Päckchen im internationalen Versand höchstens wie folgt abgemessen sein dürfen: „$L + B + H = 90$, keine Seite länger als 60 cm". Welche Maße sind zu empfehlen, wenn ein maximales Volumen erwünscht ist und sich aus verpackungstechnischen Gründen Länge zu Breite wie 3 : 2 verhalten sollen?

5.61 Kunststoff-Fenster werden zwecks besserer Steifigkeit mit einem Aluminium- oder Stahlkern versehen; aus diesem Grunde resultiert der Fensterpreis in erster Linie in Abhängigkeit von der Profillänge des Fensterrahmens.
Welche Abmessungen sollte man zweckmäßigerweise für ein rechteckiges Fenster wählen, das wegen der einfallenden Lichtmenge eine Fläche von $A = 2{,}25\,\text{m}^2$ haben müsste?

5.62 Welche Fensterabmessungen sind zu wählen, wenn das Fensterformat aus einem ringsum gerahmten Rechteck mit aufgesetztem Halbkreis besteht, für das Aufmaß eine Profillänge von 6 m zu Grunde gelegt und eine maximale Fensterfläche angestrebt wird?

5.63 Zwei Kondensatoren ergeben parallel geschaltet eine Gesamtkapazität von $C = C_1 + C_2 = 8\,\mu\text{F}$. Bestimmen Sie C_1 und C_2 so, dass bei *Reihenschaltung* die Gesamtkapazität maximal wird.
Hinweis: Reihenschaltung von Kondensatoren: $\frac{1}{C} = \frac{1}{C_1} + \frac{1}{C_2}$.

5.64 Mit einem Schneidwerkzeug sollen Bleche mit den Abmessungen $3\,\text{mm} \cdot 60\,\text{mm} \cdot 100\,\text{mm}$ mit je zwei Langlöchern versehen werden, die aus konstruktiven Gründen *zusammen* eine Fläche von $1400\,\text{mm}^2$ aufweisen müssen.

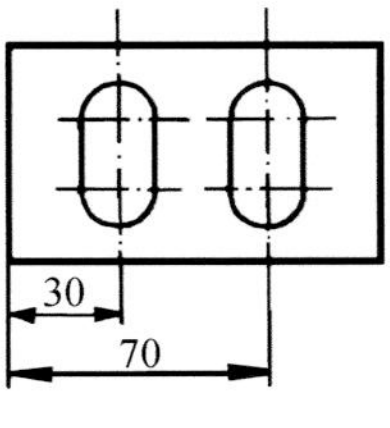

Wie sind die Abmessungen zu wählen, wenn die Schnittkante L wegen der damit in direktem Zusammenhang stehenden Schnittkräfte minimal sein soll?

5.65 Das Ergebnis der in Aufgabe 5.64 aufgeführten Problemstellung erfordert ein Umdenken: Es sollen nunmehr Langlöcher ausgeschnitten werden, die eine Rechteckform mit *einem* aufgesetzten Halbkreis aufweisen. Geben Sie die Abmessungen an, wenn die Zielsetzung (minimale Schnittkantenlänge!) dieselbe sein soll.

5.66 Durch Tiefziehen sollen 2-Liter-Kochtöpfe *ohne* Deckel hergestellt werden. Geben Sie die Abmessungen so an, dass der Materialverbrauch minimal wird.

5.67 Eine Firma stellt zylinderförmige Dosen mit Deckel her. Als Halbzeuge dienen Weißbleche mit einer Fläche von $A = 6\,\text{dm}^2$.

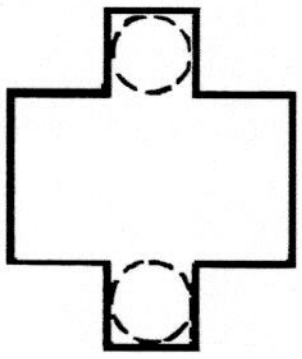

Bestimmen Sie die Dosenabmessungen für ein maximales Volumen.

5.68 Ein Erdtank zur Lagerung von leichtem Heizöl soll aus zwei halbkugelförmigen Spezialbetonschalen und einem Hohlzylinder gleichen Materials so gefertigt werden, dass sich ein Fassungsvermögen von 6000 Litern ergibt.
Wie sind die Abmessungen zu wählen, wenn wegen der erforderlichen Ummantelung mit glasfaserverstärktem Kunststoff die Oberfläche minimal sein soll?

5.69 Ein an seinen Enden frei aufliegender Balken mit rechteckigem Querschnitt $(b \cdot h)$ biegt sich bei gleichmäßig auf gesamter Länge verteilter Last umso weniger durch, je größer das Widerstandsmoment $W = \frac{1}{6}bh^2$ des Balkenquerschnitts ist.

a) Bestimmen Sie die Abmessungen des Balkens mit geringster Durchbiegung, der aus einem runden Holzstamm mit dem Durchmesser $d = 300\,\text{mm}$ herausgeschnitten werden kann.

b) Geben Sie allgemein das Verhältnis von Breite zu Höhe an.

c) Bewerten Sie in diesem Zusammenhang die folgende *Zimmermannsregel*:
„Trage im kreisförmigen Querschnitt des Baumstammes den Durchmesser mit Anfangspunkt A und Endpunkt B ein. Teile $\overline{AB}$ in drei gleiche Abschnitte und errichte in den Teilungspunkten jeweils die Senkrechte, im ersten Teilungspunkt nach oben, im zweiten Teilungspunkt nach unten abgetragen. Diese Senkrechten markieren zusammen mit der Peripherie des Kreises die Schnittpunkte C und D. $ABCD$ umreißt den Rechteckquerschnitt des auszuschneidenden Balkens mit optimaler Biegesteifigkeit."

5.70 Ein größeres Drehteil hat die Form eines Zylinders mit aufgesetztem Kegel und muss wegen erforderlicher Gewichtskraftbeschränkung ein Volumen von $V = 48\pi$ Litern aufweisen. Ermitteln Sie die Abmessungen für Kegel und Zylinder, wenn die Oberfläche wegen der daraus resultierenden Kosten für eine nachfolgende Oberflächenhärtung minimal sein soll und die Höhe des Kegels aus konstruktiven Gründen $\frac{2}{3}$ des Grundkreisdurchmessers zu betragen hat.

5.71 Ein Hersteller für Sonnenkollektoren und sog. Energiedächer will seine Erzeugnisse auf einer Fachmesse vorstellen. Zu diesem Zwecke wird ein Ausstellungspavillon in Form einer quadratischen Pyramide entworfen, der genügend Dachflächen bereitstellt ($A = 173{,}205\,\text{m}^2$).
Geben Sie die erforderlichen Abmessungen so an, dass das Innere des Pavillons für zusätzliche Aggregate und Informationsstände einen möglichst großen umbauten Raum gewährleistet.

5.72 Die Querschnittsfläche eines durch Regenwasser ausgewaschenen Straßengrabens kann angenähert als Parabelsegment mit der Funktionsgleichung $y = \frac{1}{8}x^2 - \frac{3}{2}$ aufgefasst werden.
Welche Abmessungen müsste der Graben erhalten, wenn er im Zuge einer Straßenverbreiterung rechteckig ausgemauert werden soll und ein maximaler Strömungsquerschnitt erwünscht ist?

5.73 Der Mantel eines Kegels entspricht einer Kreisausschnittsfläche mit Zentriwinkel φ. Wie groß muss φ gewählt werden, damit das Kegelvolumen maximal wird?
Hinweis: Beachten Sie, dass die Mantellinie konstant ist.

5.74 Eine Tunnelröhre, deren Querschnitt sich angenähert durch $f(x) = -\frac{1}{3}x^2 + 4$ symbolisieren lässt, soll wegen Baufälligkeit so ausgemauert werden, dass eine nunmehr rechteckige Durchfahrt mit maximaler Querschnittsfläche entsteht.

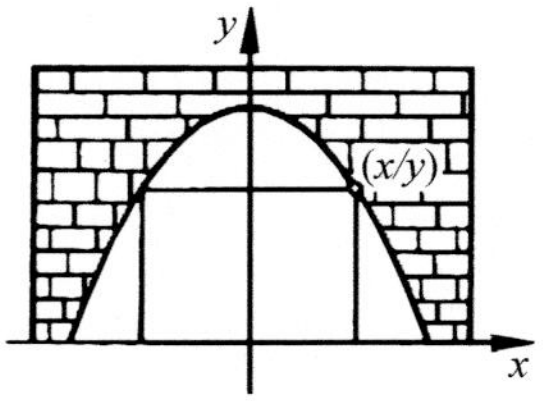

Geben Sie die Abmessungen des rechteckigen Tunnelquerschnitts an.

5.75 Bei der Planung einer Schwimmhalle wird beabsichtigt, eine der beiden parabelförmigen Giebelseiten so zu verglasen, dass sich eine möglichst große dreieckige Fensterfläche mit rechtem Winkel ergibt. Ermitteln Sie die Fenstermaße.

5.76 Das Bauamt einer Stadtverwaltung soll auf Beschluss des Stadtrates einen Bebauungsplan erstellen. Ein Eckgrundstück ist so einzubeziehen, dass ein Bauplatz von $1010\,\text{m}^2$ Größe ausgewiesen werden kann.

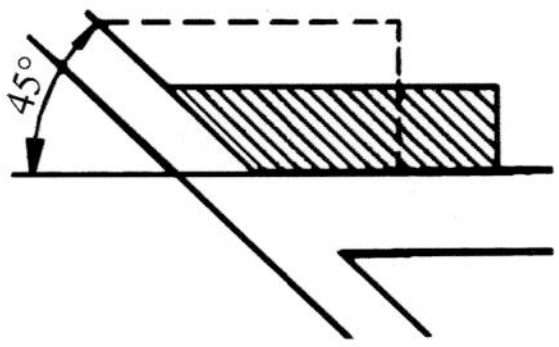

Legen Sie die Abmessungen für die beiden Straßenfronten so fest, dass sie wegen resultierender Straßenreinigungskosten minimal lang werden.
Hinweis: Eine mögliche Alternative ist gestrichelt angegeben.

5.77 Berechnen Sie, welcher Punkt der Parabel mit $f(x) = x^2 + 1$ am nächsten zu $P(3|1)$ liegt.
Hinweis: Entfernung $d = \sqrt{(y_1 - y_2)^2 + (x_1 - x_2)^2}$

5.78 Es ist $f(x) = \frac{4\sqrt{2}}{x^2}$, $x \in \mathbb{R}^+$. Welcher Punkt von G_f hat die kürzeste Entfernung zum Ursprung?

5.79 Durch $P(3|2)$ soll eine Gerade so hindurchgezeichnet werden, dass die von ihr sowie den Koordinatenachsen begrenzte Dreiecksfläche im 1. Quadranten des Koordinatensystems minimal wird. Bestimmen Sie rechnerisch die Funktionsgleichung dieser Geraden.

5.80 Es ist $f(x) = \frac{1}{27}x^3$, $x \in \mathbb{R}_0^+$. Bestimmen Sie $P \in G_f$ so, dass der Abschnitt, den die Normale in P auf der y-Achse abschneidet, ein Minimum wird.

5.4 Weitere Differentiationsregeln

5.4.1 Produktregel

Für differenzierbare Funktionen der Form $f(x) = u(x) \cdot v(x)$ gilt

$$f'(x) = u'(x) \cdot v(x) + u(x) \cdot v'(x) \quad \text{oder kürzer: } f' = u'v + uv' \quad \text{(Produktregel)}$$

Beispiel

Zu differenzieren ist die Funktion $y = f(x) = x^2 \cdot x^3$.

Lösung: Mit $u(x) = x^2 \Rightarrow u'(x) = 2x$ bzw. $v(x) = x^3 \Rightarrow v'(x) = 3x^2$ erschließt sich

$$y = x^2 \cdot x^3 \quad \Rightarrow \quad y' = 2x \cdot x^3 + x^2 \cdot 3x^2 \quad \text{oder} \quad y' = 5x^4,$$

was sich mittels *Potenzregel* bestätigt.

Aufgaben

5.81 Differenzieren Sie je einmal unter Anwendung der *Produktregel*:
a) $f_1(x) = (x^2 + 2)(x^3 - 1)$;
b) $f_2(x) = (1 - x^3)(x^3 - x^2)$;
c) $f_3(x) = (x^4 - 1)(x^4 - x^2 - 1)$.

5.82 Ebenso:
a) $f_1(x) = x\sqrt{x}$;
b) $f_2(x) = \sqrt{x}\sqrt[3]{x}$;
c) $f_3(x) = (\sqrt{x} + 1)(x - 1)$;

d) $f_4(x) = (x^2 - x + 1) \cdot \sqrt{x}$;
e) $f_5(x) = (x^2 - 2x)(\sqrt{x} - 1)$;
f) $f_6(x) = (\sqrt{x} + 1)(x^2 - 1)$.

5.83 Es gilt $(\sin x)' = \cos x$ bzw. $(\cos x)' = -\sin x$. Geben Sie die *1. Ableitungsfunktion* an für

a) $f_1(x) = x \cdot \sin x$;
b) $f_2(x) = x^2 \cdot \cos x$;
c) $f_3(x) = \sin x \cdot \cos x$;
d) $f_4(x) = \sin x - x \cdot \cos x$.

5.84 Ebenso, wenn gilt $(\mathrm{e}^x)' = \mathrm{e}^x$ (!) bzw. $(\ln x)' = \frac{1}{x}$:

a) $f_1(x) = x \cdot \ln x$;
b) $f_2(x) = x^2 \cdot \ln x$;
c) $f_3(x) = \dfrac{1}{x} \cdot \ln x$;
d) $f_4(x) = x \cdot \mathrm{e}^x$;
e) $f_5(x) = \mathrm{e}^x \cdot \sin x$;
f) $f_6(x) = \mathrm{e}^x \cdot \ln x$.

Hinweis: Die e-Funktion ist die einzige Funktion, deren Ableitung wiederum die e-Funktion ist, also $f(x) = \mathrm{e}^x$ dann ist $f'(x) = \mathrm{e}^x$.

5.4.2 Quotientenregel

Sie ist wichtig bei *gebrochen rationalen* Funktionen und lautet:

Für eine differenzierbare Funktion der Form $f(x) = \frac{u(x)}{v(x)}$ mit $v(x) \neq 0$ gilt:

$$f'(x) = \frac{u'(x)v(x) - u(x)v'(x)}{v^2(x)} \quad \text{oder kürzer: } f' = \frac{u'v - uv'}{v^2} \quad \text{(Quotientenregel)}$$

Beispiel

Zu bestimmen ist die *1. Ableitung* der Funktion $y = \frac{x}{x^2+1}$, $x \in \mathbb{R}$.

Lösung: Mit $u(x) = x \Rightarrow u'(x) = 1$ bzw. $v(x) = x^2 + 1 \Rightarrow v'(x) = 2x$ ergibt sich

$$y = \frac{x}{x^2+1} \quad \Rightarrow \quad y' = \frac{1 \cdot (x^2+1) - x \cdot 2x}{(x^2+1)^2} = \frac{-x^2+1}{(x^2+1)^2} \quad \text{oder}$$

$$y' = \frac{1 - x^2}{(1 + x^2)^2}.$$

Aufgaben

5.85 Differenzieren Sie je einmal mittels *Quotientenregel*:

a) $f_1(x) = \dfrac{x^2}{x^2 - 4}$;

b) $f_2(x) = \dfrac{x^3 - x + 1}{x^2}$;

c) $f_3(x) = \dfrac{x^4 - 1}{x^4 + 1}$;

d) $f_4(x) = \dfrac{1 + \sqrt{x}}{1 - \sqrt{x}}$.

5.86 Bilden Sie die *1. Ableitung* der Tangens- und der Kotangensfunktion.
Hinweis: Es gilt $\tan x := \frac{\sin x}{\cos x}$ bzw. $\cot x := \frac{\cos x}{\sin x}$.

5.87 Es ist $f(x) = \frac{2x}{x+1}$ mit $x \in \mathbb{R} \setminus \{-1\}$.
Geben Sie die Funktionsgleichung der Tangente in $B(1|y_B)$ an.

5.88 Es ist $f(x) = \frac{x+1}{x-1}$ mit $x \in \mathbb{R} \setminus \{1\}$.

a) In welchen Punkten berühren Geraden mit der Steigung $m = -2$ den Graphen von f?
b) Erstellen Sie die zugehörigen Tangentengleichungen.

5.89 Gegeben sind $f_1(x) = -\frac{3}{4}x^2 + c$ mit $x \in \mathbb{R}$ und $f_2(x) = \frac{3}{x-1}$ mit $x \in \mathbb{R} \setminus \{1\}$.

a) Berechnen Sie, für welche Abszisse x_0 beide Funktionsgraphen dieselbe Steigung haben.
b) Bestimmen Sie $c \in \mathbb{R}$ so, dass sich die beiden Graphen berühren.
c) Skizzieren Sie den für b) geltenden Sachverhalt.

5.4.3 Kettenregel

Diese bezieht sich auf verkettete oder zusammengesetzte (Tab. 5.1) Funktionen.

Beispiel

Die Funktion mit der Funktionsgleichung

$$y = F(x) = (3x - 1)^2$$

setzt sich zusammen aus einer Funktion $z := g(x) = 3x - 1$, auf die *danach* die Funktionsvorschrift $f(z) = z^2$ angewandt wird.

Also: Jeder Zahl $x \in \mathbb{R}$ ordnet man direkt einen Funktionswert $F(x) = (3x - 1)^2$ zu oder es wird

- zunächst $z = g(x) = 3x - 1$ ermittelt und
- dann $f(z) = z^2$ gebildet.

Tab. 5.1 Beispiele zusammengesetzter Funktionen

Zusammengesetzte Funktion F	Äußere Funktion f	Innere Funktion g
$F(x) = (2x-1)^3$	$f(z) = z^3$	$z = g(x) = 2x - 1$
$F(x) = \left(\frac{1-x}{1+x}\right)^2$	$f(z) = z^2$	$z = g(x) = \frac{1-x}{1+x}$
$F(x) = \sqrt{x^2-1}$	$f(z) = \sqrt{z}$	$z = g(x) = x^2 - 1$
$F(x) = \sin 2x$	$f(z) = \sin z$	$z = g(x) = 2x$
$F(x) = \ln \frac{1}{x}$	$f(z) = \ln z$	$z = g(x) = \frac{1}{x}$

Beides ergibt dasselbe Ergebnis; z. B. ist

$$F(1) = (3 \cdot 1 - 1)^2 = 4 \quad \text{oder aber}$$
$$z(1) = g(1) = 3 \cdot 1 - 1 = 2 \quad \Rightarrow \quad f(2) = 4.$$

Hinweis: Die Variable der äußeren Funktion mit z zu bezeichnen, dient lediglich zur Unterscheidung von der Variablen der inneren Funktion; man könnte auch wie gewohnt x verwenden.

Für die Differentiation zusammengesetzter Funktionen der Form $y = f[g(x)]$ mit $y = f(z)$ und $z = g(x)$ gilt:

$$y' = f'(z)g'(x) \quad \text{(Kettenregel).}$$

Andere Schreibweise:

$$y = f[g(x)] \quad \Rightarrow \quad \frac{\mathrm{d}y}{\mathrm{d}x} := y' = \frac{\mathrm{d}y}{\mathrm{d}z}\frac{\mathrm{d}z}{\mathrm{d}x}$$

► **Merkregel** Äußere Ableitung mal innere Ableitung.

Beispiel 1

Die Funktion $y = f(x) = (1-x)^2$ ist mittels Kettenregel abzuleiten.

Lösung: Es ist $y = f[g(x)] = (1-x)^2$ mit

$$f(z) = z^2 \quad \text{und} \quad z = g(x) = 1 - x; \quad \text{somit gilt}$$
$$f'(z) = 2z \quad \text{bzw.} \quad z' = g'(x) = -1$$

und schließlich

$$y' = f'(z) \cdot z' = 2z \cdot (-1) \quad \text{oder}$$
$$y' = 2(1-x) \cdot (-1) \quad \Leftrightarrow \quad y' = -2(1-x),$$

was sich auch durch Ausmultiplizieren von $y = (1-x)^2$ und anschließendes Differenzieren ergibt.

Beispiel 2

Ebenso für $y = \sqrt{x^2 - 1}$.

Lösung: Es ist $y = f[g(x)]$ mit

$$f(z) = \sqrt{z} \quad \text{und} \quad z = g(x) = x^2 - 1; \quad \text{somit gilt}$$
$$f'(z) = \frac{1}{2\sqrt{z}} \quad \text{bzw.} \quad z' = g'(x) = 2x$$

und schließlich

$$y' = f'(z) \cdot z' \quad \Rightarrow \quad y' = \frac{1}{2\sqrt{z}} \cdot 2x \quad \Rightarrow \quad y' = \frac{x}{\sqrt{x^2-1}}.$$

Hinweis: Mit etwas Übung kann auf die Zerlegung in Teilfunktionen verzichtet werden.

Aufgaben

5.90 Differenzieren Sie mittels Kettenregel:

a) $f_1(x) = (3x^2 - 4x)^2$;
b) $f_2(x) = (2x^2 - 1)^3$;
c) $f_3(x) = (x^2 - 3x - 1)^4$.

5.91 Ebenso:

a) $f_1(x) = \dfrac{2x}{(x+1)^2}$;

b) $f_2(x) = \dfrac{x^2}{(2x-1)^3}$;

c) $f_3(x) = \dfrac{(2x-1)^3}{(1-3x^2)^4}$;

d) $f_4(x) = \left(\dfrac{1+x}{1-x}\right)^2$;

e) $f_5(x) = \left(\dfrac{x^3}{x^2-1}\right)^2$.

5.92 Ebenso:

a) $f_1(x) = \sqrt{1-2x}$;

b) $f_2(x) = \sqrt{x^2-2x-3}$;

c) $f_3(x) = \sqrt{\dfrac{x+2}{x-3}}$;

d) $f_4(x) = 2x^3 \cdot \sqrt{3x-1}$;

e) $f_5(x) = \dfrac{x \cdot \sqrt{x-1}}{\sqrt{x+1}}$;

f) $f_6(x) = \sqrt{x - \sqrt{1-x}}$.

Ableitungen elementarer Funktionen (Übersicht)

In der folgenden Tabelle sind die Ableitungen einiger weiterer Grundfunktionen zusammengestellt:

	Funktion $f(x)$	Ableitungsfunktion $f'(x)$
Potenzfunktionen	ax^n	nax^{n-1}
Trigonometrische Funktionen	$\sin x$	$\cos x$
	$\cos x$	$-\sin x$
	$\tan x$	$\dfrac{1}{\cos^2 x} = 1 + \tan^2 x$
Zyklometrische Funktionen oder Arkusfunktionen	$\arcsin x$	$\dfrac{1}{\sqrt{1-x^2}}$
	$\arccos x$	$-\dfrac{1}{\sqrt{1-x^2}}$
	$\arctan x$	$\dfrac{1}{1+x^2}$
Exponentialfunktionen	e^x	e^x
	a^x	$a^x \cdot \ln a$
Logarithmusfunktionen (= Umkehrfunktionen der Exponentialfunktionen)	$\ln x$	$\dfrac{1}{x}$
	$\log_a x$	$\dfrac{1}{x \ln a}$

5.5 Kurvendiskussion gebrochen rationaler Funktionen

Mit Kenntnis von Quotienten- und Kettenregel lässt sich nun die Kurvenuntersuchung auf gebrochen rationale Funktionen übertragen. Neben der Bestimmung von Schnittpunkten mit den Koordinatenachsen, Extrem- und Wendepunkten ist eine Untersuchung hinsichtlich der Definitionslücken, Polstellen und Lücken des Funktionsgraphen sowie der Asymptoten notwendig.

Beispiel 1

Die Funktion $f(x) = \frac{2x}{x^2-1}$ ist zu untersuchen.

Lösung: Mit $y = \frac{P(x)}{Q(x)} := \frac{2x}{x^2-1}$ bietet sich folgendes Verlaufsschema der Kurvendiskussion an:

a) *Angabe des Definitionsbereichs*

Nenner $Q(x) = 0$: $x^2 - 1 = 0 \Leftrightarrow x = 1 \vee x = -1 \Rightarrow D_f = \mathbb{R} \setminus \{-1, +1\}$.

b) *Schnittpunkte mit den Koordinatenachsen*

y-Achse: $x = 0 \Rightarrow y = 0$

x-Achse: $y = 0 \Rightarrow x = 0$

$\Rightarrow$ Funktionsgraph geht durch den *Ursprung*.

c) *Polstellen und Lücken*

Die Definitionslücken $x = 1$ bzw. $x = -1$ liefern *keine Lücken* des Funktionsgraphen, weil die Linearfaktoren $(x - 1)$ bzw. $(x + 1)$ im Zählerpolynom $P(x)$ nicht auftreten.

Da die Nennerfunktion für $x \to -1$ bzw. $x \to +1$ verschwindet, die Zählerfunktion aber ungleich null ist, ergeben sich bei $x_p = -1$ und bei $x_p = +1$ Polstellen bzw. Polgeraden.

d) *Asymptoten*

Es müssen die Grenzwerte für $x \to \pm\infty$ bestimmt werden:

$$g_1 = \lim_{x\to+\infty} \frac{2x}{x^2-1} = \lim_{x\to+\infty} \frac{2}{x(1-\frac{1}{x^2})} = +0$$
$$g_2 = \lim_{x\to-\infty} \frac{2x}{x^2-1} = \lim_{x\to-\infty} \frac{2}{x(1-\frac{1}{x^2})} = -0$$

$\Rightarrow y_{\mathrm{A}} = 0$ ist Asymptote.

e) *Extrema*

$$f'(x) = \frac{2(x^2-1) - 2x \cdot 2x}{(x^2-1)^2} = -2\frac{x^2+1}{(x^2-1)^2};$$

die notwendige Bedingung für Extremstellen führt auf

$$x^2 + 1 = 0 \quad \Leftrightarrow \quad x^2 = -1 \quad \Rightarrow \quad \text{keine Extrema!}$$

f) *Wendepunkte*

$$f''(x) = -2 \cdot \frac{2x(x^2-1)^2 - (x^2+1) \cdot 2(x^2-1) \cdot 2x}{(x^2-1)^4} \quad \text{(kürzen!)}$$
$$f''(x) = -4\frac{x(x^2-1) - (x^2+1) \cdot 2x}{(x^2-1)^3} = -4\frac{-x^3-3x}{(x^2-1)^3};$$

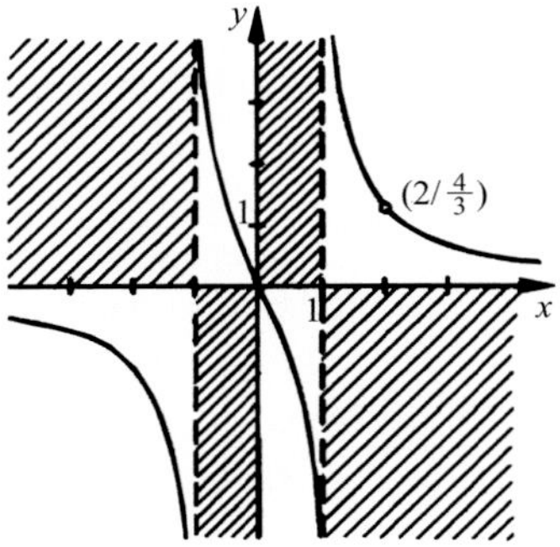

Abb. 5.21 Graph von $f(x) = \frac{2x}{x^2-1}$, $x \in \mathbb{R} \setminus \{-1, +1\}$

die notwendige Wendepunkte-Bedingung liefert

$$-x^3 - 3x = 0 \quad \Leftrightarrow \quad x(x^2 + 3) = 0.$$

Einzige Lösung ist $x_1 = 0$, denn $x_{2,3} \notin \mathbb{R}$, also $W(0|0)$.
g) *Graph*
Der qualitative Kurvenverlauf ergibt sich mittels *Gebietseinteilung*:

$$y = \frac{2x}{x^2 - 1} \quad \Leftrightarrow \quad y(x^2 - 1) = 2x \quad \Leftrightarrow \quad y(x+1)(x-1) = 2x;$$

beim Überschreiten der Geraden $x = -1$, $x = +1$ und $x = 0$ ändert y jedes Mal das Vorzeichen.
Da z. B. $f(2) = \frac{4}{3}$ existiert, resultieren „erlaubte" bzw. „verbotene" Gebiete unter Berücksichtigung des „Schachbretteffektes" wie in Abb. 5.21 zusammen mit dem Graphen dargestellt.
Hinweis: Der Funktionsgraph schneidet seine waagerechte Asymptote.
h) *Symmetrieverhalten*
Es gilt: $f(x) = \frac{2x}{x^2-1} = -\frac{2(-x)}{(-x)^2-1} = -f(-x)$, also liegt Punktsymmetrie bzgl. des Ursprungs vor.

Beispiel 2
Die Funktion $f(x) = \frac{2x^3-2x^2+2x}{x^3+x}$ ist zu untersuchen.

Verkürzte Lösung: a) *Angabe des Definitionsbereichs*
$Q(x) = 0$: $x^3 + x = 0 \Leftrightarrow x(x^2 + 1) = 0 \Rightarrow D_f = \mathbb{R} \setminus \{0\}$.
b) *Schnittpunkte mit den Koordinatenachsen*
y-Achse: $(x = 0)$ – Vorsicht! Grenzwertbetrachtung erforderlich, da unbestimmter Ausdruck $\frac{0}{0}$.
x-Achse: $y = 0 \Rightarrow x^3 - x^2 + x = 0 \Leftrightarrow x(x^2 - x + 1) = 0$; man erhält $x_1 = 0$, wobei $x_{2,3} \notin \mathbb{R}$.

c) *Polstellen und Lücken*
Für $x = 0$ werden sowohl der Zähler als auch der Nenner 0; die Definitionslücke liefert eine *Lücke* des Funktionsgraphen:

$$g_l = g_r = \lim_{x \to \pm 0} \frac{2x^3 - 2x^2 + 2x}{x^3 + x} = \lim_{x \to \pm 0} \frac{2x(x^2 - x + 1)}{x(x^2 + 1)} = 2$$

also Lücke für $L(0|2)$; keine Polstellen und keine Nullstelle bei $x_1 = 0$.
Hinweis: Zweckmäßigerweise wird mit dem gekürzten Funktionsterm weiter gerechnet.
d) *Asymptoten*
Bei dem Grenzwertübergang $x \to \pm\infty$ ist der Ausdruck mit der jeweils höchsten Potenz im Zähler und Nenner ausschlaggebend und bestimmend, also $\frac{2x^3}{x^3}$. Wenn jetzt durch x^3 gekürzt wird, bleibt 2 stehen. Dieses Ergebnis ist unabhängig, egal ob $x \to +\infty$ oder $x \to -\infty$ wandert.
$\Rightarrow y_A = 2$ ist Asymptote.
e) *Extrema*

$$0 = y' = 2 \cdot \frac{x^2 - 1}{(x^2 + 1)^2}$$
$$\Rightarrow \quad x^2 - 1 = 0 \quad \Leftrightarrow \quad (x + 1)(x - 1) = 0.$$

Man erhält $x_4 = 1$ mit Funktionswert $y_4 = 1$ und $x_5 = -1$ mit Funktionswert $y_5 = 3$.
Art der Extrema

$$y'' = 4x \frac{-x^2 + 3}{(x^2 + 1)^3}, \quad \text{also ist}$$
$$y''(1) = 1 > 0 \quad \Rightarrow \quad T(1|1) \quad \text{bzw.}$$
$$y''(-1) = -1 < 0 \quad \Rightarrow \quad H(-1|3).$$

f) *Wendepunkte*

$$0 = y'' = 4x \cdot \frac{-x^2 + 3}{(x^2 + 1)^3}$$
$$\Rightarrow \quad x(-x^2 + 3) = 0 \quad \Rightarrow \quad x = 0 \text{ (s. oben!)} \vee x^2 = 3.$$

Es ergeben sich $x_6 = \sqrt{3}$ und $x_7 = -\sqrt{3}$ mit Funktionswerten $y_6 \approx 1{,}13$ und $y_7 \approx 2{,}87$.
g) *Graph* Unter Berücksichtigung „erlaubter“ bzw. „verbotener“ Gebiete ergibt sich G_f qualitativ gemäß Abb. 5.22.
Hinweis: G_f ist nicht punktsymmetrisch zum Ursprung, aber punktsymmetrisch zu $P(0|2)$.

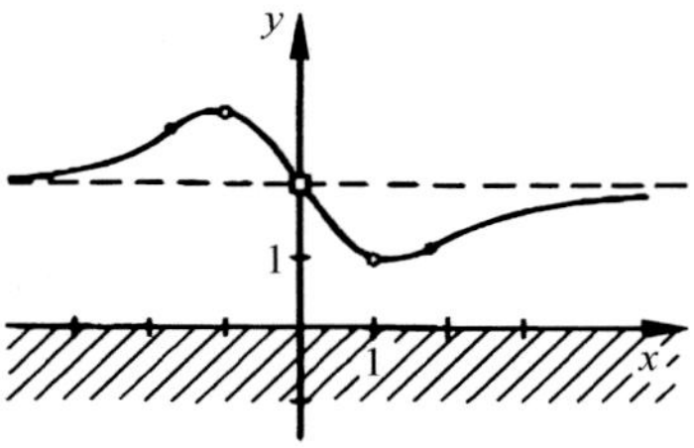

Abb. 5.22 Graph von $f(x) = \frac{2x^3-2x^2+2x}{x^3+x}$, $x \in \mathbb{R}^*$

Asymptotenkriterien Der Graph einer gebrochen rationalen Funktion mit vollständig gekürztem Funktionsterm hat genau dann eine schiefe Asymptote, wenn gilt:

► Der Grad des Zählerpolynoms $P(x)$ ist genau um 1 größer als der Grad des Nennerpolynoms $Q(x)$, also $n_P = n_Q + 1$.

Zusammenfassend nochmals die unterschiedlichen Fälle:

1. $n_P < n_Q \Rightarrow x$-Achse ist *waagerechte* Asymptote:

$$A(x) = 0.$$

Beispiele: $y = \frac{1}{x}$, $y = \frac{x^2-1}{x^3}$.

2. $n_P = n_Q \Rightarrow$ Parallele zur x-Achse ist *waagerechte* Asymptote:

$$A(x) = b \quad (b \in \mathbb{R}).$$

Beispiele: $y = \frac{2x-3}{3x+4} \Rightarrow A(x) = \frac{2}{3}$; $y = \frac{x^3-8}{2x^3} \Rightarrow A(x) = \frac{1}{2}$.

3. $n_P = n_Q + 1 \Rightarrow$ *schiefe* Asymptote (Polynomdivision):

$$A(x) = mx + b \quad (m \in \mathbb{R} \setminus \{0\}, b \in \mathbb{R}).$$

Beispiele: $y = \frac{x^3}{x^2-1} \Rightarrow A(x) = x$; $y = \frac{x^2+1}{x+1} \Rightarrow A(x) = x - 1$.

► Ist der Grad des Zählerpolynoms um mehr als 1 größer als der Grad des Nennerpolynoms, ergeben sich *keine* Asymptoten.

Aufgaben

5.93 Führen Sie Kurvendiskussionen durch:

a) $f_1(x) = \dfrac{1}{1-x^2}$;

b) $f_2(x) = \dfrac{2x}{x^2-9}$;

c) $f_3(x) = \dfrac{x^2-1}{x^2-4}$;

d) $f_4(x) = \dfrac{x^2 + x}{x^2 + x - 6}$;

e) $f_5(x) = \dfrac{4}{x^2 + 1}$;

f) $f_6(x) = \dfrac{x^2 - 9}{x^2 + 3}$;

g) $f_7(x) = \dfrac{36 - x^2}{12 + x^2}$;

h) $f_8(x) = \dfrac{x^2 + 4x + 4}{x^2 - 4x + 4}$.

5.94 Ebenso:

a) $f_1(x) = \dfrac{2x + 1}{x^2}$;

b) $f_2(x) = \dfrac{x^2 + x - 2}{x^2}$;

c) $f_3(x) = \dfrac{10x^2 - 10x - 20}{x^3}$;

d) $f_4(x) = \dfrac{x^2 + x - 6}{x^2 - 2x + 1}$;

e) $f_5(x) = \dfrac{x^2 - 2x}{x^2 - 1}$;

f) $f_6(x) = \dfrac{x^2 - x - 6}{x^2 + x - 6}$.

Hinweis: Die Funktionsgraphen schneiden ihre Asymptoten.

5.95 Ebenso:

a) $f_1(x) = \dfrac{x + 1}{x^3 - x^2 - 2x}$;

b) $f_2(x) = \dfrac{x^3 - 2x^2 + x}{x^3 - 2x^2 - x + 2}$;

c) $f_3(x) = \dfrac{x^4 + 18x^2 - 12}{x^3}$.

5.96 Es ist $f(x) = \frac{4x^2+4x-8}{x^2}$, $x \in \mathbb{R} \setminus \{0\}$.

a) Berechnen Sie, in welchem Punkt B eine Tangente parallel zur *1. Winkelhalbierenden* den Funktionsgraphen berührt.

b) In welchem Punkt S schneidet diese Tangente den Funktionsgraphen?

c) Stellen Sie den Sachverhalt graphisch dar, indem Sie eine für diese Problemstellung erforderliche Kurvendiskussion durchführen.

5.97 Führen Sie eine Kurvendiskussion durch:

a) $f_1(x) = \dfrac{x^2}{x - 1}$;

b) $f_2(x) = \dfrac{x^2 + 3x + 1}{x}$;

c) $f_3(x) = \dfrac{-x^2 + 3x - 3}{x - 2}$;

d) $f_4(x) = \dfrac{x^2 + 3x + 3}{x + 1}$;

e) $f_5(x) = \dfrac{-x^2 - 2x - 1}{x + 2}$;

f) $f_6(x) = \dfrac{x^2 - 2x + 1}{|x|}$.

5.98 Ebenso:

a) $f_1(x) = \dfrac{-x^3 + x^2 + 3x - 2}{x^2}$;

b) $f_2(x) = \dfrac{-3x^3 + 24}{4x^2 + 8x + 4}$;

c) $f_3(x) = \dfrac{x^3 + 3x^2 + 3x - 7}{x^2 + 4x + 4}$.

5.99 Eine Funktion der Form $y = \frac{ax^2+bx+c}{x}$ weist einen Funktionsgraphen auf, der durch $T(1|2)$ geht und keine Nullstellen besitzt.
Bestimmen Sie die Koeffizienten $a, b, c \in \mathbb{R}$ und führen Sie eine Kurvendiskussion durch.

5.100 Eine gebrochen rationale Funktion der Form $y = \frac{ax}{x^2+b}$ ist für $x \in \mathbb{R} \setminus \{-2, +2\}$ definiert.
Bestimmen Sie $a, b \in \mathbb{R}$ so, dass der Funktionsgraph im *Ursprung* eine Steigung von $m_0 = -\frac{3}{4}$ aufweist. Diskutieren Sie anschließend die Funktion.

5.101 Es ist $f(x) = \frac{ax^2+b}{x^2+c}$ mit $a, c \in \mathbb{R}, b > 0$.
Bestimmen Sie die Koeffizienten so, dass der Graph von f durch $P_1(-2|0)$ und $P_2(0|2)$ geht und einen Wendepunkt mit $x_W = +1$ aufweist. Führen Sie danach eine Kurvendiskussion durch.

5.102 Der Graph einer gebrochen rationalen Funktion mit $f(x) = \frac{ax^3+bx+c}{x^2}$ berührt die x-Achse für $x_1 = 1$ und geht durch $P(2|1)$. Diskutieren Sie die Funktion.

5.103 Gegeben ist die folgende Kostenfunktion:

$$K(x) = x^3 - 10x^2 + 42x + 24,$$

wobei die Variable x für die Produktionsmenge in 1000 Stück steht. Berechnen Sie, für welche Stückzahl x_{Bo} das Betriebsoptimum resultiert.
Hinweis: x_{Bo} ist die Ausbringungsmenge, für die die Stückkosten $k(x) = \frac{K(x)}{x}$ minimal werden.

5.104 Ein Testpilot lenkt einen Überschall-Jet aus großer Höhe kommend im Sturzflug der Erde zu, fängt ihn in bestimmter Höhe h_x ab und geht dann wieder in den Steigflug über. Den Beobachtern im Tower ergibt sich am Firmament eine Flugbahn, die der Computer unter bestimmten nicht näher zu erläuternden Voraussetzungen als

Funktion wie folgt beschreibt:

$$h(x) = \frac{x^3 - 10x^2 + 35x + 15}{x^2}, \quad x > 0$$

(Angaben in km, wobei die x-Achse den Horizont markiert.)
Errechnen Sie die gegen Grund gemessene Höhe h_x in Metern.

5.105 Die nachfolgende Funktion beschreibt als reduziertes mathematisches Modell unter verkehrsüblichen Größenzuordnungen verschiedener Parameter wie Bremsbeschleunigung, durchschnittliche Fahrzeuglänge, Sicherheitsabstand sowie Reaktionszeit die Verkehrsdichte D in Abhängigkeit von der Geschwindigkeit v:

$$D(v) = \frac{8v}{v^2 + 8v + 160}.$$

Die Geschwindigkeit $v \geq 0$ ist in m/s anzugeben; die Verkehrsdichte ergibt sich in 1/s.

a) Berechnen Sie, bei welcher Geschwindigkeit sich die größte Verkehrsdichte ergibt und geben Sie diese in *Fahrzeuge pro Stunde* an.

b) Ermitteln Sie zusätzlich die Wendestelle, skizzieren Sie den Graphen und begründen Sie das sich abzeichnende Grenzwertverhalten für $v \to \infty$.

5.106 Von einer 10 mm dicken Stahlblechtafel mit den Abmessungen 2000 mm · 1000 mm soll dreieckförmig die rechte untere Ecke abgeschnitten werden. Der gerade Schnitt ist aus konstruktiven Gründen so zu führen, dass er durch einen Punkt geht, der 1500 mm von der linken Breitseite und 300 mm von der unteren Längsseite entfernt liegt. Berechnen Sie Anfangs- und Endpunkt der Schnittführung, wenn das Abfallstück ein minimales Flächenmaß haben soll.
Hinweis: Rechnen Sie der Einfachheit halber in dm.

5.107 Für einen Kurgarten sollen Blumenbeete in Form von rechtwinkligen Dreiecken mit einer Beeteinfassung von jeweils 20 m Länge angelegt werden. Ermitteln Sie, welche Abmessungen erforderlich sind, wenn aus gartenarchitektonischen Gründen angestrebt wird, möglichst kurze Hypotenusen zu erhalten.

5.108 Das Querschnittprofil eines Bergwerkstollens entspricht angenähert dem Flächenstück, das vom Graphen der Funktion $f(x) = \frac{25-x^2}{8+x^2}$ sowie der Abszissenachse begrenzt wird (Angabe in m).
Der Stollen soll aus Sicherheitsgründen so ausgemauert werden, dass sich eine rechteckige Querschnittsfläche maximalen Inhalts ergibt. Geben Sie die Abmessungen an.

5.109 In einer Kathedrale ist ein 10,5 m hohes Chorfenster mit bedeutender Glasmalerei zu sehen, dessen unterer Rand sich 3,5 m über dem Fußboden befindet. Aus welcher Entfernung muss ein Kunstfreund (Augenhöhe: 1,5 m) dieses Werk betrachten, wenn er es unter möglichst großem Blickwinkel φ sehen will?

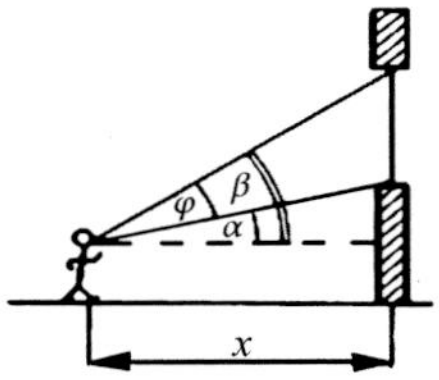

Hinweise

1. Erstellen Sie die Funktion $\tan\varphi = f(x)$. Sie sagt aus, wie sich φ in Abhängigkeit vom Betrachtungsabstand x ändert.
2. Es ist $\tan(\beta - \alpha) = \frac{\tan\beta - \tan\alpha}{1 + \tan\alpha \cdot \tan\beta}$.

5.110 In der Montagehalle eines Herstellers für Elektromotoren verschiedener Bauart sind eine Vielzahl von Monteuren mit der Montage diverser Motorteile beschäftigt. Wenn die Monteure Materialien und Werkzeuge benötigen, gehen sie zur Materialausgabestelle. Dort erfasst ein Beschäftigter die Daten am PC; er darf die Monteure nicht bedienen, das machen andere. Dabei kommt es immer wieder zu Wartezeiten, die sich durch folgende Funktion modellieren lassen:

$$t(x) = \frac{20}{x-1},$$

wobei x für die Gesamtanzahl der Beschäftigten in der Materialausgabe steht und sich $t(x)$ in Minuten ergibt.

Einem Unternehmensberater stehen weitere Daten zur Verfügung: Der Stundenlohn der Beschäftigten in der Materialausgabe beträgt 22 €, der der Monteure 32 €; 33 Monteure kommen durchschnittlich pro Stunde zur Materialausgabestelle.

a) Geben Sie die Wartezeit an, wenn zwei Beschäftigte (davon 1 Datenerfasser), tätig sind.
Begründen Sie die Einschränkung des Definitionsbereichs.

b) Erstellen Sie die Funktionsgleichung der gesamten personellen Materialausgabekosten und prognostizieren Sie rechnerisch belegt, wie viele Beschäftigte der Unternehmensberater vorschlägt in der Materialausgabe einzusetzen.

5.6 Kurvendiskussion trigonometrischer Funktionen

5.6.1 Die Ableitungen des Sinus und Kosinus

Sinus- und Kosinusfunktion ist gemeinsam, dass die Extremstellen der Sinusfunktion mit den Nullstellen der Kosinusfunktion zusammenfallen.

Es gilt:

$$y = \sin x \quad \Rightarrow \quad y' = \cos x.$$
$$y = \cos x \quad \Rightarrow \quad y' = -\sin x.$$

Die Ableitungen des Tangens und Kotangens

Wegen $\tan x := \frac{\sin x}{\cos x}$ und $\cot x := \frac{\cos x}{\sin x}$ lassen sich die Ableitungsfunktionen des Tangens und Kotangens mit Hilfe der *Quotientenregel* entwickeln:

Es gilt:

$$y = \tan x \quad \Rightarrow \quad y' = \frac{1}{\cos^2 x}.$$

$$y = \cot x \quad \Rightarrow \quad y' = -\frac{1}{\sin^2 x}.$$

Beispiel

Für $f(x) = \tan x,\ x \in \mathbb{R} \setminus [-\pi; +\pi]$, sind die Stellen des Funktionsgraphen mit der Steigung $m = 1$ zu errechnen.

Lösung:

$$y = \tan x \quad \Rightarrow \quad y' = \frac{1}{\cos^2 x}$$

$$m_t = 1, \quad \text{also } y' = 1 = \cos^2 x \quad \Rightarrow \quad \cos x = \pm 1,$$

also weist der Graph von f für $x_1 = 0$ sowie $x_{2,3} = \pm\pi$ eine Steigung von $m = 1$ auf.

► Die Tangenskurve schneidet für $x = k \cdot \pi$ mit $k \in \mathbb{Z}$ die x-Achse jeweils unter 45°.

Aufgaben

5.111 Berechnen Sie, in welchen Punkten und unter jeweils welchem Winkel sich im Intervall $]0; \frac{\pi}{2}[$ die Funktionsgraphen
a) der Tangens- und Kotangensfunktion;
b) der Sinus- und Kotangensfunktion;
c) der Kosinus- und Tangensfunktion schneiden.

5.112 Bilden Sie die 2. *Ableitung* der vier trigonometrischen Grundfunktionen und geben Sie den jeweiligen Definitionsbereich an.

5.113 Differenzieren Sie je einmal:
a) $f_1(x) = \sin 2x$;
b) $f_2(x) = -\cos 3x$;
c) $f_3(x) = \tan^2 x$;
d) $f_4(x) = \sin x^2$;
e) $f_5(x) = \cos \sqrt{x}$;
f) $f_6(x) = \sqrt{\cot 2x}$;
g) $f_7(x) = \sqrt{1 + \cos^2 x}$;
h) $f_8(x) = \sqrt{1 - \tan^2 x}$.

5.114 Ebenso:

a) $f_1(x) = x \cdot \sin x$;

b) $f_2(x) = x^2 \cdot \cos x$;

c) $f_3(x) = \sqrt{x} \cdot \tan x$;

d) $f_4(x) = \dfrac{-2 \cot x}{x}$;

e) $f_5(x) = \dfrac{\cos x}{1 - \sin x}$;

f) $f_6(x) = \dfrac{1 + 2 \cdot \sin x}{\cos x}$;

g) $f_7(x) = \dfrac{\sin^2 x}{\cos x}$;

h) $f_8(x) = \dfrac{\sin 2x + 1}{\sin 2x - 1}$.

5.6.2 Zusammengesetzte trigonometrische Funktionen

Für die in der Praxis häufig anzutreffenden und durch Überlagerung entstandenen *zusammengesetzten* trigonometrischen Funktionen ist eine nach bewährtem Schema ablaufende Kurvendiskussion erforderlich. Zusätzlich ist die Frage nach der *Periodizität* von Bedeutung. Aussagen hierüber erlauben es, sich bei der Kurvenuntersuchung auf *eine* Periodenlänge zu beschränken.

Beispiel

Die Funktion $f(x) = \sin 2x + 2 \sin x$ mit $x \in \mathbb{R}$ ist vollständig zu untersuchen.

Lösung: 1. *Schnittpunkte mit den Koordinaten-Achsen*

a) y-Achse: $x = 0 \Rightarrow y = 0$;

b) x-Achse: $y = 0$

$$\begin{aligned} \Rightarrow \quad \sin 2x + 2 \sin x &= 0 \\ 2 \sin x \cos x + 2 \sin x &= 0 \\ \sin x(\cos x + 1) &= 0. \end{aligned}$$

Es gilt $\sin x = 0 \Leftrightarrow x = k \cdot \pi \wedge k \in \mathbb{Z}$ oder $\cos x + 1 = 0$ $\Leftrightarrow x = (2k + 1) \cdot \pi \wedge k \in \mathbb{Z}$.

Die Periodizität beträgt 2π; man kann sich im Folgenden auf die Periodenlänge $[0; 2\pi]$ beschränken.

2. *Lage und Art der Extrema*

$$\begin{aligned} & 0 = y' = 2 \cdot \cos 2x + 2 \cdot \cos x \\ \Rightarrow \quad & \cos 2x + \cos x = 0 \quad \Leftrightarrow \quad 2 \cos^2 x - 1 + \cos x = 0 \\ \Leftrightarrow \quad & \cos^2 x + \frac{1}{2} \cos x - \frac{1}{2} = 0. \end{aligned}$$

Substitution $z := \cos x$ liefert

$$z^2 + \frac{1}{2}z - \frac{1}{2} = 0 \quad \Leftrightarrow \quad (z+1)\left(z - \frac{1}{2}\right) = 0,$$

also

$$\cos x + 1 = 0 \quad \Leftrightarrow \quad \cos x = -1;$$

man erhält $x_1 = \pi$ mit $y_1 = 0$.

$$\cos x - \frac{1}{2} = 0 \quad \Leftrightarrow \quad \cos x = \frac{1}{2};$$

es ergeben sich $x_2 = \frac{\pi}{3}$; $x_3 = \frac{5\pi}{3}$ mit $y_{2,3} \approx \pm 2{,}598$.

$$\begin{aligned} & y'' = 2 \cdot (-2\sin 2x - \sin x) \\ \Rightarrow \quad & y''(\pi) = 0 \quad \Rightarrow \quad \textit{kein} \text{ Extremum, sondern Sattelpunkt;} \\ \Rightarrow \quad & y''\left(\frac{\pi}{3}\right) < 0 \quad \Rightarrow \quad H\left(\frac{\pi}{3}; +2{,}598\right); \\ \Rightarrow \quad & y''\left(\frac{5\pi}{3}\right) > 0 \quad \Rightarrow \quad T\left(\frac{5\pi}{3}; -2{,}598\right). \end{aligned}$$

3. *Wendepunkte*

$$\begin{aligned} & 0 = y'' = 2 \cdot (-2\sin 2x - \sin x) \\ \Rightarrow \quad & 2\sin 2x + \sin x = 0 \quad \Leftrightarrow \quad 4\sin x \left(\cos x + \frac{1}{4}\right) = 0 \\ \Leftrightarrow \quad & \sin x = 0 \quad \text{oder} \quad \cos x = -\frac{1}{4}. \end{aligned}$$

Aus $\cos x = -\frac{1}{4}$ erhält man $x_{4,5} = \pi \pm 1{,}318$, d. h. $x_4 = 1{,}824$ mit $y_4 = 1{,}45$ bzw. $x_5 = 4{,}46$ mit $y_5 = -1{,}45$.

Im Intervall $[0; 2\pi]$ ergeben sich somit fünf Wendepunkte, einer davon ist Sattelpunkt bei $x_1 = \pi$.

4. *Graph*

Der Graph ist *punktsymmetrisch* zu den Wendepunkten mit den Abszissen $x_W = k \cdot \pi \wedge k \in \mathbb{Z}$ und ergibt sich durch Überlagerung – *Superposition* – der Graphen zu $g_1(x) = \sin 2x$ und $g_2(x) = 2\sin x$ (Abb. 5.23).

Aufgaben

5.115 Zur Berechnung der *effektiven Stromstärke* in der Wechselstromtechnik wird die reelle Funktion $f(x) = 2\sin^2 x$ verwandt. Führen Sie für f eine Kurvendiskussion durch.

5.116 Diskutieren Sie folgende Funktionen:

a) $f_1(x) = \sin 2x - 2\sin x$;

b) $f_2(x) = \sin^2 x - 2\sin x + 1$;

c) $f_3(x) = -\sin^2 x + \sin x + 2$.

Abb. 5.23 Graph von $f(x) = \sin 2x + 2\sin x$, $x \in [0; 2\pi]$

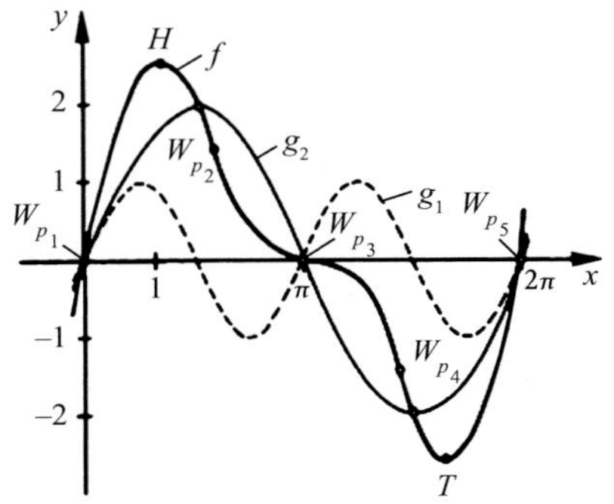

5.117 Ebenso:

a) $f_1(x) = \sin x + \cos x$;

b) $f_2(x) = \sin x - \cos x + 1$;

c) $f_3(x) = \cos 2x - 2\sin x$.

5.118 Ebenso:

a) $f_1(x) = x - \sin x$;

b) $f_2(x) = x + \sin 2x$.

5.119 Wählen Sie rechnerisch begründet den Basiswinkel α eines sog. Nurdach-Hauses so, dass die als gleichschenkliges Dreieck gestaltete Giebelseite bei vorgegebener Schenkellänge einen maximalen Flächeninhalt aufweist.

5.120 Auf einem kreisrunden öffentlichen Platz mit Radius r sollen Fahnenmasten so aufgestellt werden, dass diese in ihrer Gesamtheit die Begrenzungslinien eines einbeschriebenen gleichschenkligen Dreiecks bilden.

Berechnen Sie, welche Dreiecksabmessungen sich ergeben, wenn der Dreiecksumfang wegen der aufzustellenden Masten maximal sein soll.

5.121 Das Querschnittsprofil einer bestimmten Bauart eines Förderbandes entspricht dem eines regelmäßigen Trapezes und besteht aus einem horizontal geführten Gurt und zwei seitlich geneigten Gurten.

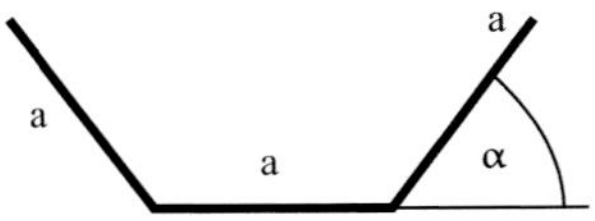

Ermitteln Sie den Neigungswinkel α so, dass während der Betriebsdauer möglichst viel Stückgut abtransportiert werden kann.

5.122 Um einen Körper mit der Gewichtskraft F_G auf einer Horizontalebene fortzubewegen, ist eine Kraft wie folgt erforderlich, wobei μ der Reibungskoeffizient ist:

$$F = \frac{\mu \cdot F_G}{\cos\alpha + \mu \cdot \sin\alpha}.$$

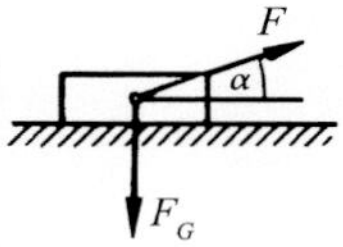

a) Unter welchem Winkel α muss die Kraft F angreifen, wenn sie minimal sein soll? Geben Sie das Ergebnis allgemein und für $\mu = 0{,}8$ an.
b) Leiten Sie die o. g. Gesetzmäßigkeit her.

5.123 In einem Haus geht ein 2,1 m breiter Korridor *rechtwinklig* über in einen nur noch 1,4 m breiten. Berechnen Sie, wie lang Gegenstände unter Vernachlässigung ihrer Tiefe höchstens sein dürfen, damit sie von einem Korridor in den anderen zu transportieren sind.

5.124 Bei der Konzeption eines Fahrstuhlschachts mit den Innenmaßen 2 m · 2 m gilt es zu berücksichtigen, dass für die Montage des Fahrstuhls Führungsschienen aus Edelstahl von jeweils 6 m Länge eingebracht werden sollen. Berechnen Sie, welche Höhe für den Einschnitt in der Mauer, der späteren Einstiegsöffnung, mindestens vorzusehen ist.
Hinweis: Der Schienenprofil-Querschnitt kann bei den Überlegungen unberücksichtigt bleiben.

5.125 Über einem runden Arbeitstisch mit dem Durchmesser $d = 2\,\text{m}$ soll mittig eine höhenverstellbare Leuchte angebracht werden. Die Beleuchtungsstärke E für den Randbereich des Tisches ergibt sich aufgrund physikalischer Gesetzmäßigkeiten zu

$$E = \frac{I}{s^2} \cdot \cos\alpha.$$

I steht für die Lichtstärke in *Candela* und E wird in cd/m^2 gemessen.
Das Maß s gibt die Entfernung der Leuchte zum Tischrand in Meter an, und α ist der im Bogenmaß anzugebende Winkel, den die zum Tischrand gerichteten Lichtstrahlen mit der Normalen des Tisches einschließen.

a) Zeigen Sie, dass sich die Zielfunktion konkret zu

$$E(\alpha) = I \cdot \sin^2\alpha \cdot \cos\alpha$$

ergibt.
b) Berechnen Sie, in welcher Höhe h über der Tischmitte die Leuchte hängen muss, damit die Arbeitsplätze am Tischrand eine möglichst hohe Lichtausbeute haben.

5.7 Exponentialfunktionen

5.7.1 Allgemeine Exponentialfunktionen

Merkmal: Die Variable x tritt als Exponent auf.

Reelle Funktionen der Form $f(x) = a \cdot b^x$ mit $a \in \mathbb{R} \setminus \{0\}$, $b \in \mathbb{R}^+ \setminus \{1\}$ heißen allgemeine *Exponentialfunktionen*.

Zur Klärung grundlegender Eigenschaften werden zunächst die reinen Exponentialfunktionen betrachtet.

Sonderfall: $a = 1$ (reine Exponentialfunktionen)
Alle Funktionsgraphen haben wegen $b^0 := 1$ den Ordinatenschnittpunkt $S_y(0|1)$.

Ansonsten ergeben sich abhängig von der Basis b zwei grundlegende Unterschiede:

1. $b > 1$: Abbildung 5.24 zeigt die Graphen von Exponentialfunktionen, wobei die e-Funktion gesondert betrachtet wird.
   Man erkennt, dass alle Funktionsgraphen
   a) sich bei fortschreitend kleiner werdenden Abszissen immer dichter an die x-Achse annähern, also asymptotisches Verhalten zeigen und
   b) insgesamt gesehen streng monoton steigend sind.

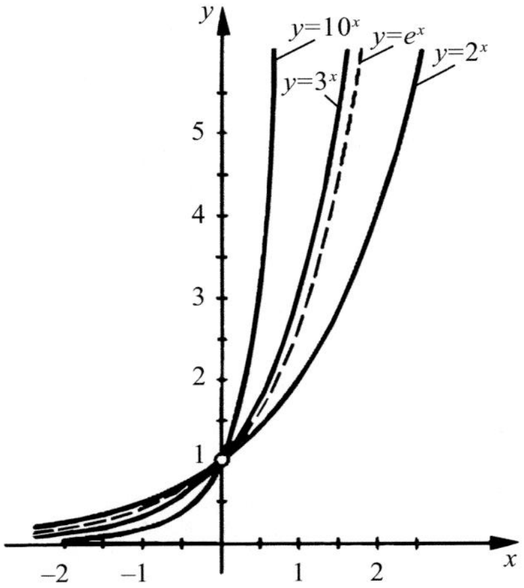

Abb. 5.24 Kurvenschar ausgewählter Exponentialfunktionen

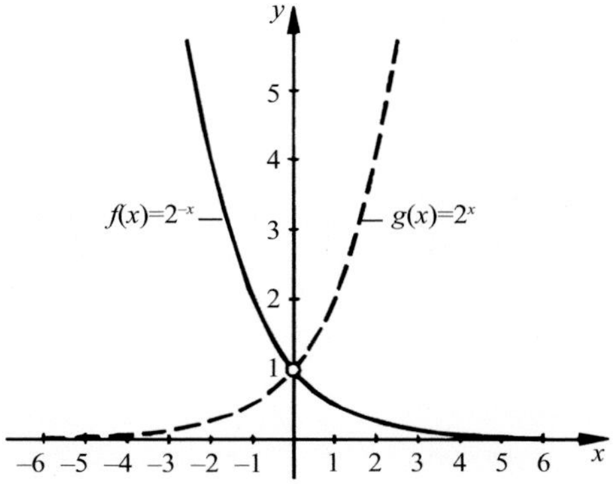

Abb. 5.25 Graphen von $f(x) = 2^{-x}$ und $g(x) = 2^x$

2. $0 < b < 1$: Beispiel:

$$b = \frac{1}{2}: \quad f(x) = \left(\frac{1}{2}\right)^x = (2^{-1})^x \quad \Rightarrow \quad f(x) = 2^{-x};$$

der Funktionsgraph geht aus dem Graphen zu $g(x) = 2^x$ durch Spiegelung an der y-Achse hervor (Abb. 5.25).

Verallgemeinerung: $a \neq 1$

Für $f(x) = a \cdot b^x$ mit $a \neq 1$ ergibt sich immer der Ordinatenschnittpunkt $S_y(0|a)$, da $b^0 = 1$.

Abhängig vom Parameter a gilt:

1. $0 < a < 1$:
   Funktionsgraph verläuft flacher als der der reinen Exponentialfunktion
2. $a > 1$:
   Funktionsgraph verläuft entsprechend steiler
3. $a < 0$:
   Spiegelung an der x-Achse

Aufgaben

5.126 Zeichnen Sie die Graphen folgender Funktionen mittels Wertetabelle in ein gemeinsames Koordinatensystem:

a) $f_1(x) = 3^{-x}$;

b) $f_2(x) = \left(\frac{1}{3}\right)^{-x}$;

c) $f_3(x) = \left(\frac{2}{5}\right)^{-x}$;

d) $f_4(x) = \left(\frac{5}{2}\right)^{-x}$.

5.127 Ebenso:

a) $f_1(x) = 3 \cdot 2^x$;

b) $f_2(x) = -\frac{1}{4} \cdot 2^{-x}$;

c) $f_3(x) = -2 \cdot 2^{x-2}$;

d) $f_4(x) = 4 \cdot \left(\frac{1}{3}\right)^{1-x}$.

5.7.2 Die e-Funktion

Exponentielles Wachstum: Zinseszinsrechnung

Es gilt *die* Gesetzmäßigkeit herauszufinden, wie sich ein Guthaben (=Anfangskapital) bei p % Zinseszinsen vermehrt, wenn die am Jahresende anfallenden Zinsen dem Startkapital zugeschlagen und in den darauf folgenden Jahren mitverzinst werden.

Anfangskapital: K_0

Kapital nach 1 Jahr: $K_1 = K_0 + \frac{K_0 p}{100} = K_0 \left(1 + \frac{p}{100}\right)$

Kapital nach 2 Jahren: $K_2 = K_1 + \frac{K_1 p}{100} = K_1 \left(1 + \frac{p}{100}\right) = K_0 \left(1 + \frac{p}{100}\right)^2$

⋮

Kapital nach n Jahren: $K_n = K_0 \left(1 + \frac{p}{100}\right)^n$

Ergebnis:

Ein Anfangskapital K_0, das n Jahre lang mit jährlich p % verzinst wird, wächst mit Zinseszinsen auf ein Endkapital

$$K_n = K_0 \left(1 + \frac{p}{100}\right)^n \quad \text{(Zinseszinsformel).}$$

Der konstante Quotient $1 + \frac{p}{100}$ heißt Aufzinsungsfaktor.

Letztendlich handelt es sich um eine Exponentialfunktion. Die Variable $n \in \mathbb{N}$ tritt als Exponent auf.

Beispiel

Einer Bank werden 7 Jahre lang 1200 € zur Verfügung gestellt und mit 5 % jährlich verzinst. Zu errechnen ist das durch die Zinseszinsen angewachsene Endkapital.

Lösung:

$$K_n = K_0 \left(1 + \frac{p}{100}\right)^n$$

$$\Rightarrow \quad K_7 = 1200\,€ \left(1 + \frac{5}{100}\right)^7 = 1200\,€ \cdot 1{,}05^7,$$

also $K_7 = 1688{,}52\,€$.

Aufgaben

5.128 Berechnen Sie, auf wie viel € folgende Guthaben bei Zahlung von Zinseszinsen anwachsen:

a) 720 € bei 3 % in 21 Jahren;

b) 825 € bei 4,5 % in 12 Jahren;

c) 650 € bei 8 % in 10 Jahren.

5.129 Auf welches Kapital wäre ein Cent am Ende des Jahres 2000 unter Vernachlässigung von Inflationen bzw. Änderungen des Währungsgefüges angewachsen, wenn er im Jahre Christi Geburt einer Bank bei 3 % Zinseszins zur Verfügung gestellt worden wäre?

5.130 Ein Landwirt will eines seiner Grundstücke als Baugelände verkaufen; vier Interessenten unterbreiten ihm dazu folgende Angebote:

A: 55.000 € bar auf die Hand;

B: 20.000 € bar, weitere 40.000 € nach 2 Jahren;

C: 5000 € bar, 10.000 € nach 1 Jahr, weitere 50.000 € nach 4 Jahren.

D: 10.000 € nach 1 Jahr, 10.000 € nach 3 Jahren und weitere 50.000 € nach 6 Jahren.

Klären Sie, welches Angebot zumindest finanziell am reizvollsten ist, wenn eine Verzinsung von 5 % zugrunde gelegt wird.

5.131 Berechnen Sie, welches Sparguthaben bei 4 % Zinseszins in 12 Jahren zum selben Endkapital anwächst wie 10.000 € bei 8 % Zinseszins in 6 Jahren. Wie groß ist das Endkapital?

5.132 Mit unterschiedlichem Zinssatz angelegtes Kapital hat sich verdoppelt, und zwar nach

a) 10 Jahren,

b) 15 Jahren,

c) 20 Jahren.

Berechnen Sie jeweils den über den gesamten Zeitraum festen Zinssatz der Geldanlagen.

5.133 Berechnen Sie, nach wie vielen Jahren sich ein Kapital verdoppelt bzw. verdreifacht, wenn Zinseszins wie folgt gezahlt wird:

a) 3 %;

b) 5 %;

c) 8 %.

Die e-Funktion

Exponentialfunktionen sind Funktionen, bei denen die unabhängige Variable im Exponenten einer Potenz auftritt: $y = f(x) = b^x$.

Ist speziell die Basis $b := \mathrm{e}$ (= Euler'sche Zahl), erhält man die wichtigste aller Exponentialfunktionen, die

$$\text{e-Funktion}: \quad f(x) = \mathrm{e}^x,$$

auch *natürliche Wachstumsfunktion* genannt.

Die Zahl e ist definiert als

$$\mathrm{e} := \lim_{n\to\infty}\left(1 + \frac{1}{n}\right)^n$$

Nach Erstellung einer Wertetabelle ergibt sich der in Abbildung 5.26 durchgezogen dargestellte Graph.

Er weist alle charakteristischen Merkmale reiner Exponentialfunktionen auf:

- geht durch $S_y(0|1)$;
- kommt der x-Achse bei immer kleiner werdenden Abszissen ($x = -10, -100, -1000, \ldots$) beliebig dicht nahe, berührt sie aber nicht;
- zeigt streng monoton steigendes Verhalten.

Abb. 5.26 Graphen von $f(x) = \mathrm{e}^x$ und $g(x) = \mathrm{e}^{-x}$

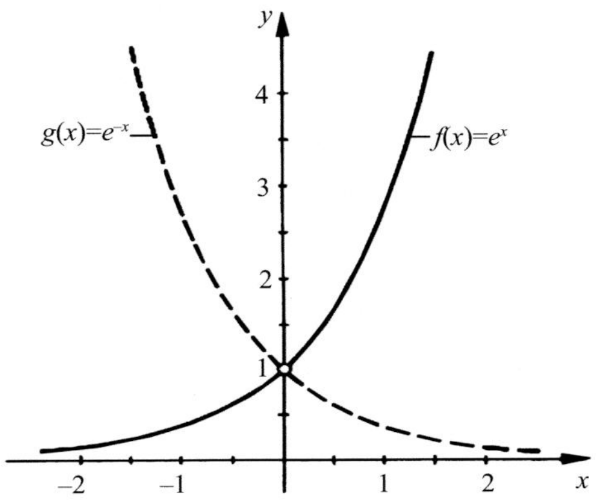

Die abgewandelte Funktion $g(x) = \mathrm{e}^{-x}$ ist die Basisfunktion für negatives natürliches Wachstum (= Zerfallsprozesse). Ihr Funktionsgraph, ebenfalls in Abb. 5.26 dargestellt, geht aus dem Schaubild der e-Funktion durch Spiegelung an der y-Achse hervor.

Verknüpfungen der beiden Grundfunktionen f und g aus Abb. 5.26 ergeben

Hyperbelfunktionen

$$h_1(x) = \sinh x := \frac{\mathrm{e}^x - \mathrm{e}^{-x}}{2} \qquad \text{(gelesen: Sinus hyperbolicus } x\text{);}$$
$$h_2(x) = \cosh x := \frac{\mathrm{e}^x + \mathrm{e}^{-x}}{2} \qquad \text{(gelesen: Kosinus hyperbolicus } x\text{);}$$
$$h_3(x) = \tanh x := \frac{\sinh x}{\cosh x} = \frac{\mathrm{e}^x - \mathrm{e}^{-x}}{\mathrm{e}^x + \mathrm{e}^{-x}} \qquad \text{(gelesen: Tangens hyperbolicus } x\text{);}$$
$$h_4(x) = \coth x := \frac{\cosh x}{\sinh x} = \frac{\mathrm{e}^x + \mathrm{e}^{-x}}{\mathrm{e}^x - \mathrm{e}^{-x}} \qquad \text{(gelesen: Kotangens hyberbolicus } x\text{).}$$

Von besonderem Interesse ist h_2, auch *Kettenfunktion* genannt.

Entsprechend heißt der Graph dazu *Kettenlinie*: Das Durchhängen von Gliederketten und Hochspannungsleitungen beispielsweise lässt sich mit dieser Funktion besser abbilden als es mit quadratischen Funktionen bzw. ihren Parabeln möglich wäre.

Aufgaben

5.134 Zeichnen Sie den Graphen von $f(x) = \mathrm{e}^x$ zusammen mit den Graphen folgender Funktionen mittels Wertetabelle in ein gemeinsames Koordinatensystem:

a) $f_1(x) = \frac{1}{2}\mathrm{e}^x$, $f_2(x) = -\frac{1}{4}\mathrm{e}^x$, $f_3(x) = 2\mathrm{e}^x$;

b) $f_4(x) = \mathrm{e}^{\frac{1}{2}x}$, $f_5(x) = \mathrm{e}^{\frac{3}{2}x}$;

c) $f_6(x) = \mathrm{e}^x + 2$, $f_7(x) = \mathrm{e}^x - 1$, $f_8(x) = 1 - \mathrm{e}^x$;

d) $f_9(x) = -\frac{1}{2}\mathrm{e}^x + 2$.

5.135 Ebenso für $g(x) = \mathrm{e}^{-x}$:

a) $g_1(x) = \frac{1}{4}\mathrm{e}^{-x}$, $g_2(x) = \frac{1}{2}\mathrm{e}^{-x}$, $g_3(x) = -2\mathrm{e}^{-x}$;

b) $g_4(x) = \mathrm{e}^{-\frac{1}{4}x}$, $g_5(x) = \mathrm{e}^{-\frac{5}{4}x}$;

c) $g_6(x) = \mathrm{e}^{-x} - 1$, $g_7(x) = \mathrm{e}^{-x} + 2$, $g_8(x) = 1 - \mathrm{e}^{-x}$;

d) $g_9(x) = -\frac{1}{4}\mathrm{e}^{-x} + 1$.

5.136 Skizzieren Sie die Graphen:

a) $f(x) = 2(1 - \mathrm{e}^{-\frac{1}{2}x})$;

b) $g(x) = 2\mathrm{e}^{-\frac{1}{4}x} - 1$.

5.137 Zeichnen Sie den Graphen der *Gaußfunktion* mit $f(x) = e^{-x^2}$, $x \in \mathbb{R}$.

5.138 Eine 250-kV-Freileitung soll so konzipiert werden, dass diese zwischen 30 m hohen im Abstand von jeweils 200 m stehenden Masten an Isolatoren befestigt aufgehängt wird. Ein mit der Projektionierung beauftragter Ingenieur hält es für sinnvoll, das durchhängende Seil durch die Hyperbelfunktion $h(x) = 350 \cdot \cosh \frac{x}{350} - 335$ modellieren zu können. Hat er recht damit?

5.7.3 Wachstum und Zerfall

Die Wachstumsformel

Sie lässt sich allgemein wie folgt angeben:

$$f(x) = a \cdot e^{r \cdot x} \quad \text{mit } a \in \mathbb{R}^+, r \in \mathbb{R}^+, x \in \mathbb{R}_0^+.$$

Hierbei steht a für einen beliebigen positiven *Anfangswert* und

$$r := \frac{p}{100}$$

für die *Wachstumsrate*.

Hinweis: r kann auch für eine spezielle anwendungsbezogene mit Einheit belegte Konstante stehen.

Abbildung 5.27 zeigt eine Wachstumskurve, deren Steilheit von der Wachstumsrate abhängt. Die Einschränkung des Definitionsbereichs ergibt sich aus dem Anwendungsbezug.

Hinweis: In der Anwendung wird die unabhängige Variable x oftmals mit dem Buchstaben t belegt, da viele Wachstumsprozesse *zeitabhängig* sind.

Abb. 5.27 Wachstumskurve

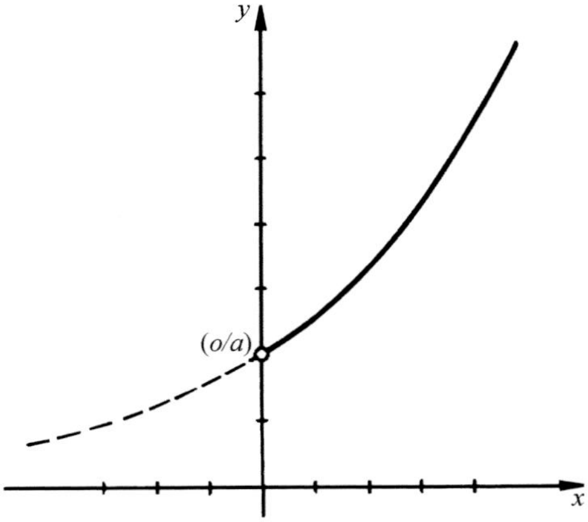

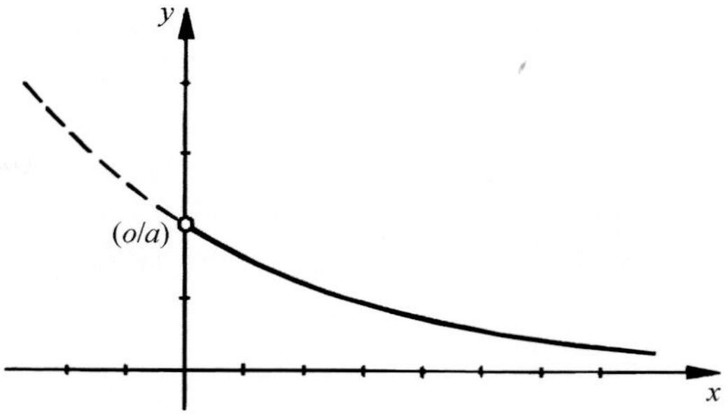

Abb. 5.28 Zerfallskurve

Die Zerfallsformel

Für *negatives* Wachstum, also Abkling-, Dämpfungs-, Zerfallsprozesse kommt die *Zerfallsrate* $(-r)$ zum Tragen.

Allgemein gilt

$$g(x) = a \cdot \mathrm{e}^{-r \cdot x} \quad \text{mit } a \in \mathbb{R}^+, r \in \mathbb{R}^+, x \in \mathbb{R}_0^+.$$

Ein Vergleich der beiden Kurven (Abb. 5.27 und 5.28) verdeutlicht den Unterschied beider Prozesse: Er ist im *Minus*-Zeichen des Exponenten begründet.

Sonderfall: $a = 1$ und $r = 1$
Es ergeben sich die klassischen Funktionen $y = \mathrm{e}^x$ bzw. $y = \mathrm{e}^{-x}$.

Aufgaben

5.139 Bei der Holzvorratsinventur eines Mischwaldes wurde der Holzbestand auf 12.000 Festmeter Holz geschätzt, 10 Jahre später auf 15.000 Festmeter.
Berechnen Sie, wie viele Jahre nach der 2. Inventur 20.000 Festmeter Holz zu erwarten sind.

5.140 Der radioaktive Zerfall lässt sich in Abhängigkeit von der Zeit wie folgt beschreiben:

$$n_t = n_0 \cdot \mathrm{e}^{-\lambda \cdot t} \quad \text{mit } \lambda := \frac{\ln 2}{T}.$$

Dabei steht n_0 für die Anzahl der unzerfallenen Kernbausteine und λ ist die von der Halbwertzeit T abhängige Zerfallskonstante.

a) Berechnen Sie die Zerfallskonstante für Uran 238 (Halbwertzeit: $T = 4{,}5 \cdot 10^9$ Jahre).
b) Wie viele Jahre dauert es etwa, bis 1 % des strahlenden Materials zerfallen ist?

5.141 Auf einer Apfelplantage bestimmter Größe wird kurz vor der Ernte ein Pflanzenschutzmittel gespritzt, das 50 kg Biozide enthält, die sich innerhalb von 8 Tagen auf 20 % abbauen. Berechnen Sie, wie viele Tage nach dem Spritzen die Ernte vorgenommen werden darf, wenn zu Erntebeginn nur noch ein Restbestand von 1 kg Biozid auf der Plantage vorhanden sein darf.

5.142 Bei der Entladung eines Kondensators mit der Kapazität C (in *Farad* gemessen: $1\,\mathrm{F} = 1\,\mathrm{A\,s/V}$) über einem Ohm'schen Widerstand R sinkt die Kondensatorspannung U_0 in Abhängigkeit von der Zeit t nach folgender Gesetzmäßigkeit ab:

$$U(t) = U_0 \cdot \mathrm{e}^{-\frac{1}{CR} \cdot t}.$$

Der Faktor CR liefert die *Abklingzeit*, eine für den Stromkreis relevante Zeitkonstante.

a) Bestimmen Sie die Abklingzeit $\tau := CR$ für $C = 1\,\mu\mathrm{F}$ und $R = 5\,\mathrm{M\Omega}$.

b) Geben Sie für diesen speziellen Fall und unter Berücksichtigung einer Kondensatorspannung von 230 V die konkrete Funktionsgleichung an. Skizzieren Sie den graphischen Verlauf.

c) Nach welcher Zeit ist die Kondensatorspannung auf 55 V abgesunken?

d) Für den Entladestrom gilt gemäß Ohm'schem Gesetz

$$I(t) = \frac{U_0}{R} \cdot \mathrm{e}^{-\frac{1}{CR} \cdot t}.$$

Berechnen Sie den nach $t = 0{,}5\,\mathrm{s}$ fließenden Strom in mA.

5.143 Der Luftdruck verändert sich in Abhängigkeit von der Höhe h bei konstanter Temperatur gemäß *barometrischer Höhenformel*

$$p(h) = p_0 \mathrm{e}^{-\frac{\rho_0}{p_0} g \cdot h}.$$

Dabei ist p_0 der auf Meereshöhe ($h = 0$) herrschende Druck der Dichte ρ_0, und $g \approx 9{,}81\,\mathrm{m/s^2}$ ist die Fallbeschleunigung.

Für z. B. 0 °C gilt dann $p(h) \approx 1{,}013\,\mathrm{bar} \cdot \mathrm{e}^{-0{,}125h}$, wenn h in km eingesetzt wird.

a) Bestimmen Sie die Abklingkonstante $k := \frac{\rho_0 \cdot g}{p_0}$ unter Mitführung der Einheiten.

b) Berechnen Sie die Höhe des Luftdrucks auf der Zugspitze ($h = 2963\,\mathrm{m}$).

c) In welcher Höhe ist der Luftdruck etwa auf die Hälfte abgesunken?

5.144 Grünen Tee sinnvoll zubereiten, heißt kochendes Wasser auf 80 °C abkühlen lassen, dann die Teeblätter damit übergießen, je nach Geschmack 2–4 Minuten ziehen lassen und anschließend in ein Aufbewahrungsgefäß abgießen.

Wie viele Minuten *nach* Bereitstellung kochenden Wassers und 2-minütigem Ziehen ist der Tee trinkfähig (40 °C), wenn die Abkühlung von 100 °C auf 80 °C bei Raumtemperatur (20 °C) etwa 5 Minuten dauert und unterstellt wird, dass die Abkühlung gemäß *Newton*'scher Abkühlungsfunktion erfolgt, die da lautet

$$T(t) = (T_0 - T_\mathrm{u}) \cdot \mathrm{e}^{-k \cdot t} + T_\mathrm{u}.$$

T_0, T_u: Anfangs-, Umgebungstemperatur; t: Zeit in Minuten, k: Abkühlungskoeffizient in $\frac{1}{\min}$.

5.145 In der Forschungsabteilung eines Automobil-Zulieferers wird für Bremssysteme bestimmter Bauart eine neue Bremsflüssigkeit entwickelt, die einen hohen Siedepunkt besitzen und nach Bremsvorgängen schnell wieder abkühlen soll.
Im Labor mit einer Umgebungstemperatur T_u kühlt sich eine Bremsflüssigkeitsprobe in einem Gefäß kontinuierlich ab, Messprotokoll:

Zeit t in min	0	5	10
Temperatur T in °C	100	60	40

a) Ermitteln Sie auf der Basis *Newton*'scher Abkühlungsgesetzmäßigkeit die Funktion, die den Abkühlungsprozess der Bremsflüssigkeit modelliert. Geben Sie T_u an.
Hinweis: $e^{-10k} = (e^{-5k})^2$.

b) Berechnen Sie, welche Temperatur die Bremsflüssigkeit nach einer halben Stunde besitzt und nach wie viel Minuten sie sich auf 50 °C abgekühlt hat.

5.146 In einem Ingenieurbüro für Wasserwirtschaft ist ein System entwickelt worden, das aus fließenden Abwässern Wärme gewinnt. Mit Hilfe eines so genannten Gegenstromwärmetauschers wird die im Abwasser befindliche Wärme an eine kältere Flüssigkeit abgegeben, die in einem angrenzenden nicht isolierten Rohrsystem im Gegenstrom fließt.
Im konkreten Fall soll der Wärmetauscher rechnerisch untersucht werden.
Die *Abkühlung* des Abwassers lässt sich relativ gut modellieren mit der Funktionsgleichung

$$f_1(x) = 20 \cdot (1 + 2 \cdot e^{-0{,}2x}),$$

wobei $f_1(x)$ in °C und die Strecke x in m gemessen werden.
Das *Aufwärmen* der kälteren Flüssigkeit kann nach Auswertung der im Ingenieurbüro ermittelten Messdaten durch folgende *Aufwärmfunktion* beschrieben werden:

$$f_2(x) = 40 \cdot (1 - e^{-0{,}1x}),$$

wiederum $f_2(x)$ in °C und Strecke x in Metern angegeben.

a) Ermitteln Sie für jede der beiden Temperaturfunktionen bzw. ihre Graphen die Schnittpunkte mit den Koordinatenachsen.
Berechnen Sie den für den technischen Sachverhalt wichtigen gemeinsamen Schnittpunkt der beiden Funktionsgraphen.
Hinweis: Es gilt $e^{-0{,}2 \cdot x} = (e^{-0{,}1 \cdot x})^2$.

b) Wählen Sie einen der Anwendung entsprechenden Definitionsbereich und stellen Sie beide Funktionsgraphen unter Bestimmung des jeweiligen asymptotischen Verhaltens in einem gemeinsamen Schaubild bei sinnvoller Skalierung graphisch dar.

5.7.4 Kurvendiskussion verknüpfter e-Funktionen

Es werden e-Funktionen betrachtet, die multiplikativ mit Polynomfunktionen verknüpft sind:

$$f(x) = P(x)e^x \quad \text{bzw.} \quad g(x) = P(x)e^{-x}$$

Die Kurvendiskussion – eingeschränkt auf lineare und quadratische Polynome – läuft nach dem bekanntem Schema ab:

1. *Schnittpunkte mit den Koordinatenachsen*
   Beispiele:

$$\begin{aligned} f_1(x) &= x \cdot e^x && \Rightarrow \quad \text{Graph geht durch den Ursprung;} \\ f_2(x) &= (2x-1) \cdot e^x && \Rightarrow \quad S_y(0|-1), S_x(0{,}5|0); \\ f_3(x) &= (x^2 - x - 2) \cdot e^{-x} && \Rightarrow \quad S_y(0|-2), S_{x1}(-1|0) \text{ und } S_{x2}(2|0). \end{aligned}$$

2. *Extrema und Wendepunkte*
   Wichtig: $(e^x)' = e^x$.
   Die Differentiation von f und g erfolgt mittels Produktregel; bei g kommt die Kettenregel dazu:

$$\begin{aligned} & f(x) = P(x)e^x && g(x) = P(x)e^{-x} \\ \Rightarrow \quad & f'(x) = P'(x)e^x + P(x)(e^x)' && g'(x) = P'(x)e^{-x} + P(x)(-e^{-x})' \\ & \qquad = P'(x)e^x + P(x)(e^x) && \qquad = P'(x)e^{-x} + P(x)(e^{-x})(-1) \\ & f'(x) = [P'(x) + P(x)]e^x && g'(x) = [P'(x) - P(x)]e^{-x} \end{aligned}$$

   Beispiele:

$$f(x) = (4x-3) \cdot e^x \quad \Rightarrow \quad f'(x) = [4 + (4x-3)] \cdot e^x = (4x+1) \cdot e^x,$$

   also Extremstelle für $x_E = -\frac{1}{4}$;

$$g(x) = (3x-4) \cdot e^{-x} \quad \Rightarrow \quad g'(x) = [3 - (3x-4)] \cdot e^{-x} = (-3x+7) \cdot e^{-x},$$

   also Extremstelle für $x_E = \frac{7}{3}$.
   Hinweis: Schrittweises Vorgehen unter Anwendung von Produkt- und ggf. Kettenregel ist auch möglich.
3. *Graph*
   Die Schnittpunkte mit den Koordinatenachsen, Extrem- und Wendepunkte liefern auch hier die Basis für den Funktionsverlauf. Das Grenzwertverhalten für $x \to \pm\infty$ mit Rückschlüssen auf asymptotisches Verhalten ermöglicht dann, den qualitativen Kurvenverlauf zu skizzieren.

Hierbei sind mehrere Fälle zu unterscheiden, abhängig davon, ob das Polynom $P(x)$

- linear (bzw. ungerade) oder quadratisch (bzw. gerade) ist,
- einen positiven oder negativen Koeffizienten ($= K$) enthält,
- multiplikativ mit dem Term e^x oder e^{-x} verknüpft ist.

In nachfolgender Tabelle sind die Möglichkeiten für *Polynome 1. Grades* zusammengefasst.

$P(x)$ ist 1. Grades	$P(x)$ mit *negativem* K		$P(x)$ mit *positivem* K	
$f(x) = P(x) \cdot e^x$	$\lim_{x\to-\infty} f(x) = +0$	$\lim_{x\to+\infty} f(x) = -\infty$	$\lim_{x\to-\infty} f(x) = -0$	$\lim_{x\to+\infty} f(x) = +\infty$
$g(x) = P(x) \cdot e^{-x}$	$\lim_{x\to-\infty} g(x) = +\infty$	$\lim_{x\to+\infty} g(x) = -0$	$\lim_{x\to-\infty} g(x) = -\infty$	$\lim_{x\to+\infty} g(x) = +0$

Beispiel

Die Funktion $f(x) = (3 - 2x) \cdot e^x$ soll untersucht werden.

Lösung: 1. *Schnittpunkte mit den Koordinatenachsen*

$$S_y(0|3), \quad S_x(1{,}5|0);$$

2. *Extrempunkte*

$$f'(x) = (-2) \cdot e^x + (3 - 2x) \cdot e^x = (-2x + 1) \cdot e^x = 0$$

also $E(0{,}5|2\sqrt{e})$.

3. *Wendepunkte*

$$f''(x) = (-2) \cdot e^x + (-2x + 1) \cdot e^x = (-2x - 1) \cdot e^x = 0$$

also $W(-0{,}5|\frac{4}{\sqrt{e}})$.

Art des Extremums: $f''(0{,}5) = -3{,}3 < 0 \Rightarrow E$ ist Hochpunkt.

4. *Asymptotisches Verhalten* (s. obige Tabelle)

Für $x \to -\infty$ asymptotische Annäherung an die x-Achse $(+0)$ *und* $y \to -\infty$ für $x \to \infty$.

5. *Graph* (Aufgabe!)

Aufgaben

5.147 Führen Sie eine Kurvendiskussion durch für $f(x) = (x - 2) \cdot e^x$, bestimmen Sie also Schnittpunkte mit den Koordinatenachsen, Extrema und Wendepunkte und zeichnen Sie G_f unter Berücksichtigung des Verhaltens an den Rändern des Definitionsbereichs (siehe Tabelle).

5.148 a) Führen Sie eine Kurvendiskussion durch für $f(x) = (x^2 - 1) \cdot \mathrm{e}^x$ und zeichnen Sie G_f.
Erstellen Sie gemäß vorgegebener Struktur eine Tabelle, die für die multiplikative Verknüpfung von e^x bzw. e^{-x} mit quadratischen Polynomen $P(x)$ Aussagen über das Verhalten an den Rändern des Definitionsbereichs ermöglicht.

b) Erstellen Sie rechnerisch die Funktionsgleichung der Wendenormalen an der Stelle $x = -1$.

5.149 Stoßdämpfer haben die Aufgabe, die durch Fahrbahnunebenheiten verursachten Schwingungen auszugleichen. Für einen von der Zeit t abhängigen Einschwingvorgang lassen sich die Höhenabweichungen des Fahrzeugaufbaues vom Normalniveau konkret durch $f(t) = 3 \cdot (t - 1) \cdot \mathrm{e}^{-t}$ und $t \geq 0$ beschreiben, wobei t in 0,1 s und $f(t)$ in cm gemessen werden.

a) Berechnen Sie den Zeitpunkt, bei dem die Linie des Normalniveaus durchschritten wird, den höchsten und tiefsten Punkt des Fahrzeugaufbaus sowie mögliche Wendepunkte im Kurvenverlauf.

b) Zeichnen Sie den Kurvenverlauf unter Einbeziehung markanter Punkte im Bereich $0 \leq t \leq 5$. Geben Sie eine plausible Erklärung des Kurvenverlaufs nach Ursache und Wirkung ab.

Integralrechnung

6

Die Integralrechnung befasst sich mit der Berechnung des Flächeninhalts beliebiger ebener Flächenstücke.

6.1 Das bestimmte Integral

6.1.1 Beliebig ebene Flächen

Vorbemerkungen

Wie lässt sich der Flächeninhalt eines beliebigen ebenen Flächenstücks allgemein definieren und berechnen?

Dass diese Fragestellung einen Praxisbezug besitzt, zeigen nachfolgende Beispiele:

- Einem Körper, der sich unter Einwirkung einer Kraft F entlang einer Wegstrecke s von $s_1 = a$ nach $s_2 = b$ bewegt, wird Arbeit W zugeführt. Sie entspricht im F, s-Diagramm der Größe des Flächenstücks, das zwischen dem Graphen der Kraft-Weg-Funktion und der Abszissenachse s liegt sowie von den Parallelen $s_1 = a$ und $s_2 = b$ begrenzt wird. Abbildung 6.1 zeigt ein solches Diagramm, und zwar mit *veränderlicher*[1] Kraft F.
- Anschaulich: Die Fläche unterhalb einer *degressiven*[2] Federkennlinie (Abb. 6.2a) liefert die Maßzahl für die in einer Feder bei Belastung (hier bis zu einer Dehnung s_x) gespeicherten Federungsarbeit.
- Das Flächenstück unter der Kurve eines *Spannungs-Dehnungs*-Diagramms (Abb. 6.2b) gibt das Maß für die beim *Zugversuch* aufzuwendende Verformungsarbeit bis zum Bruch des Probestabes an.

[1] Ist F konstant, resultiert die bekannte Beziehung $W = F \cdot s$ bzw. hier $W = F \cdot (s_b - s_a)$, was der Maßzahl einer entsprechend dimensionierten Rechteckfläche im F, s-Diagramm entspricht.

[2] Bei Federn mit degressiven Kennlinien (z. B. Gummi bei Zugbelastung) nimmt die Federhärte mit steigender Belastung ab.

K.-H. Pfeffer, T. Zipsner, *Mathematik für Technische Gymnasien und Berufliche Oberschulen Band 1*, DOI 10.1007/978-3-658-09265-8_6

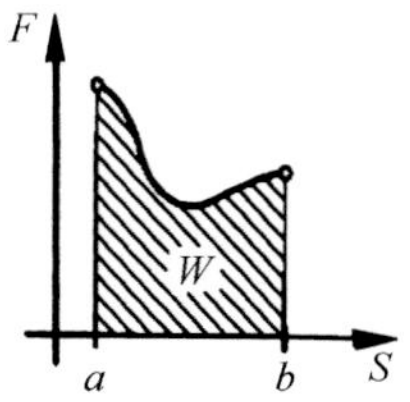

Abb. 6.1 Arbeit W als Fläche im F, s-Diagramm ($F \neq$ const.)

- Im v, t-Diagramm wird mit der Fläche unterhalb des Kurvenzuges der zurückgelegte Weg s angegeben. Abbildung 6.2c zeigt den Zusammenhang für eine Bewegung mit veränderlicher Beschleunigung (hier bis zu einer Zeit t_x).
- Die Verbrennungsarbeit eines 4-Takt-Motors ergibt sich als Maßzahl der in Abb. 6.2d schraffierten Fläche eines p, V-Diagramms.

Verallgemeinerung der Flächeninhaltsfunktion
Abbildung 6.3 zeigt ein Flächenstück, begrenzt durch

- die x-Achse,
- die Geraden $x = a$ und $x = b$,
- den Graphen einer in $[a; b]$ stetigen und monoton steigenden *Funktion* $y = f(x)$.

Mit $F(x)$, der auf den Ursprung des Koordinatensystems bezogenen *Flächeninhaltsfunktion*, resultiert für die Maßzahl des markierten Flächenstücks

$$A = [A]_a^b = [F(x)]_a^b = F(b) - F(a).$$

Unterteilt man die Fläche in ein einbeschriebenes (= zu klein) und ein umschreibendes (= zu groß) Rechteck, dann ergibt sich folgende Abschätzung:

$$f(a) \cdot (b - a) \leq F(b) - F(a) \leq f(b) \cdot (b - a),$$

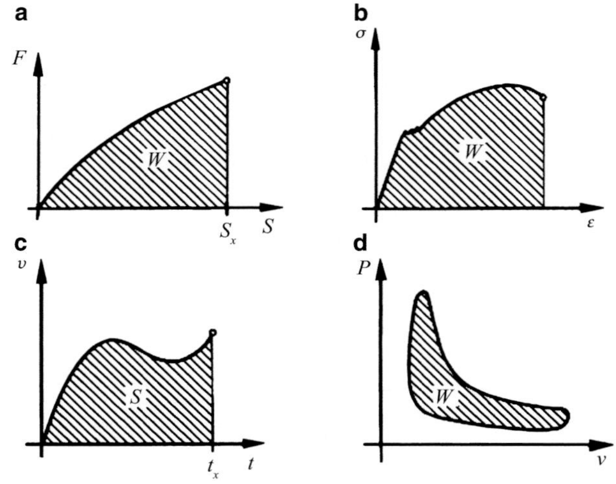

Abb. 6.2 **a** Federungsarbeit bei degressiver Federkennlinie; **b** Verformungsarbeit als Fläche im Spannungs-Dehnungsdiagramm; **c** Der Weg als Fläche im v, t-Diagramm; **d** Verbrennungsarbeit als Fläche im p, V-Diagramm

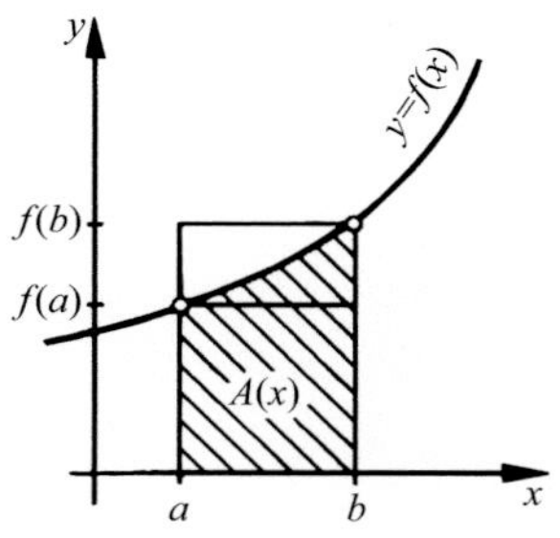

Abb. 6.3 Abschätzung von $A(x): f(a) \cdot (b-a) \leq A(x) \leq f(b) \cdot (b-a)$

Division mit dem Faktor $(b - a)$, wobei $b \neq a$, führt auf

$$f(a) \leq \frac{F(b) - F(a)}{b - a} \leq f(b)$$

Man definiert:

f ist eine im Intervall $[a; b]$ stetige Funktion mit $f(x) \geq 0$ für alle $x \in [a; b]$.

Dann versteht man unter dem bestimmten Integral der Funktion f in den Grenzen von a bis b die Maßzahl der vom Graphen von f und der x-Achse sowie den Geraden $x = a$ und $x = b$ eingeschlossenen Fläche:

$$[A]_a^b = \int_a^b f(x) \cdot \mathrm{d}x \quad \text{(gelesen: Integral } f(x)\,\mathrm{d}x \text{ von } a \text{ bis } b\text{)}.$$

- Der Funktionsterm $f(x)$ heißt *Integrand*.
- a und b nennt man untere bzw. obere *Integrationsgrenze*.

Hauptsatz der Integral- und Differentialrechnung

Das bestimmte Integral als *Operator* fordert auf,

- die Funktion $F(x)$ zu ermitteln, die abgeleitet $f(x)$ liefert, und
- anschließend die Differenz der Funktionswerte $F(b) - F(a)$ zu bilden:

$$[A]_a^b = \int_a^b f(x) \cdot \mathrm{d}x = [F(x)]_a^b = F(b) - F(a), \quad \text{(Hauptsatz)}$$

wobei $F'(x) = f(x)$.

Hinweis: $F(x)$ wird auch *Stammfunktion* genannt (s. Abschn. 6.2).

Eine der wichtigsten Regeln der Integralrechnung ist die Potenzregel.

Für Potenzfunktionen der Form $f(x) = x^n$ mit $n \in \mathbb{N}$ und $[a; b] \subset \mathbb{R}$ gilt

$$\int_a^b x^n = \left[\frac{x^{n+1}}{n+1}\right]_a^b = \frac{b^{n+1}}{n+1} - \frac{a^{n+1}}{n+1} \quad \text{(Potenzregel).}$$

Wenn differenziert wird, folgt:

$$F(x) = \frac{x^{n+1}}{n+1} \quad \Rightarrow \quad F'(x) = x^n.$$

Integrationsgrenzen für $[a; b] \subset \mathbb{R}$ Die Integrationsgrenzen a und b sind nicht auf die positive x-Achse beschränkt. Diese Aussage ist gültig für alle $a, b \in \mathbb{R}$ mit $a < b$.

Aufgaben

6.1 Errechnen Sie den Integralwert:

a) $\int_1^3 x \, \mathrm{d}x$;
b) $\int_0^4 x \, \mathrm{d}x$;
c) $\int_2^3 x^2 \, \mathrm{d}x$;
d) $\int_{-2}^1 x^2 \, \mathrm{d}x$;
e) $\int_1^2 x^2 \, \mathrm{d}x$;
f) $\int_2^5 \mathrm{d}x$.

6.2 Geben Sie die jeweils unbekannte Integrationsgrenze an, wenn gilt:

a) $\int_2^b x \, \mathrm{d}x = 6$;
b) $\int_a^1 x^2 \, \mathrm{d}x = 3$;
c) $\int_a^{\sqrt{2}} x^3 \, \mathrm{d}x = 1$;
d) $\int_{-2}^b x^3 \, \mathrm{d}x = 0$.

Das bestimmte Integral für $f(x) < 0$

Alle bisherigen Überlegungen haben sich auf solche Funktionen bezogen, für die $f(x) \geq 0$ ist.

Treten im Intervall $[a; b]$ sowohl *positive* als auch *negative* Funktionswerte auf, stimmt der Integralwert *nicht* mehr überein mit der Maßzahl des Flächeninhaltes $[A]_a^b$, vgl. Aufg. 6.2d). Zur Flächenberechnung muss dann das Gesamtintegral in zwei Teilintegrale zerlegt werden. Für $f(x) < 0$ dient der *Betrag* des bestimmten Integrals als Summand.

Schlussfolgerung: Bei der Ermittlung des korrekten Flächeninhalts ist die Berechnung von Teilflächen immer dann erforderlich, wenn die Funktion innerhalb des Intervalls $[a; b]$ *Nullstellen* aufweist. Dieses sind dann gleichzeitig die Integrationsgrenzen der Teilintegrale. Ob der jeweilige Teilintegralwert oder aber dessen *Betrag* zur Bestimmung der Gesamtfläche herangezogen werden muss, hängt letztendlich davon ab, ob $f(x) \geq 0$ oder aber negativ im Teilintervall ist.

6.1.2 Die Berechnung des bestimmten Integrals ganzrationaler Funktionen

Die bisherigen Ausführungen haben bewusst auf strenge Entwicklung des Integralbegriffes über Grenzwertbildung verzichtet. Sie spielen allerdings eine wichtige Rolle, so dass es generell nicht selbstverständlich ist, dem bestimmten Integral immer einen Zahlenwert zuordnen zu können.

► **Wichtig** Ganzrationale Funktionen sind in *jedem* Intervall $[a; b] \subset \mathbb{R}$ integrierbar.

Anmerkung: Im Intervall $[a; b] \subset \mathbb{R}$ abschnittsweise definierte beschränkte Funktionen mit *endlich* vielen Unstetigkeitsstellen lassen sich ebenfalls integrieren. Eine Zerlegung in Teilintegrale ist erforderlich, wobei die Integrationsgrenzen abhängig von den Unstetigkeitsstellen sind.

Für den in Abb. 6.4 dargestellten Sachverhalt ergibt sich folgender Ansatz zur Bestimmung des Flächeninhaltes:

$$[A]_a^b = \int_a^c f(x)\,\mathrm{d}x + \int_c^d f(x)\,\mathrm{d}x + \int_d^b f(x)\,\mathrm{d}x.$$

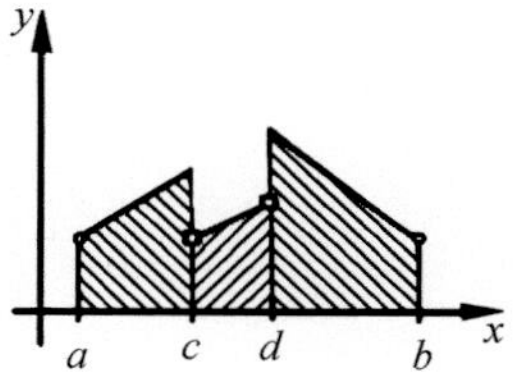

Abb. 6.4 Bestimmtes Integral abschnittsweise stetiger Funktionen

Aufgaben

6.3 Zeichnen Sie den Funktionsgraphen für $f(x) = x$ für $-2 \leq x \leq 0$ und $f(x) = x^2$ für $0 < x \leq 2$.

Bestimmen Sie dann $\int\limits_{-2}^{2} f(x)\,\mathrm{d}x$.

6.4 Ebenso für die gleichen Teilfunktionen $f(x)$, aber mit den Intervallen $[-3; -1]$ und $]-1; 2]$.

Bestimmen Sie dann $\int\limits_{-3}^{2} f(x)\,\mathrm{d}x$.

Integrationsregeln

Ein konstanter Faktor $c \in \mathbb{R}^*$ bleibt erhalten und wird vor das Integral geschrieben:

$$\int\limits_a^b cx^n\,\mathrm{d}x = c\int\limits_a^b x^n\,\mathrm{d}x = c\left[\frac{x^{n+1}}{n+1}\right]_a^b \qquad \text{(Faktorregel)}$$

$$\int\limits_a^b c\,\mathrm{d}x = c\int\limits_a^b \mathrm{d}x = c[x]_a^b = c(b-a) \qquad \text{(Konstantenregel)}$$

Jeder Summand des Funktionsterms wird einzeln integriert:

$$\int\limits_a^b (c_1x^{n_1} + c_2x^{n_2})\,\mathrm{d}x = \int\limits_a^b c_1x^{n_1}\,\mathrm{d}x + \int\limits_a^b c_2x^{n_2}\,\mathrm{d}x$$

$$= c_1\left[\frac{x^{n_1+1}}{n_1+1}\right]_a^b + c_2\left[\frac{x^{n_2+1}}{n_2+1}\right]_a^b \qquad \text{(Summenregel).}$$

Beispiel zur Summenregel:

$$\int\limits_a^b (2x^3 - 6x^2 + 3x - 1)\,\mathrm{d}x = 2\int\limits_a^b x^3\,\mathrm{d}x - 6\int\limits_a^b x^2\,\mathrm{d}x + 3\int\limits_a^b x^1\,\mathrm{d}x - \int\limits_a^b \mathrm{d}x = \ldots$$

Regeln für die Integrationsgrenzen

1. Für $a \leq c \leq b$ gilt

$$\int\limits_a^b f(x)\,\mathrm{d}x = \int\limits_a^c f(x)\,\mathrm{d}x + \int\limits_c^b f(x)\,\mathrm{d}x$$

2. Vertauschung der Integrationsgrenzen:

$$\int_a^b f(x)\,\mathrm{d}x = -\int_b^a f(x)\,\mathrm{d}x$$

3. *Sonderfall*: $a = b$:

$$\int_a^a f(x)\,\mathrm{d}x = 0.$$

Aufgaben

6.5 Berechnen Sie nachstehende Integrale:

a) $\int_{-1}^{2}(2x-1)\,\mathrm{d}x$;
b) $\int_{0}^{3}(-x^2+2x)\,\mathrm{d}x$;
c) $\int_{-1}^{+1}(x^2-3x+1)\,\mathrm{d}x$;
d) $\int_{-1}^{0}(x^3-x+1)\,\mathrm{d}x$;
e) $\int_{-2}^{-1}(x^4-x^2-1)\,\mathrm{d}x$;
f) $\int_{-1}^{+1}(x^5-x^3)\,\mathrm{d}x$.

6.6 Ebenso:

a) $\int_{-1}^{2}(x^2-3)\,\mathrm{d}x + \int_{2}^{3}(x^2-3)\,\mathrm{d}x$;
b) $\int_{-1}^{0}(x^3-3x^2+x-1)\,\mathrm{d}x + \int_{0}^{1}(x^3-3x^2+x-1)\,\mathrm{d}x$;
c) $\int_{-1}^{0}(7x^6-2x^5) + \int_{0}^{1}(7x^6-2x^5)\,\mathrm{d}x + \int_{1}^{2}(7x^6-2x^5)\,\mathrm{d}x$.

6.7 Geben Sie die obere Integrationsgrenze $b \in \mathbb{R}$ so an, dass gilt:

a) $\int_{0}^{b}(-2x+1)\,\mathrm{d}x = -6$;
b) $\int_{-1}^{b}(3x^2-2x+1)\,\mathrm{d}x = 4$;
c) $\int_{+1}^{b}(4x^3-6x)\,\mathrm{d}x = 6$.

6.8 Bestimmen Sie die Integrationsgrenzen für $b \in \mathbb{R}^+$, wenn gilt:

a) $\int_{b-1}^{b} 2x\,\mathrm{d}x = 5$;
b) $\int_{b}^{b+1}(3x^2-1)\,\mathrm{d}x = 18$;
c) $\int_{-b}^{+b}(x^2-2x+1)\,\mathrm{d}x = \frac{8}{3}$;
d) $\int_{b}^{b+2}(x^3+x)\,\mathrm{d}x = 24$.

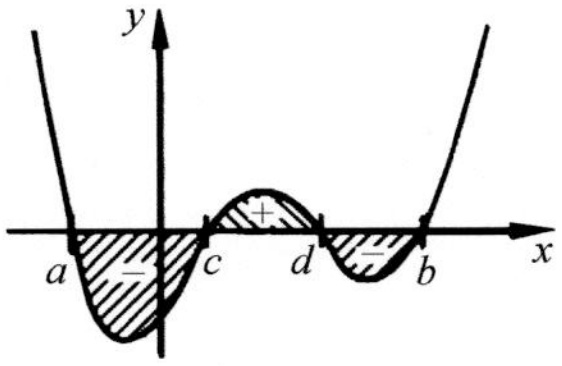

Abb. 6.5 Flächen oberhalb (+) und unterhalb (−) der x-Achse

6.1.3 Fläche zwischen Funktionsgraph und x-Achse

Für die Flächeninhaltsbestimmung der in Abb. 6.5 schraffierten Flächenstücke ist vorab die Ermittlung der Nullstellen erforderlich: Ein Integrieren über die *Nullstellen* hinweg liefert zwar einen Integralwert, der aber wegen zum Teil negativer Funktionswerte nicht mit der Maßzahl des Flächeninhalts übereinstimmt. Der Ansatz muss also lauten:

$$A = [A]_a^b = \left|\int_a^c f(x)\,\mathrm{d}x\right| + \left|\int_c^d f(x)\,\mathrm{d}x\right| + \left|\int_d^b f(x)\,\mathrm{d}x\right|.$$

Beispiel

Gegeben $f(x) = \frac{1}{6}x^3 - \frac{1}{2}x^2 - \frac{2}{3}x$, $x \in \mathbb{R}$. Zu bestimmen ist der Inhalt des Flächenstücks, das von der x-Achse sowie dem Graphen von f begrenzt wird.

Lösung: Die Integrationsgrenzen der Teilintegrale ergeben sich mittels Nullstellenbestimmung:

$$\begin{aligned} f(x) = 0 \quad &\Leftrightarrow \quad \frac{1}{6}x^3 - \frac{1}{2}x^2 - \frac{2}{3}x = 0 \\ &\Leftrightarrow \quad x(x^2 - 3x - 4) = 0 \\ &\Leftrightarrow \quad x(x-4)(x+1) = 0; \end{aligned}$$

Nullstellen also für $x_1 = -1$, $x_2 = 0$ und $x_3 = 4$.

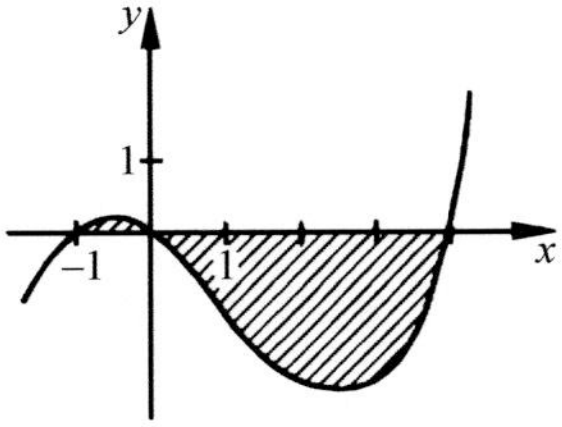

Abb. 6.6 Graph von $f(x) = \frac{1}{6}x^3 - \frac{1}{2}x^2 - \frac{2}{3}x$ und die x-Achse begrenzen zwei Flächenstücke

Mit $f(x) < 0$ für $x \in]0; +4[$ (Abb. 6.6) ergibt sich für den gesuchten Flächeninhalt

$$A = [A]_{-1}^{+4} = \int_{-1}^{0} \left(\frac{1}{6}x^3 - \frac{1}{2}x^2 - \frac{2}{3}x\right) \mathrm{d}x + \left|\int_{0}^{4} \left(\frac{1}{6}x^3 - \frac{1}{2}x^2 - \frac{2}{3}\right) \mathrm{d}x\right|$$

$$A = [A]_{-1}^{+4} = \left[\frac{x^4}{24} - \frac{x^3}{6} - \frac{x^2}{3}\right]_{-1}^{0} + \left|\left[\frac{x^4}{24} - \frac{x^3}{6} - \frac{x^2}{3}\right]_{0}^{4}\right|$$

$$= \frac{3}{24} + \left|-\frac{128}{24}\right| = \frac{131}{24} \text{ FE.}$$

Aufgaben

6.9 Bestimmen Sie jeweils den Flächeninhalt der von x-Achse und Funktionsgraph eingeschlossenen Flächen:

a) $f_1(x) = x^3 - 4x;$

b) $f_2(x) = -x^3 + 2x^2 + 3x;$

c) $f_3(x) = -\frac{1}{3}x^3 + x^2;$

d) $f_4(x) = -\frac{3}{4}x^3 + \frac{9}{4}x^2 - 3;$

e) $f_5(x) = x^3 + 2x^2 - x - 2;$

f) $f_6(x) = x^3 + 2x^2 + 2x + 1, x \in \mathbb{R}_0^-.$

6.10 Ebenso:

a) $f_1(x) = \frac{1}{12}x^4 - \frac{1}{3}x^3;$

b) $f_2(x) = -\frac{1}{2}x^4 + 2x^2;$

c) $f_3(x) = -\frac{1}{2}x^4 + x^3 + \frac{3}{2}x^2 - 2x - 2;$

d) $f_4(x) = -\frac{1}{8}x^4 + \frac{9}{8}x^2 - \frac{1}{2}x - \frac{3}{2}.$

6.11 Ebenso:

a) $f_1(x) = x^5 - 4x^3;$

b) $f_2(x) = -\frac{1}{4}x^5 + 2x^3 - 4x;$

c) $f_3(x) = x^5 + x^4 - 5x^3 - x^2 + 8x - 4.$

6.12 Ermitteln Sie die Funktionsgleichung einer ganzrationalen Funktion 3. Grades, deren Graph die x-Achse im Ursprung *berührt* und bei $x_0 = 2$ so schneidet, dass das zusammen mit der Abszissenachse eingeschlossene Flächenstück einen Inhalt von $A = \frac{4}{3}$ FE aufweist.

6.13 Der Graph einer ganzrationalen Funktion 3. Grades schneidet die Koordinatenachsen in $S(0|3)$ und $N(1|0)$, ferner besitzt er einen Wendepunkt mit der Abszisse $x_W = \frac{2}{3}$.

Geben Sie die Funktionsgleichung an, wenn das von Koordinatenachsen und Graph eingeschlossene Flächenstück einen Inhalt von $A = \frac{5}{6}$ FE hat.

6.14 Der Graph einer ganzrationalen Funktion 3. Grades berührt die Abszissenachse in $x_N = 2$ und schneidet die Ordinatenachse bei $+4$, wobei das vom Funktionsgraphen und den Koordinatenachsen begrenzte Flächenstück einen Inhalt von $A_1 = 4$ FE besitzt. Wie groß ist der Flächeninhalt der gesamten von Funktionsgraph und x-Achse eingeschlossenen Fläche?

6.15 Die Dachform eines 30 m langen Gewächshauses soll angenähert als Graph einer ganzrationalen Funktion 2. Grades aufgefasst werden. Bestimmen Sie das für eine Wärmebedarfsrechnung benötigte eingeschlossene *Volumen*.

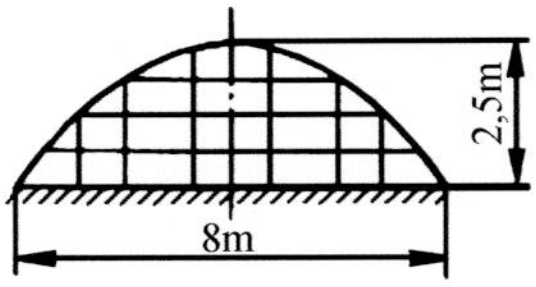

6.16 Eine 24 m breite Brücke mit parabelförmigem Bogen wurde aus Beton geschüttet. Geben Sie mittels Integralrechnung an, wie viel m^3 Beton erforderlich waren.

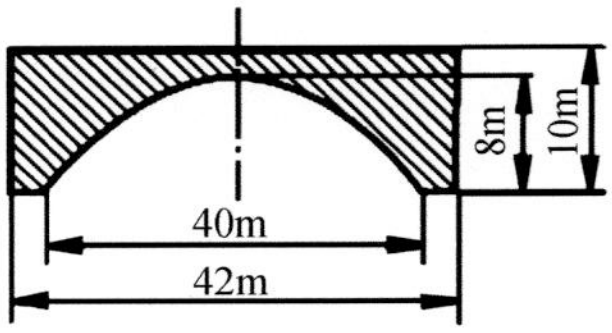

6.17 Die Form einer Dachrinne entspricht annähernd dem Graphen einer ganzrationalen Funktion 4. Grades. Bestimmen Sie die Querschnittsfläche in cm^2.

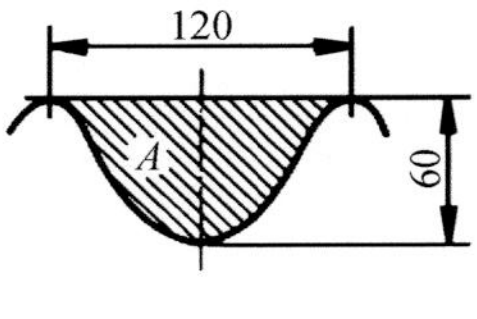

Fläche zwischen zwei Funktionsgraphen

In den Aufgaben werden ausschließlich ganzrationale Integranden verwandt.

Für den im Abb. 6.7 dargestellten Sachverhalt lässt sich der Flächeninhalt A als Flächenbilanz wie folgt ermitteln:

$$A = \int_a^b f(x)\,\mathrm{d}x - \int_a^b g(x)\,\mathrm{d}x \quad \text{oder}$$

$$A = \int_a^b [f(x) - g(x)]\,\mathrm{d}x.$$

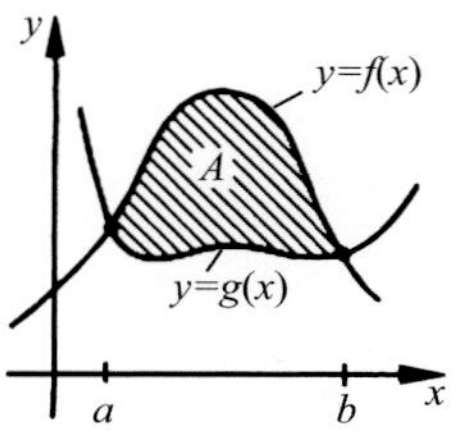

Abb. 6.7 Fläche zwischen zwei Kurven: $A = \int_a^b [f(x) - g(x)]\,dx$

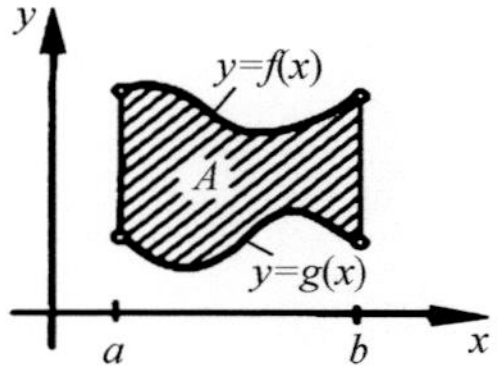

Abb. 6.8 Fläche zwischen zwei sich nicht schneidenden Kurven: $A = \int_a^b [f(x) - g(x)]\,dx$

Anmerkungen: 1. Die Flächenberechnung erfolgt unabhängig von den Nullstellen der Funktionen f und g.

2. Ist nicht bekannt, ob für alle $x \in [a; b]$ die Aussage $f(x) \geq g(x)$ oder aber $f(x) \leq g(x)$ gilt, ist eine graphische Darstellung angebracht bzw. die Flächenberechnung wie folgt in Ansatz zu bringen:

$$A = \left| \int_a^b (f(x) - g(x))\,dx \right|.$$

3. Die Voraussetzung, dass $x = a$ und $x = b$ die Abszissen der Schnittpunkte sein müssen, kann mit Blick auf die in Abb. 6.8 schraffierte Fläche fallen gelassen werden: Obige Formel gilt auch hier.

Beispiel 1

Gesucht ist der Flächeninhalt des Flächenstücks, das von der Geraden mit der Funktionsgleichung $f(x) = x + 2$ sowie der Normalparabel mit der Gleichung $g(x) = x^2$ begrenzt wird.

Lösung: Der Sachverhalt ist in Abb. 6.9 graphisch dargestellt, wobei sich die Schnittstellen mit $x_1 = -1$ bzw. $x_2 = +2$ ergeben.

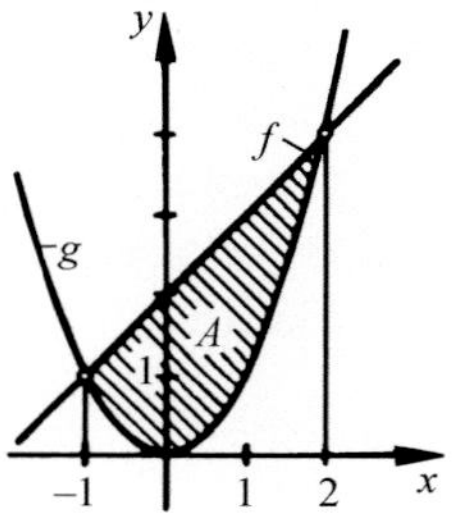

Abb. 6.9 Fläche zwischen den Graphen $f(x) = x + 2$ und $g(x) = x^2$

Dann ist

$$A = \int_{-1}^{2} [(x+2) - x^2]\,\mathrm{d}x = \int_{-1}^{2} (-x^2 + x + 2)\,\mathrm{d}x$$

$$A = \left[-\frac{x^3}{3} + \frac{x^2}{2} + 2x\right]_{-1}^{+2}$$

$$A = \left(-\frac{8}{3} + 2 + 4\right) - \left(+\frac{1}{3} + \frac{1}{2} - 2\right)$$

$$\Rightarrow \quad A = 4{,}5 \text{ FE.}$$

Aufgaben

6.18 Gegeben sind die Funktionen $f(x) = -\frac{1}{2}x + 3$ und $g(x) = \frac{1}{4}x^2 - x - 3$. Bestimmen Sie die Größe des von beiden Funktionsgraphen eingeschlossenen Flächenstücks.

6.19 Es ist $f(x) = -2x^2 + 4x,\ x \in \mathbb{R}$.

a) Berechnen Sie den Flächeninhalt des vom Funktionsgraphen und der *1. Winkelhalbierenden* eingeschlossenen Flächenstücks.

b) Welches Größenverhältnis besteht zwischen dieser Fläche und der, die vom Graphen von f und der x-Achse begrenzt wird?

6.20 Vor der Nordseeküste hat ein Tanker Öl verloren. Die Ränder des Ölfilmes lassen sich bezogen auf das Messblatt einer Luftbildaufnahme annähernd durch folgende Funktionen beschreiben:

$$f(x) = -0{,}25x^2 + 2{,}5x + 1 \quad \text{und} \quad g(x) = 0{,}5x^2 - 3{,}5x + 10$$

(Koordinatenangaben in km).

Berechnen Sie zwecks Kalkulation des Bindemitteleinsatzes die Ölmenge in Liter, wenn die Ölschicht durchschnittlich 1 cm dick verteilt ist.

6.21 Die Funktionswerte der Geraden $g\colon y = -x - 3$ stimmen für $x_1 = -4$ und $x_2 = +1$ mit denen einer quadratischen Funktion überein, deren Graph die y-Achse bei -5 schneidet. Welche Fläche wird von Gerade und Parabel eingeschlossen?

6.22 Eine Parabel ist Graph der Funktion $f(x) = -x^2 + 3x + 4,\ x \in \mathbb{R}_0^+$. Die Tangenten in den Schnittpunkten mit den Koordinatenachsen begrenzen zusammen mit dem Parabelbogen, der die beiden Schnittpunkte miteinander verbindet, ein Flächenstück. Geben Sie dessen Inhalt an.

6.23 Berechnen Sie den Inhalt der von wie folgt definierten Parabeln eingeschlossenen Fläche:

$$P_1 \equiv y = x^2 + \frac{5}{2}x - 4 \quad \text{und} \quad P_2 \equiv y = -\frac{1}{2}x^2 + x - 1.$$

6.24 Gegeben sind die Funktionen $f(x) = -\frac{1}{2}x^2 + \frac{3}{2}x$, $x \in \mathbb{R}_0^+$ und $g(x) = \frac{1}{8}x^3$, $x \in \mathbb{R}_0^+$.
In welchem Verhältnis teilt der Graph von g die von G_f und x-Achse eingeschlossene Fläche?

6.25 Berechnen Sie den Flächeninhalt der von den Graphen G_{f_1} und G_{f_2} eingeschlossenen Fläche. Skizzieren Sie beide Graphen unter Festlegung ihrer Nullstellen:

a) $f_1(x) = x^3 - 3x^2$ und $f_2(x) = x^3 - 5x^2 + 6x$;

b) $f_1(x) = x^3 - 4x^2 + 3x$ und $f_2(x) = \dfrac{2}{3}x^3 - 2x^2$.

6.26 Die Graphen G_{f_1} und G_{f_2} begrenzen zwei Flächenstücke; bestimmen Sie jeweils deren Größe:

a) $f_1(x) = \dfrac{1}{2}x^3 + x^2 - \dfrac{3}{2}x$ und $f_2(x) = x + 3$;

b) $f_1(x) = \dfrac{1}{2}x^3 + x^2 - \dfrac{5}{2}x - 3$ und $f_2(x) = -x^2 - 3x$;

c) $f_1(x) = \dfrac{2}{3}x^3 - x^2 - x + 2$ und $f_2(x) = -\dfrac{1}{3}x^3 + x^2$.

6.27 Bestimmen Sie die Größe des Flächenstücks, das vom Graphen von $f(x) = \frac{1}{3}x^3 - \frac{2}{3}x^2 - x$ sowie seiner Tangente in $B(2|y_B)$ eingeschlossen wird.

6.28 Es ist $f(x) = -\frac{1}{8}x^4 + \frac{1}{2}x^3$, $x \in \mathbb{R}$.
Wie groß ist der Flächeninhalt der Fläche, die von der Wendetangente mit $m_t \neq 0$ und G_f begrenzt wird?

6.29 Der in Bild gezeigte stilisierte Fisch soll in einem modernen Kirchenfenster (5 m × 5 m) mit dunkelblauem Glas dargestellt werden. Die Bleifassungen hierfür sind Parabelstücke, wobei der am linken Fensterrand in 2 m Höhe beginnende Parabelast eine Steigung von $m = -1$ aufweist. Berechnen Sie, wie viel % der Fensterfläche vom blauen Fischsymbol eingenommen werden, wenn für den anderen Parabelast das Optimum bei $x = 4$ liegen soll.

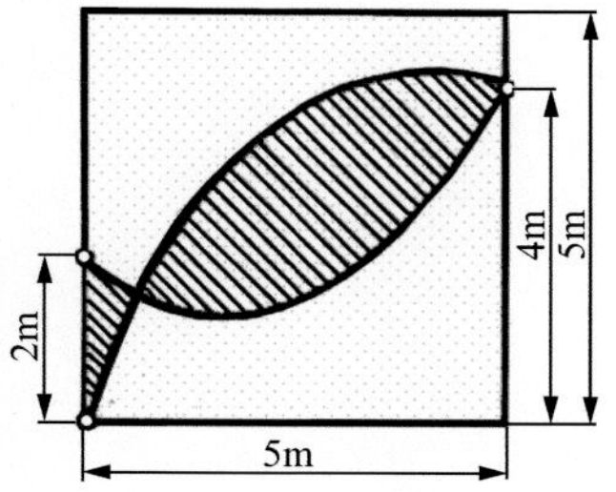

6.2 Stammfunktion und unbestimmtes Integral

6.2.1 Stammfunktion

Wir haben gesehen, dass die Integration die Umkehrung der Differentiation ist.

Dieser bislang am *bestimmten Integral* orientierte Sachverhalt lässt sich verallgemeinern:

Gilt für Funktionen f und F mit gleichem Definitionsbereich die Aussage

$$F'(x) = f(x),$$

so heißt F *Stammfunktion* von f.

Beispiel: $F_1(x) = x^3 - x^2 + x$ ist eine *Stammfunktion* von $f(x) = 3x^2 - 2x + 1$, denn $F_1'(x) = 3x^2 - 2x + 1 = f(x)$.

Offensichtlich ist, dass

$$F_2(x) = x^3 - x^2 + x + 1, \quad F_3(x) = x^3 - x^2 + x - 1, \quad F_4(x) = x^3 - x^2 + x - 5$$

ebenfalls Stammfunktionen von f sind.

Es lassen sich unendlich viele Stammfunktionen angeben:

$$F(x) = x^3 - x^2 + x + C$$

steht für die Menge aller Stammfunktionen von f.

► Stammfunktionen von f unterscheiden sich höchstens durch eine additive Konstante C. Diese bewirkt lediglich eine Parallelverschiebung in y-Richtung, Abb. 6.10.

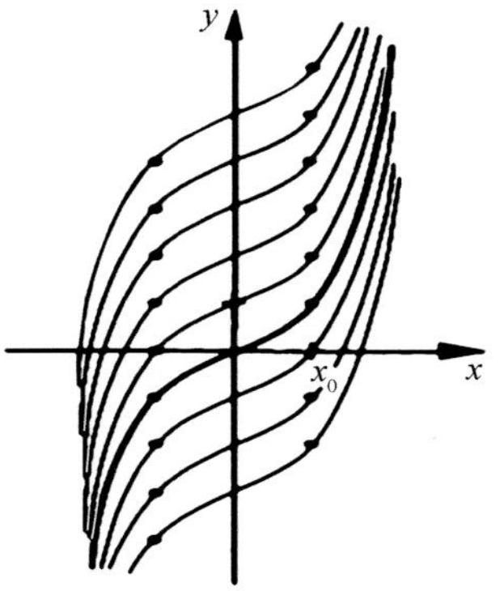

Abb. 6.10 Die Kurvenschar von $F(x) = \int(3x^2-2x+1)\,dx$

6.2.2 Das unbestimmte Integral

Der neu eingeführte Operator – Integralzeichen *ohne* Integrationsgrenzen – wird unbestimmtes Integral genannt.

f ist eine stetige Funktion und F eine (beliebige) Stammfunktion von f.

Dann nennt man die Menge aller ihrer Stammfunktionen *unbestimmtes Integral* von f und schreibt

$$\int f(x) = F(x) + C,$$

wobei $C \in \mathbb{R}$ *Integrationskonstante* heißt.

Es gelten folgende wichtige Regeln:

Integrationsregeln

(1) $$\int \mathrm{d}x = x + C$$ (Konstantenregel)

(2) $$\int x^n \,\mathrm{d}x = \frac{x^{n+1}}{n+1} + C, \quad n \in \mathbb{N}^*$$ (Potenzregel)

(3) $$\int c \cdot f(x)\,\mathrm{d}x = c \cdot \int f(x)\,\mathrm{d}x, \quad c \in \mathbb{R}$$ (Faktorenregel)

(4) $$\int [f(x) \pm g(x)]\,\mathrm{d}x = \int f(x)\,\mathrm{d}x \pm \int g(x)\,\mathrm{d}x$$ (Summenregel)

Anhand dieser Regeln kann für beliebige ganzrationale Funktionen die Menge ihrer Stammfunktionen ermittelt werden. Ist zusätzlich eine sog. *Randbedingung* gegeben, lässt sich sogar speziell *eine* Stammfunktion bestimmen.

Beispiel

Für $f(x) = x^2 - 2x + 1$ ist die Stammfunktion anzugeben, deren Graph durch $P(1|2)$ geht.

Lösung: Die Menge der Stammfunktionen von f ist gegeben durch

$$F(x) = \int (x^2 - 2x + 1)\,\mathrm{d}x = \frac{1}{3}x^3 - x^2 + x + C.$$

Zur Ermittlung von C bedarf es der Punktprobe mit $P(1|2)$:

$$2 = \frac{1}{3} \cdot 1^3 - 1^2 + 1 + C \quad \Leftrightarrow \quad C = \frac{5}{3}.$$

Die Funktionsgleichung $y = \frac{1}{3}x^3 - x^2 + x + \frac{5}{3}$ steht für die gesuchte Stammfunktion von f.

Erweiterung der Potenzregel Die Aussage $\int x^n \, \mathrm{d}x = \frac{x^{n+1}}{n+1} + C$ gilt nicht nur für $n \in \mathbb{N}^*$, sondern auch für $n \in \mathbb{Q} \setminus \{-1\}$ und sogar $n \in \mathbb{R} \setminus \{-1\}$.

Beispiele: 1.

$$\int \frac{-1}{x^2} \, \mathrm{d}x = (-1) \cdot \int x^{-2} \, \mathrm{d}x = -\frac{x^{-2+1}}{-2+1} + C = \frac{1}{x} + C,$$

d. h. $y = \frac{1}{x} + C$ ist die Menge der Stammfunktionen von $y = f(x) = -\frac{1}{x^2}$ für $x \in \mathbb{R}^*$.

2.

$$\int \frac{1}{2\sqrt{x}} \, \mathrm{d}x = \frac{1}{2} \cdot \int x^{-\frac{1}{2}} \, \mathrm{d}x = \frac{1}{2} \cdot \frac{x^{-\frac{1}{2}+1}}{-\frac{1}{2}} + C = x^{\frac{1}{2}} + C = \sqrt{x} + C,$$

d. h. $y = \sqrt{x} + C$ liefert die Menge der Stammfunktionen von $y = f(x) = \frac{1}{2\sqrt{x}}$ für $x \in \mathbb{R}^+$.

Wichtiger Sonderfall: $n = -1$

$$\int x^{-1} \, \mathrm{d}x = \int \frac{1}{x} \, \mathrm{d}x = \ln|x| + C.$$

Aufgaben

6.30 Geben Sie jeweils die Menge der Stammfunktionen an:

a) $f_1(x) = 3x^5 - 4x^3 + x$;
b) $f_2(x) = 2 \cdot \sqrt{x}$;
c) $f_3(x) = \sqrt[3]{x^2}$;
d) $f_4(x) = x \cdot \sqrt{x}$;
e) $f_5(x) = x^{-\frac{1}{2}}$;
f) $f_6(x) = x^{\frac{3}{4}}$;
g) $f_7(x) = \dfrac{1}{x^3}$;
h) $f_8(x) = \dfrac{2}{3} \cdot \dfrac{1}{x^4}$;
i) $f_9(x) = \sqrt{x} + \dfrac{1}{x}$.

6.31 Geben Sie die Stammfunktionen so an, dass deren Graphen alle durch $P(1|2)$ gehen:

a) $f_1(x) = 3x^2 - 2x + 1$;
b) $f_2(x) = -x^3 + x - 1$;
c) $f_3(x) = \frac{4}{3}x^3 - x^2 + 2x + 1$;
d) $f_4(x) = -5x^4 + 2x^3$;
e) $f_5(x) = x^4 - 3x^2 + 2$;
f) $f_6(x) = 6x^5 + x^3 - x + \frac{1}{2}$.

6.32 Geben Sie jeweils die Funktion f an, für die $f'(x) = 2x - 1$ gilt und deren Graph

a) durch den Ursprung;
b) durch $P(-2|5)$ geht.

6.33 Ermitteln Sie jeweils die Funktion f, wenn gilt

a) $f'(x) = x^2 - x - 6$ und $(-3|2{,}5) \in G_f$;
b) $f'(x) = x^2 - 2x + 6$ und $(1|\frac{4}{3}) \in G_f$.

6.2.3 Integration gebrochen rationaler Funktionen

Die Vorgehensweise hängt im Wesentlichen von der Struktur des Nennerpolynoms $Q(x)$ ab. Es gilt mehrere Fälle zu unterscheiden:

1. Das Nennerpolynom $Q(x)$ ist eine (reine) Potenzfunktion

- Das ist thematisiert worden:

$$\int \frac{1}{x^2} = \int x^{-2} = \frac{-1}{x} + C \quad \text{(Potenzregel);}$$

- darüber ist informiert worden:

$$\int \frac{1}{x}\,\mathrm{d}x = \ln|x| + C.$$

Also bereitet ein Integral wie z. B. $\int \frac{ax^2+bx+c}{x}\,\mathrm{d}x$ kein Problem; es wird zerlegt:

$$\int \frac{ax^2 + bx + c}{x}\,\mathrm{d}x = \int \left(ax + b + \frac{c}{x}\right)\mathrm{d}x = \frac{a}{2}x^2 + bx + c \cdot \ln|x| + C.$$

Beispiel

Gesucht ist die Menge der Stammfunktionen für $f(x) = \frac{x^3+x^2-3x-2}{x^2}$.

Lösung:

$$\int \frac{x^3 + x^2 - 3x - 2}{x^2}\,\mathrm{d}x = \int \left(x + 1 - \frac{3}{x} - \frac{2}{x^2}\right)\mathrm{d}x$$
$$= \frac{x^2}{2} + x - 3 \cdot \ln|x| + \frac{2}{x} + C.$$

2. Das Nennerpolynom $Q(x)$ ist linear

Für gebrochen rationale Funktionen mit linearem Nenner $Q(x) = a \cdot x + b$, $a \neq 0$, kann die Menge der Stammfunktionen wie folgt angegeben werden:

$$\int \frac{1}{a \cdot x + b}\,\mathrm{d}x = \frac{1}{a} \cdot \ln|a \cdot x + b| + C,$$

was durch Differentiation (Aufgabe!) nachzuprüfen ist.

Besteht zusätzlich der Zähler aus linearem (oder quadratischem) Polynom, muss zunächst mittels Polynomdivision der Funktionsterm passend umgeformt werden wie nachfolgendes *Beispiel* zeigt:

Beispiel

Der Graph von $f(x) = \frac{4x-5}{2x-3}$ schließt zusammen mit den Koordinatenachsen ein Flächenstück ein, dessen Inhalt zu berechnen ist.

Lösung: Die Integrationsgrenzen ergeben sich zu $a = 0$ und $b = \frac{5}{4}$ (wieso?), also gilt

$$A = \int_0^{5/4} \frac{4x-5}{2x-3}\,\mathrm{d}x = \int_0^{5/4} \left(2 + \frac{1}{2x-3}\right)\mathrm{d}x$$

$$= \left[2x + \frac{1}{2} \cdot \ln|2x-3|\right]_0^{5/4} = \cdots = \frac{1}{2} \cdot (5 - \ln 6)$$

$$\Rightarrow \quad A \approx 1{,}604 \text{ FE}.$$

Aufgaben

6.34 Geben Sie den Integralwert an:

$$\int_1^2 \frac{x^2+2}{x^2}\,\mathrm{d}x.$$

6.35 Ordnen Sie $f(x) = \frac{x^3-35x-30}{x^3}$ die Stammfunktion zu, deren Graph durch $P(5|5{,}6)$ geht.

6.3 Rotationsvolumen

Wird ein beliebiges Flächenstück um eine Achse gedreht, so entsteht ein Rotationskörper.

Rotation um die x-Achse

Die Entwicklung zur Berechnung der Volumina erfolgt allgemein. In den Aufgaben werden dann solche Fragestellungen erfasst, die auf ganzrationale Integranden hinauslaufen.

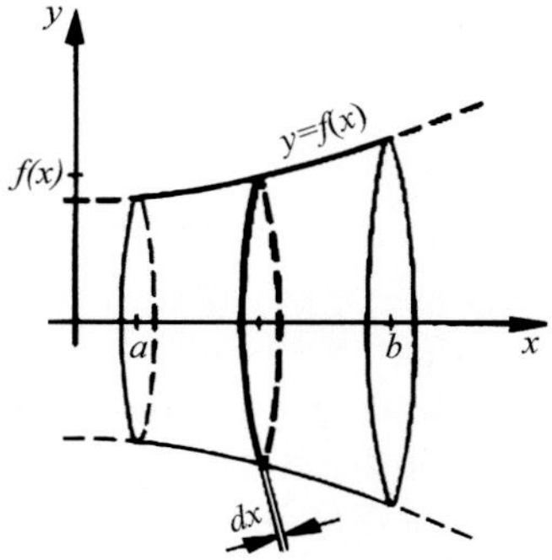

Abb. 6.11 Rotation um die x-Achse: $\mathrm{d}V_x = \pi \cdot [f(x)]^2 \cdot \mathrm{d}x$

Die Rotation des in Abb. 6.11 dargestellten infinitesimalen Flächenstücks um die x-Achse ergibt ein „hauchdünnes“ Zylinderscheibchen folgenden Volumens:

$$\mathrm{d}V_x = \pi \cdot [f(x)]^2 \cdot \mathrm{d}x.$$

Das Rotationsvolumen resultiert als Summe aller (unendlich vielen) Zylinderscheibchen, aufsummiert von $x = a$ bis $x = b$:

$$V_x = \int_a^b \pi \cdot [f(x)]^2 \cdot \mathrm{d}x \quad \text{oder}$$

$$V_x = \pi \cdot \int_a^b [f(x)]^2 \cdot \mathrm{d}x$$

(Rotation um die x-Achse).

Beispiel

Ein Flächenstück, begrenzt durch Gerade g: $f(x) = x$, x-Achse sowie $x = 0$ und $x = 3$, rotiert um die x-Achse. Es entsteht ein Kegel, dessen Volumen gesucht ist.

Lösung:

$$V_x = \pi \int_0^3 x^2 \,\mathrm{d}x = \pi \cdot \left[\frac{x^3}{3}\right]_0^3 = \pi \cdot \left(\frac{3^3}{3} - \frac{0^3}{3}\right) = 9\pi$$

$$\Rightarrow \quad V_x = 9\pi \text{ VE}.$$

Aufgaben

6.36 Ein Flächenstück, begrenzt durch Funktionsgraph, x-Achse sowie die Grenzen $x = a$ und $x = b$, rotiert um die x-Achse. Berechnen Sie jeweils das Rotationsvolumen V_x:

a) $f_1(x) = x + 2, a = 0, b = 3;$

b) $f_2(x) = \frac{1}{2}x + 1, a = 2, b = 4;$

c) $f_3(x) = -\frac{1}{2}x + 2, a = -1, b = 2;$

d) $f_4(x) = \frac{1}{4}x^2, a = -2, b = 2.$

Bestätigen Sie die Ergebnisse von a)–c) herkömmlich.

6.37 Ein durch den Graphen von $f(x) = -x^2 + 2x$ und die x-Achse markiertes Parabelsegment, rotiert um diese. Berechnen Sie das Volumen.

6.38 Gegeben: $f(x) = \sqrt{x}, x \in [0; 4]$.
Wie groß ist das Volumen des durch Rotation um die x-Achse entstehenden *Paraboloids*?

6.39 Die Randkurve eines waagerecht gehaltenen Weinglases (x-Achse ist Symmetrieachse) sei bei cm-Skalierung der Koordinatenachsen durch die Funktionsgleichung $f(x) = 2 \cdot \sqrt{x}$ symbolisiert. An welcher Stelle $x = h$ muss der Eichstrich für $V = 0{,}2\,\text{l}$ Inhalt angebracht werden?

6.40 Ein Halbkreis mit Radius $r = 2$ ist durch $f(x) = \sqrt{4 - x^2}$ beschrieben.

a) Geben Sie den Definitionsbereich an.

b) Berechnen Sie das Rotationsvolumen V_x.

Rotation um die y-Achse

Die Gebrauchslage vieler Gegenstände wie z. B. oben offene Rundbehälter etc. lassen es zweckmäßig erscheinen, geeignete Flächenstücke um die y-Achse rotieren zu lassen. Vom Prinzip her ändert sich kaum etwas, denn es gilt:

$$\mathrm{d}V_y = \pi \cdot [f(y)]^2 \cdot \mathrm{d}y.$$

Das Rotations-Volumen resultiert als Summe aller (unendlich vielen) Zylinderscheibchen, aufsummiert von $y = a$ bis $y = b$:

$$V_y = \int_a^b \pi \cdot [f(y)]^2 \,\mathrm{d}y \quad \text{oder}$$

$$V_y = \pi \cdot \int_a^b [f(y)]^2 \cdot \mathrm{d}y$$

(Rotation um die y-Achse).

Beispiel

Ein Flächenstück, begrenzt durch die *Neil'sche Parabel* mit $f(x) = x\sqrt{x}, x \in \mathbb{R}_0^+$, y-Achse sowie $y = 0$ und $y = 2$, rotiert um die y-Achse. Das Rotationsvolumen ist gesucht.

Lösung: Aus $y = x\sqrt{x}$ folgt $y^2 = x^3$, also $x = \sqrt[3]{y^2} = y^{\frac{2}{3}} \Rightarrow f(y)^2 = y^{\frac{4}{3}}$

$$V_y = \pi \int_0^2 y^{\frac{4}{3}}\,\mathrm{d}y = \pi \cdot \left[\frac{3}{7}y^{\frac{7}{3}}\right]_0^2 = \frac{3}{7}\pi \cdot \left(2^{\frac{7}{3}} - 0^{\frac{7}{3}}\right) = \frac{3}{7}\pi \cdot 4\sqrt[3]{2}$$

$$\Rightarrow \quad V_y \approx 6{,}785 \text{ VE.}$$

Aufgaben

6.41 Die Dachkontur eines aufgeständerten runden Ausstellungspavillons lässt sich im Querschnitt durch die folgenden Funktionen symbolisieren:

$$f_\mathrm{a}(x) = -x^2 + 4 \quad \text{und} \quad f_\mathrm{i}(x) = -\frac{1}{4}x^2 + 3.$$

Stellen sie den Sachverhalt im Querschnitt graphisch dar und berechnen Sie

a) die Ständerlänge;

b) das umschlossene Dachvolumen.

6.42 In einem kugelförmigen Erdtank ($\varnothing\, d = 2$ m) steht das Öl noch etwa 750 mm hoch. Berechnen Sie die Ölmenge in Liter.

Lösungen

7

7.1 Kapitel 1 „Von den natürlichen zu den reellen Zahlen"

1.1 a) $\frac{5}{9}$; b) $\frac{5}{11}$; c) $\frac{131}{90}$

1.2 a) halboffen; b) offen; c) geschlossen

1.3 a) $+12$; b) $+4$; c) $+8$; d) $+1{,}75$; e) $3a$ ($a \in \mathbb{R}_0^+$) bzw. $-3a$ ($a \in \mathbb{R}^-$)

1.4 a) -1; b) $4a$; f) $-a$

1.5 a) $V_1 = \frac{p_2 V_2 T_1}{p_1 T_2}$; $T_2 = \frac{p_2 V_2 T_1}{p_1 V_1}$; b) $a = \frac{v - v_0}{t}$; c) $b = \frac{fg}{g-f}$; $g = \frac{bf}{b-f}$;
d) $R = \frac{R_1 R_2}{R_1 + R_2}$; $R_1 = \frac{R R_2}{R_2 - R}$

1.6 a) $x = 1$; b) $x = 2$

1.7 a) $D = \mathbb{R} \setminus \{-1, 0\}$, $L = \{-5\}$;
b) $D = \mathbb{R} \setminus \{-1, \frac{1}{2}\}$, $L = \{3\}$;
c) $D = \mathbb{R} \setminus \{-1, +1\}$, $L = \{2\}$

1.8 Ansatz $q_2 = \frac{1}{4} q_1$ führt auf $x_2 = \frac{3\lambda_2}{\lambda_1} x_1$

1.9 $F_G = \frac{\pi}{4} d^2 \cdot l \cdot \rho_{Cu} \cdot g \Leftrightarrow l = \frac{4 F_G}{d^2 \cdot \pi \cdot \rho_{Cu} \cdot g} \Rightarrow l = 6562{,}4\,\text{m}$

1.10 $\Delta D = 100\,\text{mm} = a\sqrt{3} - a\sqrt{2} \Rightarrow a = \frac{100\,\text{mm}}{\sqrt{3} - \sqrt{2}} = 314{,}6\,\text{mm}$, also $V = 31{,}145\,\text{dm}^3$

1.11 a) $x = 3$, $y = 4$; b) $x = 0{,}5$; $y = 0{,}5$; c) $(2; 3; 4)$; d) $(2; -3; -4)$

1.12 $x \mathrel{\widehat{=}}$ Gesprächseinheit: 39 Ct/min, $y \mathrel{\widehat{=}}$ SMS-Einheit: 19 Ct,
$z \mathrel{\widehat{=}}$ Grundgebühr: 7,95 €

$$
\begin{array}{ll}
(1) & 92x + 40y + z = 51{,}43 \\
(2) & 128x + 35y + z = 64{,}52 \\
(3) & 152x + 28y + z = 72{,}55 \\
(2) - (1) & 36x - 5y = 13{,}09 \\
(3) - (2) & 24x - 7y = 8{,}03
\end{array}
$$

Mit Additionsverfahren kann weiter gerechnet und gelöst werden.
$\Rightarrow x = 0{,}39$ €, $y = 0{,}19$ €, $z = 7{,}95$ €

1.13 $M_1 = 1{,}417\,\text{kN m}$, $M_2 = 2{,}998\,\text{kN m}$, $M_3 = 0{,}465\,\text{kN m}$

K.-H. Pfeffer, T. Zipsner, *Mathematik für Technische Gymnasien und Berufliche Oberschulen Band 1*, DOI 10.1007/978-3-658-09265-8_7

1.14 (1) $I_1 + I_2 + I_3 = 0$

(2) $15 \cdot I_1 + 0 \cdot I_2 + 30 \cdot I_3 = 24$

(3) $0 \cdot I_1 + 22 \cdot I_2 + 30 \cdot I_3 = 24$

Ergebnis: $I_1 = 0{,}37\,\text{A}$, $I_2 = 0{,}25\,\text{A}$, $I_3 = 0{,}62\,\text{A}$

1.15 a) $x_1 = 1, x_2 = 4$; b) $x_1 = -2, x_2 = 3$; c) $x_1 = -\frac{3}{2}, x_2 = 1$; d) $x_1 = -\frac{1}{3}, x_2 = \frac{1}{2}$; e) $x_{1,2} = 3$; f) $x_{1,2} \notin \mathbb{R}$

1.16 a) $c < 1, c = 1, c > 1$; b) $c < \frac{9}{8}, c = \frac{9}{8}, c > \frac{9}{8}$

1.17 a) $D = \mathbb{R}^* \setminus \{-2\}, L = \{-\frac{4}{3}, +2\}$; b) $D = \mathbb{R} \setminus \{-1, +1\}, L = \{-2, \frac{2}{3}\}$; c) $D = \mathbb{R}\setminus\{-1, +2\}, L = \{-\frac{2}{5}, +1\}$

1.18

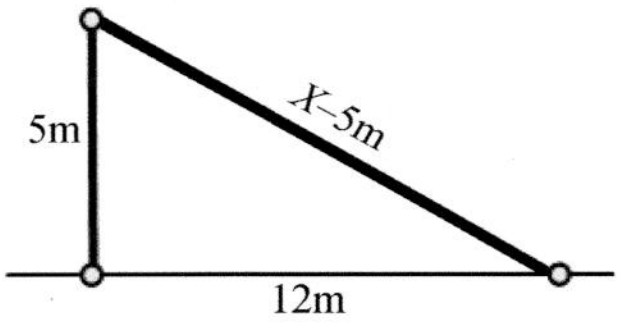

$(x-5)^2 = 12^2 + 5^2 \Leftrightarrow x^2 - 10x - 144 = 0 \Leftrightarrow (x-18)(x+8) = 0$ oder mit p, q-Formel

$\Rightarrow x_1 = 18\ (x_2 = -8) \Rightarrow$ Masthöhe $x = 18\,\text{m}$

1.19 $R_1 + R_2 = 20, \frac{1}{R_1} + \frac{1}{R_2} = \frac{1}{4{,}8} \Rightarrow R_1 = 8\,\Omega, R_2 = 12\,\Omega$ oder umgekehrt

1.20 a) $x = 2$; b) $x = 4$; c) $x = 3$; d) $x = 0 \vee x = -4$; e) $x = 4$; f) $x = 5$

1.21 a) 4; b) 4; c) 3; d) 1; e) -1; f) -3; g) -3; h) -2; i) $\frac{1}{5}$; j) $\frac{1}{2}$; k) $\frac{1}{2}$; l) 0; m) $-\frac{1}{2}$; n) $-\frac{1}{3}$; o) $-\frac{1}{2}$

1.22 a) $3^{x+2} = 3^3 \Leftrightarrow x + 2 = 3 \Leftrightarrow x = 1$;

b) $4^{3-2x} = 4^3 \Leftrightarrow 3 - 2x = 4 \Leftrightarrow x = -0{,}5$;

c) $5^{2x-1} = 5^{-2} \Leftrightarrow 2x - 1 = -2 \Leftrightarrow x = -0{,}5$;

d) $6^{3x-4} = 6^0 \Leftrightarrow x = \frac{4}{3}$;

e) $3^4 \cdot 3^{2x} = 3^x \Leftrightarrow 2x + 4 = x \Leftrightarrow x = -4$;

f) $5^{2-3x} = 5^{1-2x} \Leftrightarrow 2 - 3x = 1 - 2x \Leftrightarrow x = 1$;

1.23 a) $x = \frac{\log 16}{\log 5} \Rightarrow x \approx 1{,}72$;

b) $x = \frac{\log 14}{\log 7} \Rightarrow x \approx 1{,}36$;

c) $x = \frac{\log 3}{\log 2} \Rightarrow x \approx 1{,}59$;

d) $14 \cdot 5^x = 7^x \Leftrightarrow \log 14 + x \log 5 = x \log 7 \Leftrightarrow x = \frac{\log 14}{\log 7 - \log 5}$

$\Rightarrow x \approx 7{,}84$;

e) $\log 3 + (x+2)\log 5 = (x-1)\log 15$

$\Leftrightarrow \log 3 + x \log 5 + 2 \log 5 = x \log 15 - \log 15x$

$\Rightarrow x = \frac{\log 3 + 2\log 5 + \log 15}{\log 15 - \log 5} \Rightarrow x \approx 6{,}4$

Es geht auch etwas „mathematischer“:

$x = \frac{\log 3 + 2\log 5 + \log 15}{\log 15 - \log 5} = \frac{\log 3 + 2\log 5 + \log(3\cdot 15)}{\log(3\cdot 5) - \log 5} = \frac{\log 3 + 2\log 5 + \log 3 + \log 5}{\log 3 + \log 5 - \log 5} = \frac{2\log 3 + 3\log 5}{\log 3}$

$\Rightarrow x \approx 6{,}4$;

f) $\log 5 + (x+3)\log 8 = \log 3 + (x+2)\log 16 \Leftrightarrow x = \frac{\log 5 - \log 3 + \log 2}{\log 2} \Rightarrow$

$x \approx 1{,}74$

1.24 Achtung: Wegen der Summenterme darf nicht sofort logarithmiert werden!
a) $9 \cdot 3^{x+2} - 21 \cdot 3^x = 5^{x+3} - 5^{x+2}$
$\Leftrightarrow 81 \cdot 3^x - 21 \cdot 3^x = 125 \cdot 5^x - 25 \cdot 5^x$
$\Leftrightarrow 60 \cdot 3^x = 100 \cdot 5^x \Rightarrow x = \frac{\log 3 - \log 5}{\log 5 - \log 3} = -1$
b) $3^{x+2} + 11 \cdot 3^{x-2} = 9 \cdot 2^x + 7 \cdot 2^{x+1}$
$\Leftrightarrow 9 \cdot 3^x + \frac{11}{9} \cdot 3^x = 9 \cdot 5^x + 14 \cdot 2^x$
$\Leftrightarrow \frac{92}{9} \cdot 3^x = 23 \cdot 2^x \Leftrightarrow 92 \cdot 3^x = 207 \cdot 2^x \Rightarrow x = \frac{\log 207 - \log 92}{\log 3 - \log 2} = 2$
c) $7 \cdot 3^{2x-1} = 5^{x+1} - 4 \cdot 5^{x-1}$
$\Leftrightarrow 7 \cdot 3^{2x-1} = \frac{21}{5} \cdot 5^x \Leftrightarrow 3^{2x-2} = 5^{x-1}$
$\Rightarrow x = \frac{2\log 3 - \log 5}{2\log 3 - \log 5} = 1$
d) $4 \cdot 5^{2x} - 5^{2x+1} = 2^{3x+1} - 3 \cdot 2^{3x}$
$\Leftrightarrow 5^{2x} = 2^{3x} \Rightarrow x = 0$

1.25 a) $1688{,}52\,€ = 1200\,€ \cdot 1{,}05^n \Leftrightarrow 1{,}05^n = 1{,}4071 \Rightarrow n = 7$ Jahre
b) $2K = K \cdot 1{,}05^n \Leftrightarrow n = \frac{\log 2}{\log 1{,}05} \Rightarrow n \approx 14$ Jahre
c) $n = 28{,}07$ (≈ 28 Jahre)

1.26 a) $9{,}5$ Mrd. $= 7{,}2$ Mrd.$(1{,}008^n)$, $n \approx 35$ Jahre; b) $n \approx 87$ Jahre

1.27 a) $0{,}9\,m = m \cdot 0{,}99956^n \Rightarrow n = 239$ Jahre;
b) $0{,}5\,m = m \cdot 0{,}99956^n \Rightarrow n \approx 1575$ Jahre

1.28 $20\,\% = 100\,\%(\frac{11^n}{12})$, $n \approx 18{,}5$: 18 Platten: $20{,}9\,\%$; 19 Platten: $19\,\%$ Helligkeit

7.2 Kapitel 2 „Funktionen"

2.1 (a), (b), (d), (e), (g), (j), (k) und (l); keine Funktionsgraphen: (c), (f), (h), (i)

2.2 $V = 0$ (Druck p würde unendlich groß werden) sowie negative Werte von V

2.3 a) Mittige Last: Für das Krafteck gilt $\sin\alpha = \frac{\frac{1}{2}F_G}{F_S} \Leftrightarrow F_S = \frac{\frac{1}{2}F_G}{\sin\alpha} = \frac{F_G}{2\sin\alpha}$.
b) $\alpha \in \mathbb{R}^+$. Für $\alpha = 0°$ würden unendlich große Seilkräfte auftreten;
Folge: Seilriss.

2.4 a) $26{,}6°$; b) $53{,}1°$; c) $135°$; d) $143{,}1°$

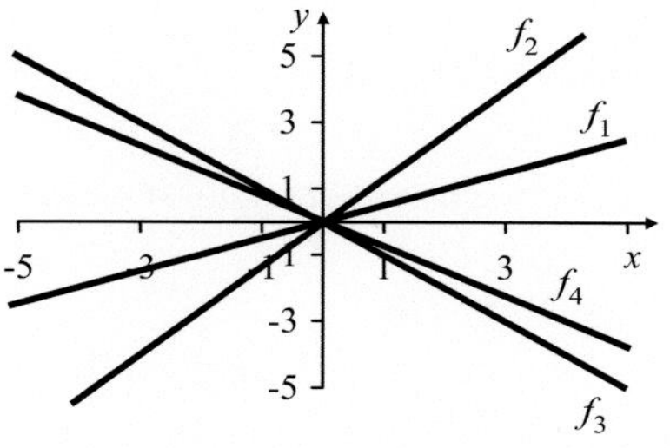

Der Graph von f_3 ist die Winkelhalbierende des 2. Quadranten, auch 2. *Winkelhalbierende* genannt.

2.5 a) $y = \frac{3}{2}x$; b) $\tan 30° = \frac{1}{3}\sqrt{3}$, somit Gerade $g \equiv y = \frac{\sqrt{3}}{3}x$. Punktprobe mit $\mathbb{R}$ erforderlich.

2.6 a) 26,6°; b) 8,13°

2.7

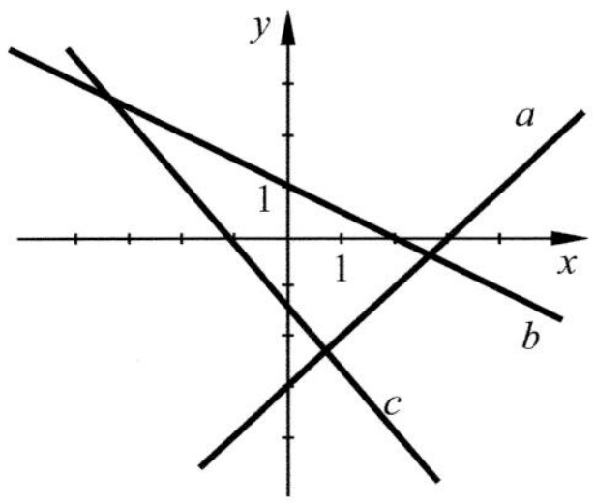

2.8 a) $y = \frac{1}{3}x - 2$; b) $y = -\frac{5}{6}x + 2$; c) $y = -6x - \frac{1}{2}$

2.9 a) Gerade g_1 mit den Koordinatenachsenschnittpunkten (0|5) und (3|0) bildet mit den Achsen im 1. Quadranten ein rechtwinkliges Dreieck.
b) 90°; 59,04°; 30,96°
c) $A = \frac{1}{2} \cdot 3 \cdot 5 \text{ FE} = 7{,}5 \text{ FE}$

2.10 a) $P = \frac{78}{53} V$; b) 13,6 l; c) 7,36 €

2.11 a) Ursprungsgerade mit $F(s) = 0{,}25 \cdot s$; b) $D = 0{,}25 \frac{\text{N}}{\text{mm}}$

2.12 a) $T_\text{F} = \frac{9}{5}T_\text{C} + 32$ (−4 °F, 14 °F, 59 °F, 86 °F, 122 °F)
b) $T_\text{C} = \frac{5}{9}T_\text{F} - \frac{160}{9}$ (−23,3 °C; −17,8 °C; −6,7 °C; 65,6 °C; 101,7 °C)

2.13 a) $N_1(3|0)$; b) $N_2(-2|0)$; c) $N_3(-1{,}2|0)$

2.14 a) $S_x(-3|0)$, $S_y(0|2)$; b) $S_x(0{,}6|0)$, $S_y(0|0{,}16)$

2.15 a) Schnittpunkt existiert: $f_1 \cap f_2 = \{(2;2)\}$, eingesetzt in f_3: $2 \overset{!}{=} -\frac{3}{2} \cdot 2 + 5$
b) kein Schnittpunkt: $g_1 \cap g_2 = \{(-0{,}5;1)\}$, eingesetzt in g_3: $1 \neq 0{,}1 \cdot (-0{,}5) + 1{,}1$.

2.16 $A(-3|0)$, $B(3{,}5|-2)$, $C(1|4)$

2.17 $0{,}1364x + 38 = 0{,}135x + 45{,}50x \geq 5358$ kWh (Tarif H1)

2.18 $0{,}15x + 24{,}95 = 0{,}1x + 33{,}75 \Rightarrow x = 176$ km,
also: V2 ist bei $x > 176$ km günstiger

2.19 a) Pkw I: $s = 80\,t$, Pkw II: $s = 60\,t$; b) $s = 120\,t - 20$;
c) Pkw I: 30 min; Pkw II: 20 min

2.20 $s = 0{,}12t$, $s = 0{,}18t - 21{,}6 \Rightarrow 0{,}12t = 0{,}18t - 21{,}6 \Rightarrow t = 360$ s; $s = 43{,}2$ m

2.21 $U = 2$ V, $I(2) = 4$ A

2.22 a) 1. Läufer: $s = \frac{20}{3}t$, 2. Läufer: $s = -8t + 400$
Schnittpunktbedingung liefert $t = 27{,}27$ s, also $s = 181{,}82$ m.
$\frac{20}{3}t = -8t + 800 \Rightarrow t = 54{,}54$ s
b) Ansatz: Die 2. Begegnung erfolgt, bevor der schwächere Läufer seinen Startpunkt erreicht hat.

2.23 a) In Göttingen Güterzug: 11:30 Uhr, IC-Zug: 10:50 Uhr
b) Güterzug: $s = 72t$, IC-Zug: $s = 216t - 72$; 72 km vor Göttingen (10:30 Uhr)
c) Regio: $s = -90t + 108$;
Regio ↔ Güterzug: 10:40 Uhr, Regio ↔ IC: 10:35 Uhr

2.24 a) $\varepsilon_1 = \arctan 3 - \arctan 0{,}4 = 49{,}76°$; b) $\varepsilon_2 = 71{,}57°$

2.25 x-Achse: 60,26°; y-Achse: 29,74°

2.26 $P_1(-6|3)$, $P_2(2|-1)$, $P_3(6|0)$
$\sphericalangle P_3P_1P_2 = 12{,}5°$; $\sphericalangle P_1P_2P_3 = 139{,}5°$; $\sphericalangle P_2P_3P_1 = 28°$

2.27 a) $A(0|0)$, $B(6|0)$, $C(7|4)$, $D(1|4)$; Diagonalen-Schnittpunkt $S(3{,}5|2)$;
b) 111,6° bzw. 68,4°

2.28 *keine* Orthogonalität für b), da $m_1 \cdot m_2 = +1$ ist.

2.29 a) $y = -\frac{3}{2}x(\approx 123{,}69°)$; b) $y = \frac{8}{5}x(\approx 58°)$; c) $y = -\frac{10}{7}x(125°)$

2.30 a) $b = -2$; b) $m = -1$

2.31 a) $y = -\frac{2}{3}x - \frac{5}{3}$; b) wie a); c) $y = -\frac{2}{3}x + \frac{5}{3}$

2.32 $m = \tan 135° = -1$, also $y = -x - 1$

2.33 a) $y = -2x - 4$; b) $y = \frac{1}{2}x - \frac{3}{2}$; c) $S(-1|-2)$

2.34 Orthogonale in $S_y(0|-2)$: $y = -\frac{3}{2}x - 2$; Orthogonale in $S_x(3|0)$: $y = -\frac{3}{2}x + \frac{9}{2}$

2.35 a) $y = -x + 1$; b) $S_x(1|0)$, 135°; $S_y(0|1)$, 45°

2.36 einfallender Lichtstrahl: $y = 2x - 5 \to S_x(2{,}5|0)$
reflektierter Lichtstrahl: $y = -2x + 5$ (von S_x ausgehend) $\Rightarrow S_y(0|5)$, $y = 2x + 5$ von S_y ausgehend

2.37 1. Lösung: $\tan\alpha = \frac{m_2 - m_1}{1 + m_1 \cdot m_2} \Rightarrow 1 = \frac{-2 - m_1}{1 + m_1 \cdot (-2)} \Rightarrow m_1 = 3$, also $y = 3x$
2. Lösung: $\tan\alpha = \frac{m_2 - m_1}{1 + m_1 \cdot m_2} \Rightarrow 1 = \frac{m_2 - (-2)}{1 + (-2) \cdot m_2} \Rightarrow m_2 = -\frac{1}{3}$, also $y = -\frac{1}{3}x$

2.38 $A(0|0)$, $E(132{,}35|220{,}58)$; E durch Schnitt von $g_1(x) = -\frac{3}{5}x + 3$ mit $g_2(x) = \frac{5}{3}x$

2.39 g_1: $y = -\tan 15° \cdot x + b$,
Punktprobe mit $(20|50)$ führt auf $g_1(x) = -\tan 15° x + 55{,}35$
g_2: $y = \frac{10}{60-40}x + b$,
Punktprobe mit $(40|0)$ führt auf $g_2(x) = 0{,}5x - 20$
g_3: $y = -2x + b$,
Punktprobe mit $(60|10)$ führt auf $g_3(x) = -2x + 130$
Schnittbedingung $g_1(x) = g_3(x)$ liefert $x_1 = 43{,}095$, also $P_1(43{,}095|43{,}809)$

2.40 1. Fall: $\tan\alpha = \frac{m_2 - m_1}{1 + m_1 \cdot m_2} \Rightarrow 1 = \frac{m_x - \frac{2}{3}}{1 + (-\frac{2}{3}) \cdot m_x} \Leftrightarrow m_x = \frac{1}{5}$, also $y = \frac{1}{5}x + \frac{6}{5}$ bzw.
2. Fall: $\tan\alpha = \frac{m_2 - m_1}{1 + m_1 \cdot m_2} \Rightarrow -1 = \frac{m_x - \frac{2}{3}}{1 + (-\frac{2}{3}) \cdot m_x} \Leftrightarrow m_x = -5$, also $y = -5x - 4$

2.41 Ansatz $y = \frac{b}{a}x + b$, mit $ab = 12$ folgt $y = \frac{b^2}{12} \cdot x + b$.
Punktprobe mit $P(4|6)$:
$b_1 = -6$ liefert $a_1 = -2$ und damit $g_1(x) = 3x - 6$,
$b_2 = +3$ liefert $a_2 = +4$ und damit $g_2(x) = \frac{3}{4}x + 3$.

2.42 $\overline{AB}$: $y = -\frac{1}{3}x + \frac{2}{3}$; $\overline{BC}$: $y = -\frac{3}{2}x + \frac{13}{2}$; $\overline{AC}$: $y = 2x + 3$

2.43 a) $y = x - 2$; b) $y = -\frac{6}{5}x + \frac{39}{5}$

2.44 $S(3|0{,}5)$, Zweipunkteform liefert: $y = -0{,}1x + 0{,}8$

2.45 $\overline{P_1P_2}$: $y = x - 1$; Punktprobe mit P ergibt eine wahre Aussage, also $P \in \overline{P_1P_2}$

2.46 a) $\overline{P_1P_3}$: $y = -\frac{3}{8}x - \frac{1}{2}$;
Punktprobe mit P_2 liefert keine wahre Aussage, also $P_2 \notin \overline{P_1P_3}$
b) $\overline{P_1P_3}$: $y = \frac{8}{7}x + \frac{10}{7}$;
Punktprobe mit P_2 liefert wahre Aussage, also $P_2 \in \overline{P_1P_3}$

2.47 Schnittwinkel $\varepsilon = 23{,}2°$

2.48 a) Trapez: $m_{AB} = m_{CD} = \frac{2}{7}$, $m_{\overline{AD}} \neq m_{\overline{BC}} \Rightarrow$ Trapez
b) $AC \equiv y = \frac{14}{9}x + \frac{1}{9}$, also $S_y(0|\frac{1}{9}) \neq O$
c) Diagonalenschnittpunkt: $S(1|\frac{5}{3})$;
d) $m_{AC} \cdot m_{BD} \neq -1 \Rightarrow$ kein rechter Winkel

2.49 a) $m_{\overline{BD}} = -\frac{6}{5} \Rightarrow g_L(x) = \frac{5}{6}x$, also Schnitt im Ursprung ($\sigma = 39{,}81°$)
b) Punktprobe mit $A(-1|-1)$: $g_L(-1) = \frac{5}{6}(-1) = -\frac{5}{6}$
$\Rightarrow$ das Lot ist nicht die Diagonale $\overline{AC}$

2.50 $F_{h_a}(1|4)$; Zwischenergebnisse: $\overline{BC}$: $y = -\frac{2}{5}x + \frac{22}{5}$; h_a: $y = \frac{5}{2}x + \frac{3}{2}$

2.51 $H(-2|\frac{8}{3})$; Zwischenergebnisse: h_a: $y = \frac{2}{9}x + \frac{28}{9}$; h_b : $y = -\frac{5}{3}x - \frac{2}{3}$

2.52 $C(0|6)$; Zwischenergebnisse: $\overline{BC}$: $y = -x + 6$; h_c : $y = -3x + 6$

2.53 $v(t) = 2t + 4 \Rightarrow v_0 = v(0) = 4\,\frac{\text{m}}{\text{s}}$

2.54 a) $T_\text{V} = -T_\text{A} + 50$ ($s = 1$), $T_\text{V} = -2T_\text{A} + 70$ ($s = 2$),
Steilheit: Maß für Steigungsfaktor
b) $T_\text{V} = -1{,}5T_\text{A} + 60$ ($s = 1{,}5$), $T_\text{V} = -0{,}8T_\text{A} + 46$ ($s = 0{,}8$)

2.55 $(117{,}98|188{,}76)$
Zwischenergebnisse: Schräge $g(x) = -\frac{5}{8}x + \frac{21}{8}$, Nut: $n(x) = \frac{8}{5}x$

2.56 a) $I(u) = -10u + 134 \Rightarrow$ Leerlaufspannung $u_0 s = 13{,}4$ V, Kurzschluss-Strom $I_k = 134$ A und $R_i = 0{,}1\,\Omega$
b) Leerlaufspannung $u_0 = R_i \cdot I_k$,
ferner $I(u_0) = m \cdot u_0 + I_k = 0$, also $R_i = -1/m$

2.57 a) $R = \frac{1}{14}\vartheta + \frac{165}{47}$; b) $\alpha \approx 0{,}0031\,\frac{1}{K}$

2.58 a) $S(1|1)$; b) $S(-2|-3)$; c) $S(\frac{1}{2}|\frac{3}{4})$; d) $S(-\frac{1}{6}|-\frac{19}{36})$

2.59 a) $y = x^2 - 3$; b) $y = x^2 - 4$; c) $y = x^2 + 1$

2.60 a) Ansatz: $y = (x - 1{,}5)^2 \Rightarrow y = x^2 - 3x + \frac{9}{4}$
b) Ansatz: $y = (x - 1)^2 + y_S$,
Punktprobe mit $P(2|3)$ liefert $y_S = 2$, also $y = x^2 - 2x + 3$
c) Punktproben mit P_1 und P_2 führen auf $y = x^2 + 3x + 2$, $S(-1{,}5|-0{,}25)$

2.61 a) $S(-1|6)$; b) $S(-1|-1)$; c) $S(-1{,}5|2)$

2.62 $y = -\frac{3}{8}x^2 + \frac{1}{2}x \Rightarrow y = -\frac{3}{8}(x - \frac{2}{3})^2 + \frac{1}{6}$,
also Wertemenge $W = \{y \in R \mid y \leq \frac{1}{6}\}$

2.63 $y = \frac{1}{8}x^2$

2.64 a) $y = x^2 - 4x + 5$; b) $y = \frac{1}{4}x^2 + \frac{1}{2}x - \frac{7}{4}$; c) $y = -\frac{1}{2}x^2 + x + \frac{7}{2}$;
d) $y = -2x^2 + 16x - 28$

2.65 $(-3|-1) \notin P \equiv y = -\frac{1}{6}x^2 + \frac{2}{3}$

2.66 a) $x_1 = 1$, $x_2 = 2$; $S_1(1{,}5|-0{,}25)$; b) $x_1 = -0{,}5$, $x_2 = 1$; $S_2(0{,}25|0{,}5625)$;
c) $x_1 = -0{,}5$, $x_2 = 2{,}5$; $S_3(1|-4{,}5)$; d) $x_1 = -2$, $x_2 = 4$; $S_4(1|4{,}5)$;
e) $x_\text{s} = x_{1,2} = 3$; $S_5(3|0)$; f) $x_\text{s} = x_{1,2} = -2$; $S_6(-2|0)$

2.67 $y = 2x^2 - 4x - 1$: $N_1(-0{,}23|0)$, $N_2(2{,}23|0)$; $S_y(0|-1)$

2.68 a) $0 = \frac{1}{3}x^2 + x + c \Leftrightarrow x^2 + 3x + 3c = 0 \Rightarrow x_{1,2} = -\frac{3}{2} \pm \sqrt{(\frac{3}{2})^2 - 3c}$
Diskriminante $D = 0$: $\frac{9}{4} - 3c = 0 \Leftrightarrow c = \frac{3}{4}$
b) $c < \frac{3}{4}$; $c > \frac{3}{4}$

2.69 Ansatz: $y = (x - x_S)^2$, Punktprobe mit $P(5|1)$ führt auf $x_S^2 - 10x_s + 24 = 0$
$\Rightarrow x_{S1} = 4, x_{S2} = 6$
2 Lösungen: $P_1 \equiv y = x^2 - 8x + 16$ bzw. $P_2 \equiv y = x^2 - 12x + 36$

2.70 Punktprobe mit $P_1(0|-2)$ liefert $c = -2$
Punktprobe mit $P_2(2|0)$ führt auf $0 = 4a + 2b - 2 \Leftrightarrow 4a = -2b + c$ (1)
Nullstelle allgemein ermitteln:
$ax^2 + bx + c = 0 \Leftrightarrow x^2 + \frac{b}{a}x + \frac{c}{a} = 0 \Rightarrow x_{1,2} = -\frac{b}{2a} \pm \sqrt{\frac{b^2}{4a^2} - \frac{c}{a}}$
Diskriminante $D = 0$: $\frac{b^2}{4a^2} - \frac{c}{a} = 0 \Leftrightarrow b^2 - 4ac = 0$ (2)
(1) in (2): $b^2 - (-2b + c) \cdot c = 0$, mit $c = -2$ folgt $b^2 - 4b + 4 = 0 \Rightarrow b_{1,2} = 2$
in (1): $a = -0{,}5$; also $y = -0{,}5x^2 + 2x - 2$

2.71 $s = f(t) = 3 + 15t - \frac{g}{2}t^2$; $t = 1{,}53\,\text{s}$; $h = 11{,}47\,\text{m}$
Nullstellen bestimmen: $t_1 = 3{,}25\,\text{s}$; $t_2 \notin \mathbb{R}_0^+$

2.72 $\vartheta = 4°\text{C}$, $\rho = 1\,\text{kg/dm}^3$

2.73 a) $E(x) = -200x^2 + 2100x \Rightarrow$ Kapazitätsgrenze: $x_{\text{kap}} = 10{,}5$ Fahrräder
b) Schnittpunktbedingung: $x^2 - 9x + 8 = 0$,
Gewinnschwelle $x_1 = 1$, Gewinngrenze $x_2 = 8$
c) $G(x) = -200x^2 + 1800x - 1600$,
Gewinnmaximum: 4,5 Fahrräder wöchentlich

2.74 Pkw: $s(t) = 30t + 75$, Polizeifahrzeug: $s(t) = 1{,}25t^2$
Schnittpunktbedingung liefert $t_E \approx 26{,}3\,\text{s}$ und damit Strecke bis zum Einholen $s_E \approx 863{,}5\,\text{m}$

2.75 a) Schnittpunktbedingung führt auf $x_{1,2} = 4$ (= Berührstelle: Tangente)
b) Schnittpunktbedingung liefert $x_1 = -3$, $x_2 = 2$ (keine Tangente)

2.76 a) $B(3|1)$; b) $B(-1|\frac{7}{3})$; c) $B = S(1{,}5|0{,}25)$ (= Scheitelpunkt)

2.77 a) $t(x) = x + 2$, $B(1|3)$; b) $n(x) = -x + 4$, $P(3|1)$; c) –

2.78 a) $c = 2$, $B(-1|-1)$; b) $n(x) = -\frac{1}{2}x - \frac{3}{2}$, $P(-3{,}5|0{,}25)$; c) –

2.79 $t \equiv y = mx + b$; Punktprobe mit $T(1|2) : 2 = m + b \Leftrightarrow b = 2 - m$
Schnittpunktbedingung: $-\frac{1}{2}x^2 + 2 = m \cdot x + b$ bzw. $-\frac{1}{2}x^2 + 2 = mx + (2 - m)$
$\Leftrightarrow x^2 + 2mx - 2m = 0 \Rightarrow x_{1,2} = -m \pm \sqrt{m^2 + 2m}$.
Gerade ist dann Tangente, wenn $m^2 + 2m = 0 \Leftrightarrow m(m + 2) = 0$:
$t_1 \equiv y = 0 \cdot x + 2$; $t_2 \equiv y = -2x + 4$.

2.80 a) Schnittpunkt $S(-\frac{4}{3}|\frac{10}{9})$
b) P_1: $x_1 = -3$, $x_2 = -2$, $S_1(-2{,}5|-0{,}25)$; P_2: $x_1 = -1$, $x_2 = 2$, $S_2(0{,}5|-2{,}25)$

2.81 a) $S_1(-2|5)$, $S_2(1|0{,}5)$; b) $S_{1,2}(2|1)$; c) keine

2.82 a) Tunnellänge: 3114 m; sie ergibt sich aus dem funktionalen Zusammenhang für Vortriebsmaschine 2: Der Startwert $x = 0$ liefert die Tunnellänge.
b) Schnittpunktbedingung führt auf $6x^2 - 281x + 3114 = 0 \Rightarrow x = 18$ Monate, Vortriebsmaschine 1: $s_1 = 1629\,\text{m}$

2.83 Punktprobe mit (0|2) und (3|0) führt auf $y = -x^2 + \frac{7}{3}x + 2$

2.84 Punktprobe mit (–4|1) und (1|–4) führt auf $y = \frac{1}{2}x^2 + \frac{1}{2}x - 5$; b) –

2.85 a) $y = \frac{1}{4}x^2 - x - 3$; b) $y = -\frac{17}{36}x^2 + \frac{7}{9}x + \frac{22}{9}$

2.86 a) Parabel mit $f(x) = -1{,}79x^2 + 3{,}22x + 1{,}1$, also $S(0{,}9|2{,}55)$
$\Rightarrow h = 2{,}45\,\text{m}$
b) Ansatz: $0{,}6 = -1{,}79x^2 + 3{,}22x + 1{,}1$ liefert $x_P = 1{,}94$, Auftreffpunkt $P(1{,}94|0{,}6)$.

2.87 $y = 0{,}0008x^2 - 0{,}08x + 20$: stärkster Durchhang: $S(50|18)$

2.88 a) $y = \frac{1}{450}x^2 + 10$

2.89 $P : f(x) = -\frac{1}{36}x^2 + 9$; Stab I: 5 m, Stab II: 8 m

2.90 P_i: $f_1(x) = -\frac{1}{64}x^2 + 4$; P_a: $f_2(x) = -\frac{1}{64}x^2 + 6$;
$l_1 = 10{,}01\,\text{m}$; $l_2 = 2\,\text{m}$; $l_3 = 6{,}02\,\text{m}$

2.91 a) $x_1 = -3$, $x_2 = -2$, $x_3 = 0$;
Graph verläuft von „links unten nach rechts oben“.
b) $x_1 = 0$, $x_{2,3} = 2$;
Graph verläuft von „links oben nach rechts unten“ und berührt die x-Achse an der Stelle $x = 2$.
c) $x_{1,2} = 0$, $x_3 = 3$;
Graph verläuft wie in b) beschrieben und berührt die x-Achse bei $x = 0$.
d) $x_1 = -1$, $x_{2,3} = 0$, $x_4 = 2$;
Graph verläuft von „links oben nach rechts oben“ und berührt die x-Achse im Ursprung
e) $x_{1,2} = -3$, $x_{3,4} = 0$;
Graph verläuft von „links oben nach rechts oben“ und berührt die x-Achse zweimal.
f) $x_{1,2,3} = 0$, $x_4 = 3$;
Graph verläuft von „links unten nach rechts unten“ und hat im Ursprung einen Sattelpunkt, d. h. die Funktion ändert hier ihre Krümmung, s. auch Abschn. 5.2.2.

2.92 a) $x_1 = -3$, $x_2 = -2$, $x_3 = 2$, $x_4 = 3$; $S_y(0|-4)$;
Graph verläuft von „links unten nach rechts unten“ und ist symmetrisch zur y-Achse.
b) $x_{1,2} = -2$, $x_{3,4} = 2$; $S_y(0|3)$;
Graph verläuft von „ links oben nach rechts oben“ berührt die x-Achse zweimal und ist symmetrisch zur y-Achse.

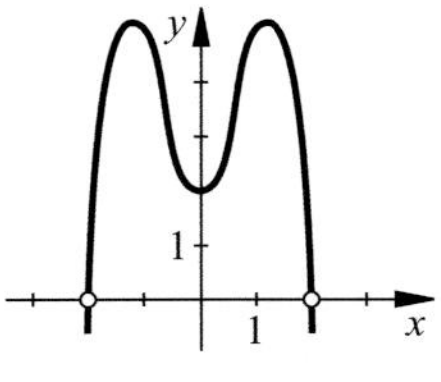

Zusatzaufgabe: Nullstellen $x_1 = -1$, $x_2 = 1$; $S_y(0|2)$;
Graph verläuft von „links unten nach rechts unten“ und hat ∩-Form.

2.93 a) $x_1 = -3$, $x_2 = -1$, $x_3 = 2$; $S_y(0|-3)$;
Graph verläuft von „links unten nach rechts oben“.

b) $x_1 = 0{,}27$; $x_2 = 2$, $x_3 = 3{,}73$; $S_y(0|1)$;
Graph verläuft von „links oben nach rechts unten“.
c) $x_1 = -2$, $x_{2,3} = 3$; $S_y(0|3)$;
Graph verläuft von „links unten nach rechts oben“ und berührt die x-Achse an der Stelle $x = 3$.

2.94 a) $x_1 = -1$, $x_2 = 0$, $x_3 = 1$, $x_4 = 3$; $S_y(0|0)$;
Graph verläuft von „links oben nach rechts oben“.
b) $x_1 = -3$, $x_2 = -1$; $x_{3,4} = 2$; $S_y(0|3)$;
Graph verläuft von „links oben nach rechts oben“ und berührt die x-Achse an der Stelle $x = 2$.
c) $x_{1,2} = -1$; $x_{3,4} = 2$; $S_y(0|4)$

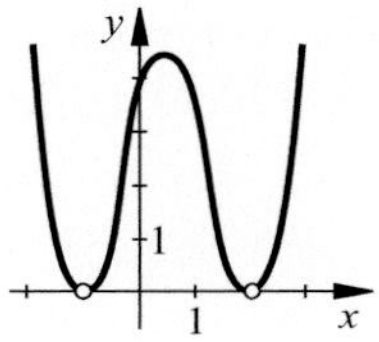

d) $x_{1,2,3} = 1$; $x_4 = -2$; $S_y(0|-2)$

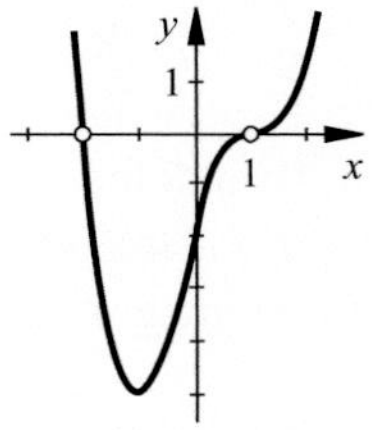

2.95 a) $S_1(-3|0)$, $S_2(-1|2)$, $S_3(2|5)$
Graph v. f_1 schneidet die x-Achse an den Stellen $x_1 = -3$, $x_2 = 0$, $x_3 = 1$ und verläuft von „links unten nach rechts oben“.
b) $S_1(-2|-\frac{10}{3})$, $S_{2,3}(2|-2)$ (Berührpunkt)
Graph v. f_2: $N_1(-1|0)$, $N_2(0|0)$, $N_3(3|0)$; Gerade g_2 ist Tangente.

2.96 a) $S_1(0|0)$, $S_{2,3}(5|1{,}25)$ (Berührpunkt)
Graph v. f_1: $N_1(0|0)$, $N_{2,3}(4|0)$; Graph v. g_1: $N_1(0|0)$, $N_2(4{,}5|0)$
b) $S_1(-3|0)$, $S_2(-2|2)$, $S_3(1|-4)$
Graph v. f_2: $N_1(-3|0)$, $N_2(-1|0)$, $N_3(2|0)$; $S_y(0|-3)$
Graph v. g_2: $N_1(-3|0)$, $N_2(0|0)$; Normalparabel, nach unten geöffnet

2.97 a) $S_1(0|0)$, $S_{2,3}(3|0)$ (Berührpunkt)
Graph v. f_1: $N_1(0|0)$, $N_2(1|0)$, $N_3(3|0)$; Graph v. g_1: $N_{1,2}(0|0)$, $N_3(3|0)$
b) $S_1(-1|0)$, $S_2(1|-\frac{2}{3})$, $S_3(2|0)$
Graph v. f_2: $N_1(-1|0)$, $N_2(-0{,}5|0)$, $N_3(2|0)$; Graph v. g_2: $N_1(-1|0)$, $N_{2,3}(2|0)$

2.98 a) $f_1^{-1}(x) = \frac{3}{2}x$; b) $f_2^{-1}(x) = \frac{4}{3}x - \frac{8}{3}$; c) $f_3^{-1}(x) = -\frac{3}{4}x + \frac{3}{4}$; d) $x = 2$

2.99 $f^{-1}(x) = \frac{1}{m}x + \frac{b}{m}$ $(m \neq 0)$

2.100 f_1: $y = \sqrt{x+1} - 2$, $y \geq -2$,
Vertausch der Variablen: $x = \sqrt{y+1} - 2$
$\Rightarrow \sqrt{y+1} = x + 2 \Rightarrow y = (x+2)^2 - 1 \Leftrightarrow y = x^2 + 4x + 3, x \geq -2$
Analoges Vorgehen für $f_2 : y = x^2 + 4x + 3, x \leq -2$
G_{f_1} (obere, nach rechts offene Halbparabel): $S_y(0|-1)$, $N(3|0)$,
Scheitelpunkt $S(-1|-2)$
G_{f_2} (untere, nach rechts offene Halbparabel): $S_y(0|-3)$, keine Nullstelle,
Scheitelpunkt $S(-1|-2)$

2.101 $\sqrt{7+x} = x + 1 \Rightarrow 7 + x = (x+1)^2 \Leftrightarrow x^2 + x - 6 = 0$,
also $S_1(-3|-2)$ und $S_2(2|3)$

2.102 a) $\frac{\pi}{6}$; b) $\frac{\pi}{4}$; c) $\frac{\pi}{3}$; d) $\frac{5}{12}\pi$; e) $\frac{2}{3}\pi$; f) $1{,}53\pi$; g) $1{,}861\pi$; h) $2{,}34\pi$; i) $4{,}5\pi$; j) $5{,}5\pi$

2.103 a) 15°; b) 135°; c) 150°; d) 420°; e) 900°; f) 6,88°; g) 77,35°; h) 139,23°; i) 321,43°;
j) 588,43°

2.104 a) Graph ergibt sich durch Spiegelung der „Tangenskurve" an der x-Achse.
b) analog für Abb. 2.45b

2.105 a) Jeder Funktionswert der Sinusgrundfunktion $g(x) = \sin x$ wird mit dem Faktor 3 multipliziert, d. h. die klassische Sinuskurve wird in y-Richtung gestreckt.
b) Die Sinuskurve wird in y-Richtung gestaucht: Faktor $\frac{1}{2}$.
c) Streckung mit gleichzeitiger Spiegelung an der x-Achse

2.106 a) Die Sinuskurve wird in x-Richtung mit Faktor $\frac{1}{2}$ gestaucht; Periodenlänge: π
b) Die Sinuskurve wird in x-Richtung mit Faktor 2 gestreckt; Periodenlänge: 4π
c) Die Sinuskurve wird an der x-Achse gespiegelt und in x-Richtung gestaucht: Stauchungsfaktor $\frac{2}{3}$; Periodenlänge: $\frac{4}{3}\pi$

2.107 a) Die Sinuskurve wird in y-Richtung gestreckt (Streckungsfaktor 2) und in x-Richtung gestaucht (Stauchungsfaktor $\frac{3}{4}$); Periodenlänge: $\frac{3}{2}\pi$
$N_1(0|0)$, $N_2(0{,}75\pi|0)$, $N_3(1{,}5\pi|0)$;
Hochpunkt $(0{,}375\pi|2)$, Tiefpunkt $(1{,}125\pi|-2)$
b) Die Sinuskurve wird in y-Richtung gestreckt (Streckungsfaktor 3), gleichzeitig an der x-Achse gespiegelt und in x-Richtung gestaucht (Stauchungsfaktor $\frac{2}{3}$); Periodenlänge: $\frac{4}{3}\pi$
$N_1(0|0)$, $N_2(\frac{2}{3}\pi|0)$, $N_3(\frac{4}{3}\pi|0)$; Tiefpunkt $(\frac{\pi}{3}|-3)$, Hochpunkt $(\pi|3)$.
c) Die Sinuskurve wird in y-Richtung gestreckt (Streckungsfaktor 4) und ebenfalls in x-Richtung (Streckungsfaktor 1,5); Periodenlänge: 3π
Keine Spiegelung an der x-Achse.
$N_1(0|0)$, $N_2(1{,}5\pi|0)$, $N_3(3\pi|0)$; Hochpunkt $(\frac{3}{4}\pi|4)$, Tiefpunkt $(\frac{9}{4}\pi|-4)$.

2.108 a) Die Sinuskurve wird in y-und x-Richtung gestreckt (Streckungsfaktor 2); Periodenlänge: 4π. Phasenverschiebung um $\frac{\pi}{2}$ Einheiten in pos. x-Richtung.
Für das Intervall $[0;\ 4{,}5\pi]$ gilt: $S_y(0|-\sqrt{2})$; $N_1(0{,}5\pi|0)$, $N_2(2{,}5\pi|0)$, $N_3(4{,}5\pi|0)$;
Hochpunkt $(1{,}5\pi|2)$, Tiefpunkt $(3{,}5\pi|-2)$.

b) Die Sinuskurve wird in y-Richtung gestreckt (Streckungsfaktor 4) und in x-Richtung gestaucht (Stauchungsfaktor 0,5); Periodenlänge: π. Phasenverschiebung um $\frac{\pi}{2}$ Einheiten in neg. x-Richtung.
Für das Intervall $[0;\pi]$ gilt: $N_1(0|0)$, $N_2(\frac{\pi}{2}|0)$, $N_3(\pi|0)$; Tiefpunkt $(\frac{\pi}{4}|-4)$, Hochpunkt $(\frac{3}{4}\pi|4)$.
c) Für $x \in [-1;2\pi]$ gilt: $N_1(-0{,}27|0)$, $N_2(1{,}41|0)$, $N_3(6{,}01|0)$; $S_y(0|0{,}53)$; $H(0{,}57|1)$, $T(3{,}71|-5)$; $W_1(-1|-2)$, $W_2(2{,}14|-2)$, $W_3(5{,}28|-2)$, W_i für Wendepunkte (Änderung der Krümmung).

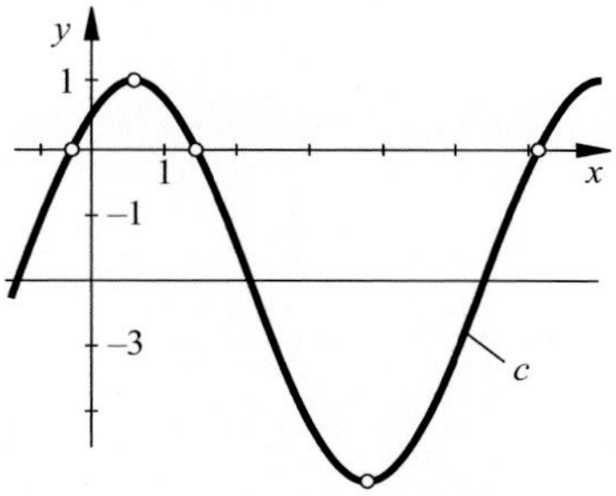

d) Für $x \in [-1;2\pi]$ gilt: $S_y(0|1{,}14)$; *keine* Nullstellen; $T_1(0{,}2|1)$, $H_1(1{,}79|4)$, $T_2(3{,}36|1)$, $H_2(4{,}93|4)$, $T_3(6{,}5|1)$; $W_1(1-\frac{\pi}{2}|2{,}5)$, $W_2(1|2{,}5)$, $W_3(1+\frac{\pi}{2}|2{,}5)$ usw.

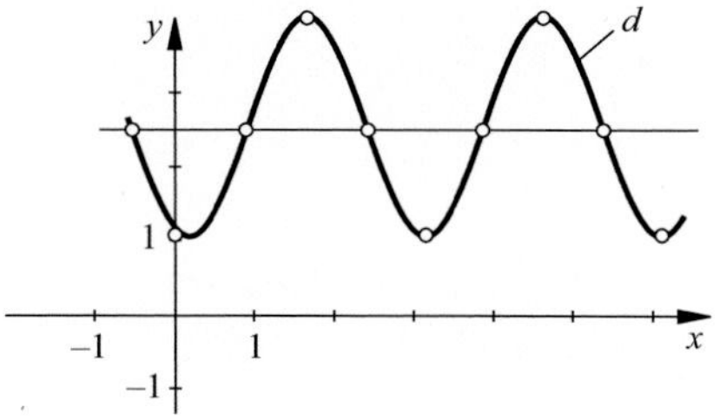

2.109 a) $u(t) = 325\,\text{V} \cdot \sin 100\pi \cdot t$, t in Sekunden
oder $u(t) = 325\,\text{V} \cdot \sin 0{,}1\pi \cdot t$, t in ms (= Millisekunden),
also $u(5) = 325\,\text{V}$, $u(10) = 0\,\text{V}$, $u(12) = -191\,\text{V}$
b) $u(t) = 110\sqrt{2}\,\text{V} \cdot \sin 120\pi \cdot t$, t in s
oder $u(t) = 110\sqrt{2}\,\text{V} \cdot \sin 0{,}12\pi \cdot t$, t in ms,
also $u(1) = 57{,}27\,\text{V}$ und $u(5) = 147{,}95\,\text{V}$
c) $u(t_{\max}) = 110\sqrt{2}\,\text{V} \cdot \sin 120\pi \cdot t_{\max} = 110\sqrt{2}\,\text{V} \cdot \sin \frac{\pi}{2}$
$\Rightarrow t_{\max} = 4{,}17\,\text{ms}$

2.110 a) $u(t) = 325\,\text{V} \cdot \sin 0{,}1\pi \cdot t$, t in ms, also $300\,\text{V} = 325\,\text{V} \cdot \sin 0{,}1\pi \cdot t$
$\Rightarrow t = \frac{\arcsin \frac{12}{13}}{0{,}1\pi} \Rightarrow t = 3{,}74\,\text{ms}$
b) $\Delta t = \frac{\arcsin \frac{200}{325} - \arcsin \frac{100}{325}}{0{,}1\pi} \Rightarrow \Delta t = 1{,}14\,\text{ms}$

7.3 Kapitel 3 „Folgen und Reihen"

3.1 a) $(2, 4, 6, 8, 10)$; b) $(1, \frac{1}{2}, \frac{1}{3}, \frac{1}{4}, \frac{1}{5})$; c) $(2, 5, 8, 11, 14)$; d) $(\frac{1}{2}, \frac{4}{3}, \frac{9}{4}, \frac{16}{5}, \frac{25}{6})$; e) $(2, 4, 8, 16, 32)$; f) $(0, \frac{1}{4}, \frac{1}{4}, \frac{3}{16}, \frac{1}{8})$; g) $(2, 0, 2, 0, 2)$; h) $(1, -\frac{1}{2}, 1, -4{,}25)$

3.2 a) $(3, 6, 9, 12, 15)$; b) $(1, 3, 5, 7, 9)$; c) $(\frac{1}{2}, \frac{1}{3}, \frac{1}{4}, \frac{1}{5}, \frac{1}{6})$; d) $(0, \frac{1}{4}, \frac{2}{9}, \frac{3}{16}, \frac{4}{25})$; e) $(0, \frac{3}{2}, \frac{8}{3}, \frac{15}{4}, \frac{24}{5})$; f) $(-1, 1, -1, 1, -1)$; g) $(\frac{1}{3}, -\frac{1}{2}, \frac{3}{5}, -\frac{2}{3}, \frac{5}{7})$

3.3 a) $n \to n$; b) $n \to \frac{1}{2n-1}$; c) $n \to \frac{n}{n+1}$; d) $n \to 2^{1-n}$; e) $n \to (-1)^n \cdot 2^{-n}$; f) $n \to (-1)^{n+1}\frac{n-1}{n^2}$; g) $n \to 1 + (-1)^n$; h) $n \to \frac{1-(-1)^n}{2}$; i) $n \to (-1)^n \cdot \frac{3n-1}{(n+1)^2}$

3.4 a) $(1, 3, 5, 7, 9, \ldots)$; b) $(1, 2, 1, 2, 1, \ldots)$; c) $(3{,}1, \frac{1}{3}, \frac{1}{9}, \frac{1}{27}, \ldots)$; d) $(-1, 2, -4, 8, -16, \ldots)$; e) $(3, \frac{5}{2}, \frac{9}{4}, \frac{17}{8}, \frac{33}{16}, \ldots)$; f) $(-1, 0, -1, 0, -1, \ldots)$

3.5 a) $(1, 2, 3, 5, 8, \ldots)$; b) $(-1, 1, -1, -1, 1, \ldots)$

3.6

	(a)	(b)	(c)		(d)
	Alternierend	Monoton	Nach unten beschränkt	Nach oben beschränkt	Beschränkt
3.1	h	a–f	alle außer h	b, f, g	b, f, g
3.2	f, g	a, b, c, e	alle außer g	c, d, f	c, d, f
3.3	e, f, i	a, b, c, d	alle	alle außer a	alle außer a
3.4	d, f	a, c, e	a, b, c, e, f	b, c, e, f	b, c, e, f
3.5	—	a	a, b	b	b

3.7 a) streng monoton fallend: $\frac{n+2}{n} > \frac{(n+1)+2}{n+1} \Leftrightarrow n^2 + 2 > n^2$
b) wie a): $\frac{2n-1}{1-3n} > \frac{2(n+1)-1}{1-3(n+1)} \Leftrightarrow 3n > -n + 1$
c) wie a): $\frac{n+1}{n^2} > \frac{(n+1)+1}{(n+1)^2} \Leftrightarrow n^2 + 3n + 1 > 0$
d) $(\frac{2^n}{n^2}) = (2{,}1, \frac{8}{9}, \ldots)$ scheint streng monoton fallend zu sein, aber:
$\frac{2^{n+1}}{(n+1)^2} < \frac{2^n}{n^2} \Leftrightarrow 2n^2 < (n+1)^2 \Leftrightarrow \sqrt{2}|n| < |n+1|$,
da $n \in \mathbb{N}$ folgt $\sqrt{2}n < n + 1 \Leftrightarrow n < \frac{1}{\sqrt{2}-1}$.
Das ist keine wahre Aussage für alle $n \in \mathbb{N}$.
Die Berechnung weiterer Glieder zeigt, dass der Zähler 2^n mit wachsendem n immer stärker wächst als der Nenner mit n^2.

3.8 a) beschränkt; obere Grenze: $+3$; untere Grenze: $+1$
b) beschränkt; obere Grenze: $-\frac{1}{2}$; untere Grenze: $-\frac{2}{3}$
c) beschränkt; obere Grenze: $+2$; untere Grenze: 0
d) nach unten beschränkt; untere Grenze: $\frac{8}{9}$

3.9 a) 48; b) -25; c) 15; d) $\frac{437}{60}$; e) 21; f) 27

3.10 a) $\sum_{k=1}^{5} \frac{k+2}{k+1}$; b) $\sum_{k=1}^{4} \frac{1}{k} \cdot (-1)^{k+1}$; c) $\sum_{k=1}^{6} \frac{3k-1}{(k+1)^2}$; d) $\sum_{k=1}^{7} \frac{(-2)^k}{(k+1)^2}$; e) $\sum_{k=1}^{6} \frac{k+1}{k!}$; f) $\sum_{k=1}^{5} \frac{1-(-1)^{k+1}}{2}$

3.11 a) $a_n = 4n - 3$; b) $a_n = 5n - 12$; c) $a_n = -3n + 9$; d) keine AF; e) keine AF; f) $a_n = -\frac{1}{2}n + \frac{3}{2}$

3.12 a) $a_n = 83$; b) $a_1 = -20$; c) $d = 8$; d) $n = 19$

3.13 a) $a_{25} = a_6 + 19d = \cdots = 75$; b) $a_{25} = a_9 + 16d = \cdots = -7$; c) $a_{25} = a_3 + 22d = \cdots = 5$; d) $a_{25} = a_{12} + 13d = \cdots = -\frac{49}{12}$

3.14 $d = 5$, somit $a_n = 5n - 3$
3.15 $a_1 + 4d = 17, a_1 + 36d = 145 \Rightarrow d = 4$, somit $a_1 = 1$ und schließlich $a_{100} = 397$
3.16 a) keine GF; b) $a_n = 10^{-n}$; c) $a_n = \pi^n$
3.17 a) $a_n = 192$; b) $a_1 = -\frac{3}{4}$; c) $q = -\frac{1}{2}$; d) $n = 13$
3.18 a) $q = \frac{3}{2}$, also $(a_n) = (32, 48, 72, 108, 162, 243, \ldots)$, $a_{10} = 1230{,}1875$
b) $q = -\frac{2}{3}$, also $(a_n) = (-3{,}2, -\frac{4}{3}, \frac{8}{9}, -\frac{16}{27}, \frac{32}{81}, \ldots)$, $a_{10} = \frac{512}{6561} \approx 0{,}078$
c) $q = 3$, also $(a_n) = (-0{,}5; -1{,}5; -4{,}5; -13{,}5; -40{,}5; -121{,}5; \ldots)$, $a_{10} = -9841{,}5$
3.19 $q = 7$, also sind es die Zahlen 2, 14, 98, 686, 4802
3.20 a) $q = \frac{4}{3}$, also $n > \frac{\log 1000 - \log 3}{\log 4 - \log 3} + 1 \Rightarrow n = 22$
b) $q = \frac{3}{4}$, also $n > \frac{\log 0{,}001 - \log 4}{\log 3 - \log 4} + 1 \Rightarrow n = 30$

7.4 Kapitel 4 „Grenzwerte von Funktionen – Stetigkeit"

4.1 a) $g_l = -\infty$, $g_r = \infty$; b) $g_l = \infty$, $g_r = -\infty$; c) $g_l = -\infty$, $g_r = \infty$
4.2 a) $g_l = g_r = \frac{2}{3}$; b) $g_l = g_r = -\frac{3}{2}$; c) $g_l = g_r = 1$; d) $g_l = -\infty$, $g_r = \infty$;
e) $g_l = g_r = \frac{2}{5}$; f) $g_l = g_r = 0$
4.3 a) $g_l = 0$, $g_r = \infty$; b) $g_l = 0$, $g_r = \infty$; c) $g_l = \infty$, $g_r = 0$
4.4 a) $g = -1$; b) $g = 0$; c) $g = 1$; d) $g = 1$; e) $g = 1$; f) $g_l = -1$, $g_r = +1$
4.5 a) $g = f(0) = 0$ (stetig)
b) $g = f(0) = 0$ (stetig)
c) unstetig an der Stelle $x_0 = 2$; denn Grenzwert existiert nicht: $g_l = 3$, $g_r = 0$
4.6 a) unstetig an der Stelle $x_0 = 0$; Grenzwert existiert nicht ($g_l = 0$; $g_r = \infty$)
b) unstetig an der Stelle $x_0 = 0$; $g \neq f(0)$
c) unstetig an der Stelle $x_0 = 1$; $g \neq f(1)$
d) stetig an der Stelle $x_0 = 3$; $g = f(3)$

7.5 Kapitel 5 „Differentialrechnung"

5.1 a) $y' = 5x^4$, $y'' = 20x^3$, $y''' = 60x^2$
b) $y' = -2x$, $y'' = -2$, $y''' = 0$
c) $y' = 6x^2$, $y'' = 12x$, $y''' = 12$
d) $y' = -2x^2 + 3x$, $y'' = -4x + 3$, $y''' = -4$
e) $y' = -4x^2 + 5x - 3$, $y'' = -8x + 5$, $y''' = -8$
f) $y' = -2x^3 + 6x^2 - 3x + 1$, $y'' = -6x^2 + 12x - 3$, $y''' = -12x + 12$
5.2 a) $y' = \frac{1}{x^2}$, $x \in \mathbb{R}^*$; b) $y' = -\frac{6}{x^4}$, $x \in \mathbb{R}^*$; c) $y' = \frac{15}{x^6}$, $x \in \mathbb{R}^*$; d) $y' = \frac{1}{3 \cdot \sqrt[3]{x^2}}$, $x \in \mathbb{R}^*$; e) $y' = -\frac{1}{x^2} - \frac{1}{2\sqrt{x}}$, $x \in \mathbb{R}^+$; f) $y' = \frac{1}{2\sqrt{x}} + \frac{2}{x^3}$, $x \in \mathbb{R}^+$
5.3 einzige Nullstelle: $x_N = 0$, somit $f'(x) = 3x^2 + 2x + 2 \Rightarrow f'(0) = 2 \Rightarrow \tau = 63{,}4°$
5.4 Schnittpunkt $S_1(-2|5)$: $f_1'(-2) = 1{,}5$ und $f_2'(-2) = -3 \Rightarrow \varepsilon_1 = 52{,}13°$
Schnittpunkt $S_2(1|0{,}5)$: $f_1'(1) = -4{,}5$ und $f_2'(1) = 0 \Rightarrow \varepsilon_2 = 102{,}53°$

5.5 a) $t(x) = 4x - 1$; b) $t(x) = -2$; c) $t(x) = -x + 2$; d) $t(x) = x + 2$

5.6 a) $n(x) = -\frac{1}{4}x + \frac{13}{4}$; b) $n(x) = 1$; c) $n(x) = x$; d) $n(x) = -x + 4$

5.7 $f'(x) = -\frac{1}{x^2}$, $g'(x) = -1 \Rightarrow -1 = -\frac{1}{x^2} \Leftrightarrow x^2 - 1 = 0$; Berührpunkte: $B_1(1|1)$, $B_2(-1|-1)$

5.8 a) Für die Steigungen gilt $2 = -\frac{-2}{x^3} \Leftrightarrow x^3 + 1 = 0$; $B(-1|1)$, $t(x) = 2x + 3$
b) Schnittpunktbedingung: $2x + 3 = \frac{1}{x^2} \Leftrightarrow 2x^3 + 3x^2 - 1 = 0$; $S(0{,}5|4)$

5.9 a) Ansatz $2x - 3 = 1$ führt auf $B(2|-3)$, also Tangente $t(x) = x - 5$
b) Normale $n(x) = -x - 1$; $S_2(0|-1)$, $\varepsilon = 26{,}57°$

5.10 Ansatz $2x - 1{,}5 = -0{,}5$ führt auf $B(0{,}5|3{,}5)$; $g(x) = -\frac{1}{2}x + \frac{15}{4}$

5.11 Ansätze: $3ax^2 = 3$ (Steigungsaspekt) und $ax^3 = -\frac{1}{3}x + \frac{4}{3}$ (Schnittpunktbedingung) führen auf $a = 1$.

5.12 a) $f_1'(x) = f_2'(x)$ liefert $a \cdot x = -\frac{1}{x^3} \Leftrightarrow a = -\frac{1}{x^4}$
$f_1(x) = f_2(x)$ liefert $-\frac{1}{x^4} \cdot x^2 + 2 = \frac{1}{x^2} \Leftrightarrow x^2 - 1 = 0$, also $a = -1$
Berührpunkte $B_1(-1|1)$ und $B_2(1|1)$
b) G_{f1}: nach unten geöffnete Normalparabel mit $S(0|2)$
G_{f2}: Hyperbel, symmetrisch zur y-Achse mit Ästen im 1. und 2. Quadranten

5.13 $f_1'(x) = f_2'(x)$ liefert $x = 1$, also $B(1|0{,}5)$
Abstandsermittlung von B zur Geraden f_2: $d = \frac{5}{4}\sqrt{2}$ LE $\approx 1{,}77$ LE
(*Hinweis*: Schnittpunkt von Normale $n(x) = -x + 1{,}5$ mit G_{f_2} ermitteln: $S(2{,}25|-0{,}75)$, dann $|\overline{BS}|$ errechnen)

5.14 $f'(x) = -2x + 2$
Ansatz: $m_t(x) = \frac{4-(-x^2+2x)}{2-x} = -2x + 2 \Rightarrow x^2 - 4x = 0$, somit $B_1(0|0)$ und $B_2(4|-8)$
$t_1(x) = 2x$, $t_2(x) = -6x + 16$

5.15 Ansatz $-x^2 + bx + c = \frac{1}{4}x^2 - 2x + 5$ führt auf $x_{1,2} = \frac{2}{5}(2 + b) \pm \sqrt{\ldots}$
Mit vorgegebener Berührpunktabszisse ergibt sich $2 = \frac{2}{5}(2 + b) \Leftrightarrow b = 3$;
Punktprobe mit $B(2|2)$ liefert $c = 0$, also $y = -x^2 + 3x$

5.16 Schnittpunktbedingung führt auf Berührpunkt $B(-2|-1)$;
Punktproben mit $B(-2|-1)$ und $B'(-6|-1)$ liefern $P \equiv y = -\frac{1}{4}x^2 - 2x - 4$

5.17 $t(x) = 2x + 1$; $B(-1|-1)$; $P \equiv y = x^2 + 4x + 2$

5.18 $y = -0{,}115x^2 + x + 1{,}5$; $y'(10) = -1{,}3 \Rightarrow \tau = 127{,}57°$

5.19 Flugbahn: $f(x) = -0{,}1365x^2 + x + 2{,}13 \Rightarrow f'(6{,}25) = -0{,}706 \Rightarrow \alpha = (-)35{,}2°$
Mindestwinkelgröße bestimmen: $\sin\alpha = \frac{d}{D}$, also $\alpha_{\min} = \arcsin\frac{24\text{ cm}}{45\text{ cm}} = 32{,}23°$
$\Rightarrow$ Wurf gelingt

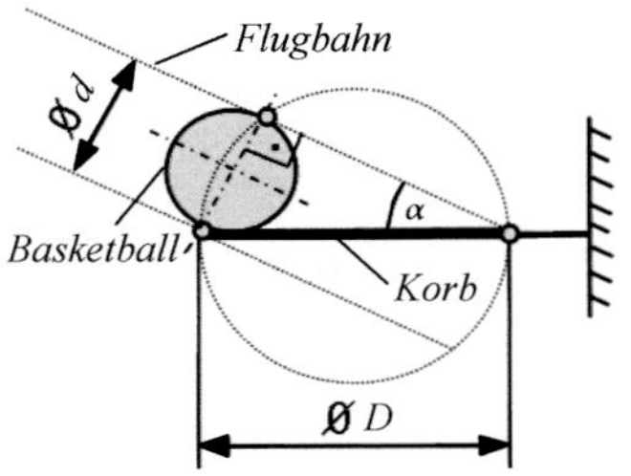

5.20 $B(300|210)$; eingesetzt in die Geradengleichung $y = \frac{4}{3}x + b$ führt auf $b = -190$

5.21 $y = \frac{1}{1250}x^2 - \frac{2}{25}x + 20$; $\tau_1 = 175{,}43°$; $\tau_2 = 9{,}09°$; $\tau_3 = 21{,}8°$

5.22 a) $y = -\frac{1}{24}x^2 + 2x$; b) 135°; c) $S(24|24)$

5.23 a) $N_1(0|0)$, $N_{2,3}(3|0)$; $T(1|-\frac{4}{3})$, $H(3|0)$; $W(2|-\frac{2}{3})$
Graph verläuft von „links oben nach rechts unten".

b) $N(0|0)$; $T(0{,}59|-3{,}82)$, $H(1{,}41|-2{,}18)$; $W(1|-3)$
Graph verläuft von „links oben nach rechts unten".

c) $N(0|0)$; keine Extrema; $W(\frac{2}{3}|\frac{20}{9})$
Graph verläuft von „links unten nach rechts oben".

d) $S_y(0|2)$; $N_1(0{,}27|0)$, $N_2(2|0)$, $N_3(3{,}73|0)$; $T(1|-2)$, $H(3|2)$; $W(2|0)$
Graph verläuft von „links oben nach rechts unten".

e) $S_y(0|-2)$; $N(1|0)$; $H(-3|-2)$, $T(-1|-2{,}5)$; $W(-2|-2{,}25)$
Graph verläuft von „links unten nach rechts oben".

f) $S_y(0|2)$; $N(-1|0)$; keine Extrema; $W(-\frac{2}{3}|\frac{14}{27})$
Graph verläuft von „links unten nach rechts oben".

5.24 a) $N_{1,2}(-3|0)$, $N_{3,4}(0|0)$; $T_1(-3|0)$, $H(-1{,}5|1{,}69)$, $T_2(0|0)$; $W_1(-2{,}37|0{,}74)$, $W_2(-0{,}63|0{,}74)$
Graph verläuft von „links oben nach rechts oben".

b) $N_1(-1|0)$, $N_{2,3}(0|0)$; $N_4(2|0)$, $H_1(-0{,}7|0{,}79)$, $T(0|0)$, $H_2(1{,}44|5{,}67)$; $W_1(-0{,}38|0{,}43)$, $W_2(0{,}88|3{,}26)$
Graph verläuft von „links unten nach rechts unten".

c) $N_{1,2,3}(0|0)$, $N_4(4|0)$; $H(3|4{,}5)$; $S(0|0)$, $W(2|2{,}67)$
Graph verläuft von „links unten nach rechts unten".

d) $N_{1,2}(0|0)$; $H(0|0)$; $W(0{,}67|-1{,}63)$, $S(2|-4)$
Graph verläuft von „links unten nach rechts unten".

e) $N_{1,2}(0|0)$; $T_1(0|0)$, $H(2|4)$, $T_2(3|3{,}375)$; $W_1(0{,}79|1{,}72)$, $W_2(2{,}55|3{,}66)$
Graph verläuft von „links oben nach rechts oben".

f) $N_1(0|0)$, $N_2(4|0)$; $H_1(1|2{,}25)$, $T(2|2)$, $H_2(3|2{,}25)$; $W_1(1{,}42|2{,}14)$, $W_2(2{,}58|2{,}14)$
Graph verläuft von „links unten nach rechts unten".

5.25 a) $S_y(0|1)$; $N_1(-2{,}34|0)$, $N_2(-0{,}74|0)$, $N_3(0{,}74|0)$, $N_4(2{,}34|0)$; $T_1(-\sqrt{3}|-2)$, $H(0|1)$, $T_2(\sqrt{3}|-2)$; $W_1(1|-0{,}67)$; $W_2(-1|0{,}67)$;
Graph verläuft von „links oben nach rechts oben", Symmetrie zur y-Achse.

b) $S_y(0|3)$; keine Nullstellen; $T_1(-1|2{,}5)$, $H(0|3)$, $T_2(1|2{,}5)$; $W_1(-0{,}58|2{,}7)$, $W_2(0{,}58|2{,}7)$
Graph verläuft von „links oben nach rechts oben", Symmetrie zur y-Achse.

c) $S_y(0|-2{,}25)$; $N_1(-1|0)$, $N_2(1|0)$; $T(0|-2{,}25)$; keine Wendepunkte
Graph verläuft (parabelähnlich) von „links oben nach rechts oben"; Symmetrie zur y-Achse.

5.26 a) $S_y(0|2)$; $N_{1,2}(-1|0)$, $N_{3,4}(2|0)$; $T_1 \mathrel{\hat{=}} N_{1,2}$, $H(0{,}5|2{,}53)$, $T_2 \mathrel{\hat{=}} N_{3,4}$; $W_1(-0{,}37|1{,}13)$, $W_2(1{,}37|1{,}13)$
Graph verläuft von „links oben nach rechts oben".

b) $S_y(0|-3)$; $N_1(-0{,}67|0)$, $N_{2,3,4}(2|0)$; $T \mathrel{\hat{=}} S_y$; $W(0{,}67|-1{,}78)$, $S(2|0)$
Graph verläuft von „links oben nach rechts oben".

c) $S_y(0|3)$; $N_1(-3|0)$, $N_2(-1|0)$, $N_{3,4}(2|0)$; $T_1(-2{,}23|-4{,}24)$, $H(0{,}23|3{,}11)$, $T_2(2|0)$; $W_1(-1{,}23|-1{,}04)$, $W_2(1{,}23|1{,}41)$
Graph verläuft von „links oben nach rechts oben".

d) $S_y(0|3)$; $N_1(-0{,}72|0)$, $N_2(1{,}39|0)$, $N_{3,4}(3|0)$; $H_1 \mathrel{\hat{=}} S_y$, $T(2|-0{,}56)$, $H_2(3|0)$; $W_1(0{,}79|1{,}48)$, $W_2(2{,}55|-0{,}26)$
Graph verläuft von „links unten nach rechts unten".

e) $N_1(0|0)$, $N_2(-1{,}92|0)$; $H(-1{,}25|3{,}27)$; $W(-0{,}5|1{,}53)$, $S_p(1|-1)$
Graph verläuft von „links unten nach rechts unten".

f) $S_y(0|3{,}25)$; $N_1(-1{,}6|0)$, $N_2(2{,}16|0)$, $H(1|4)$, kein W, Flachpunkt $F(0|3{,}25)$;
Graph verläuft von „links unten nach rechts unten".

5.27 a) $N_1(-2{,}33|0)$, $N_2(-1{,}49|0)$, $N_3(0|0)$; $H(-2|2)$, $T(-0{,}8|-2{,}2)$; $W_1(-1{,}54|0{,}24)$, $W_2(-0{,}07|-0{,}26)$, $S(1|2)$
Graph verläuft von „links unten nach rechts oben".

b) $S_y(0|3)$; $N(-2{,}27|0)$, $T(-1{,}34|0{,}86)$, $H(1{,}34|5{,}14)$; $W \mathrel{\hat{=}} S_y$
Graph verläuft (ähnlich dem Graphen einer ganzrationale Funktion 3. Grades) von „links oben nach rechts unten" und ist punktsymmetrisch zum Wendepunkt.

c) $S_y(0|2)$; $N(-1{,}39|0)$; $S_1(-1|1)$, $W(-0{,}5|1{,}5)$, $S_2(0|2)$
Graph verläuft von „links unten nach rechts oben".

d) $S_y(0|1)$; $N(-0{,}66|0)$, $S(0|1)$, Flachpunkt $F(1|1{,}6)$
Graph verläuft von „links unten nach rechts oben".

5.28 a) Schnittpunktbedingung führt auf $x^3 - 3x^2 - 6x + 8 = 0$
$\Leftrightarrow (x+2)(x-1)(x-4) = 0$;
Gewinnschwelle: $x_1 = 10.000$ Stück, Gewinngrenze: $x_2 = 40.000$ Stück

b) $G'(x) = -0{,}75x^2 + 1{,}5x + 1{,}5 = 0$ liefert Gewinnmaximum bei 27.320 Stück, $G_{\text{max}} = 259.808$ €

c) –

5.29 Polynomdivision:
$(x^4 - 20x^3 + 137x^2 - 358x + 240) : (x^2 - 6x + 5) = x^2 - 14x + 48$
Anfang der 2. Phase: $x = 6$ Jahre, Ende der 2. Phase: $x = 8$ Jahre

5.30 a) $W(0|1), t_W(x) = 4x + 1$; b) $W(-1|2), t_W(x) = -3x - 1$;

c) $W(2|-1), t_W(x) = -2x + 3$; d) $W(-1|\frac{8}{3}), t_W(x) = \frac{8}{3}$

5.31 a) $W(1|3), n_W(x) = -x + 4$
Schnittpunktbedingung führt auf $x^3 - 3x^2 - x + 3 = 0$
und ergibt $S_1(-1|5)$, $S_2 \mathrel{\hat{=}} W$, $S_3(3|1)$; 33,69° bzw. 90° (in W)

b) $W(1|3)$, $n_W(x) = -x + 4$
Schnittpunktbedingung führt auf $x^3 - 3x^2 + 5x - 3 = 0$,
Schnittpunkt $S \mathrel{\hat{=}} W$, $\varepsilon = 90°$.

5.32 $W_1(0|0)$, $W_2(2|-4)$; $t_{W_2} = -4x + 4$
Schnittpunktbedingung führt auf $x^4 - 4x^3 + 16x - 16 = 0$
und ergibt $S_1(-2|12)$ sowie $S_{2,3,4} \mathrel{\hat{=}} W_2$; Schnittwinkel $\varepsilon = 11{,}18°$.

5.33 a) $W_1(1|0)$, $W_2(3|2)$; $t_{W_1} = 0$, $t_{W_2}(x) = 2x - 4$; $S(2|0)$; Schnittwinkel $\varepsilon = 63{,}44°$
b) $W_1(1|0{,}875)$, $W_2(2|2)$; $t_{W_1}(x) = \frac{5}{4}x - \frac{3}{8}$, $t_{W_2}(x) = x$
Schnittpunkt $S(1{,}5|1{,}5)$; Schnittwinkel $\varepsilon = 6{,}34°$

5.34 a) Eine Parabel ist eine Funktion 2. Grades und allgemein gegeben durch:
$f(x) = ax^2 + bx + c$ mit den Ableitungen $f'(x) = 2ax + b$; $f''(x) = 2a$
Bestimmungsgleichungen:

$$\begin{aligned} \text{I:}\quad f(-1) = 0 &\Rightarrow \quad a - b + c = 0 \\ \text{II:}\quad f(3) = 2 &\Rightarrow \quad 9a + 3b + c = 2 \\ \text{III:}\quad f'(3) = 0 &\Rightarrow \quad 6a + b = 0 \end{aligned}$$

$y = -\frac{1}{8}x^2 + \frac{3}{4}x + \frac{7}{8}$
b)
I: $f(-3) = 1 \Rightarrow 9a - 3b + c = 1$
II: $f'(-3) = -\frac{1}{2} \Rightarrow -6a + b = -0{,}5$;
Hinweis: Wendetangente über Zwei-Punkte-Form ermitteln
III: $f''(x) = 2a = 1$
$y = \frac{1}{2}x^2 + \frac{5}{2}x + 4$

5.35 $f'(x) = \frac{1}{20}x \Rightarrow f'(20) = 1$,
also geradliniger Verlauf: $h(x) = x - 10 \Rightarrow h(30) = 20$
Energieerhaltungssatz liefert $v = \sqrt{2gh}$, somit $v \approx 20\,\text{m/s}$

5.36 $y = ax^3 + bx^2 + cx + d$; $y' = 3ax^2 + 2bx + c$; $y'' = 6ax + 2b$; $y''' = 6a$

$$\begin{aligned} \text{I:}\quad f(-1) = 5 &\Rightarrow -a + b - c + d = 5 \\ \text{II:}\quad f'(-1) = 0 &\Rightarrow 3a - 2b + c = 0 \\ \text{III:}\quad f(1) = 3 &\Rightarrow a + b + c + d = 3 \\ \text{IV:}\quad f''(1) = 0 &\Rightarrow 6a + 2b = 0 \end{aligned}$$

$y = \frac{1}{8}x^3 - \frac{3}{8}x^2 - \frac{9}{8}x + \frac{35}{8}$

5.37 Bestimmungsgleichungen
I: $f(0) = 0 \Rightarrow d = 0$
II: $f''(-2) = 0 \Rightarrow -12a + 2b = 0$
III: $f'(2) = -1 \Rightarrow 12a - 4b + c = -1$
IV: $f(-2) = -\frac{2}{3} \Rightarrow -8a + 4b - 2c = -\frac{2}{3}$
Hinweis: $n_W = x + \frac{4}{3}$
$y = \frac{1}{3}x^3 + 2x^2 + 3x$

5.38 Nullstellen von $p(x)$: $N_1(0|0)$; $N_2(2|0)$
I: $f(0) = 0$; II: $f'(0) = \frac{1}{2}$; III: $f(2) = 0$; IV: $f''(2) = 0$
$y = \frac{1}{16}x^3 - \frac{3}{8}x^2 + \frac{1}{2}x$

5.39 Scheitelpunkt von $P(x)$: $(1|-1)$
I: $f(1) = -1$; II: $f'(1) = 0$; III: $f''(1) = 0$; IV: $f(0) = -2$
$y = x^3 - 3x^2 + 3x - 2$

5.40 Berührpunkt $B(-1|1)$
$f(-1) = 1$; $f'(-1) = 4$; $f(-2) = 3$; $f'(-2) = 0$
$y = 8x^3 + 38x^2 + 56x + 27$

5.41 Aus $f(0) = 0$ und $f'(0) = 0 \Rightarrow f(x) = ax^3 + bx^2$
$f(x) = 0$ liefert weitere Nullstelle bei $N_3(-\frac{b}{a}|0)$
$f'(-\frac{b}{a}) = 1$; $f''(1) = 0$
$y = \frac{1}{9}x^3 - \frac{1}{3}x^2$

5.42 a) Nullstellen: $N_1(-1|0)$, $N_2(1|0)$, $N_3(3|0)$, wobei laut Aufgabenstellung N_1 nicht in Betracht kommt. $y = -\frac{1}{12}x^3 + \frac{13}{12}x - 1$
b) Schnittpunktbedingung:
$13x^3 - 36x^2 - 25x + 48 = 0 \Leftrightarrow (x^2 - 4x + 3)(13x + 16) = 0$;
weiterer Schnittpunkt: $S(-1{,}23|-2{,}18)$.

5.43 Kostenfunktion $K(x) = x^3 - 6{,}5x^2 + 15x + 19$,
also $K(0) = 19$, $K(4) = 39$, $K(6) = 91$
Grenzkostenfunktion $K'(x) = 3x^2 - 13x + 15$, also $K'(2) = 1$

5.44 $f(10) = 0$; $f'(10) = 0$; $f(15) = 5$; $f''(15) = 0$
Eingabedaten in cm: $f(x) = -\frac{1}{50}x^3 + \frac{9}{10}x^2 - 12x + 50 \Rightarrow P(18|8{,}96)$
Eingabedaten in dm: $f(x) = -2x^3 + 9x^2 - 12x + 5 \Rightarrow P(1{,}8|0{,}896)$
CNC-Programmierung: $x = 180$, $y = 89{,}6$

5.45 Ganzrationale Funktion 3. Grades
$y(0) = 0 \Rightarrow d = 0$; $y''(0) = 0 \Rightarrow b = 0$
$y(20) = -10$; $y'(20) = 0$
$y = \frac{1}{1600}x^3 - \frac{3}{4}x$

5.46 Bestimmungsgleichungen
I: $M(0) = 62{,}5$; II: $M(2{,}835) = 25$; III: $M(2) = 74{,}5$
IV: $M'(2) = 0$
$M(n) = -24n^3 + 93n^2 - 84n + 62{,}5$

5.47 Ganzrationale Funktion 4. Grades lautet allgemein:
$y = ax^4 + bx^3 + cx^2 + dx + e$; $y' = 4ax^3 + 3bx^2 + 2xc + d$
$y'' = 12ax^2 + 6bx + c$
I: $f(0) = 0 \Rightarrow e = 0$; II: $f'(0) = 0 \Rightarrow d = 0$
III: $f(2) = -4$; IV: $f''(2) = 0$; $t_w = -2x \Rightarrow$ V: $f'(2) = -2$
$y = -\frac{1}{4}x^4 + \frac{3}{2}x^3 - 3x^2$

5.48 Es gilt: $f(0) = 0$; $f(1) = -0{,}625$; $f'(1) = 0$; $f''(1) = 0$
$f''(3) = 0$
$y = \frac{1}{8}x^4 - x^3 + \frac{9}{4}x^2 - 2x$

5.49 Es gilt: $f(0) = 0 \wedge f'(0) = 0 \wedge f''(2) = 0 \wedge f'''(2) = 0 \wedge f'(2) = 4$
$y = \frac{1}{8}x^4 - x^3 + 3x^2$

5.50 Es gilt: $f(2) = 0 \wedge f'(2) = 0 \wedge f''(2) = 0 \wedge f(0) = 0$
$f'(0) = -1$
$y = \frac{1}{8}x^4 - \frac{3}{4}x^3 + \frac{3}{2}x^2 - x$

5.51 Achsensymmetrie zur y-Achse $\Rightarrow y = ax^4 + bx^2 + c$
$y' = 4ax^3 + 2bx$; $y'' = 12ax^2 + 2b$ und
$f(-3) = 1 \wedge f(\sqrt{3}) = 3 \wedge f''(\sqrt{3}) = 0$
$y = \frac{1}{18}x^4 - x^2 + \frac{11}{2}$

5.52 Der Ansatz $y = ax^4 + bx^2 + c$ führt auf $y'(1) = 4a + 2b$ und $y'(-1) = 4a - 2b$; Orthogonalitätsbedingung liefert die Aussageform $16a^2 + 16ab + 4b^2 = 0$. Mit $b = -6a$ ergibt sich $a = \pm\frac{1}{8}$, wobei schließlich wegen $y'''(1) = 24a > 0$ (Übergang von Rechts- zu Linkskrümmung) nur der positive Wert als Lösung in Frage kommt: $y = \frac{1}{8}x^4 - \frac{3}{4}x^2 + \frac{13}{8}$.

5.53 a) $y = ax^5 + bx^4 + cx^3 + dx^2 + ex + f$ und $y' = 5ax^4 + 4bx^3 + 3cx^2 + 2dx + e$
$f(0) = 0$; $f'(0) = 0$; $f''(0) = 0$; $f(-1) = -2$; $f'(-1) = 0$
$f''(-1) = 0$
$y = 12x^5 + 30x^4 + 20x^3$
b) $f(2) = 0$; $f'(2) = 0$; $f(0) = 0$; $f''(0) = 0$; $f'(0) = -2$
$f(-2) = 0$
$y = -\frac{1}{8}x^5 + x^3 - 2x$

5.54 a) $V(x) = x \cdot (240 - 2x)^2 = 4x^3 - 960x^2 + 57.600x$; $N_1(0|0)$, $N_{2,3}(120|0)$
$D = \{x \,|\, 0 \leq x \leq 120\}_{\mathbb{R}}$; $W = \mathbb{R}_0^+$
$V'(x) = 0$ liefert $x = 40$ mm; Abmessungen: 160 mm · 160 mm · 40 mm
b) $V(x) = x \cdot (247 - 2x)(210 - 2x) = 4x^3 - 1014x^2 + 62.370x$
$D = \{x \,|\, 0 \leq x \leq 105\}_{\mathbb{R}}$; $W = \mathbb{R}_0^+$
$x \approx 40{,}4$; Abmessungen: 129,2 mm · 166,2 mm · 40,4 mm
c) $V(x) = x \cdot (a - 2x)(b - 2x) = 4x^3 - 2(a + b)x^2 + abx$
$V'(x) = 0$ liefert $x = \frac{1}{6}(a + b - \sqrt{a^2 - ab + b^2})$

5.55 $V(x) = x \cdot (300 - 2x)\frac{450-3x}{2} = 3x^3 - 900x^2 + 67.500x$
$V'(x) = 0$ liefert $x = 50$; Abmessungen: 200 mm · 150 mm · 50 mm

5.56 $A(x) = \frac{5V}{x} + \frac{V}{10} + 60x$; Abmessungen: 67 mm · 200 mm · 40 mm

5.57 $A(x) = x^2 + \frac{4V}{x}$; Abmessungen: 126 mm · 126 mm · 63 mm

5.58 $l(x) = x + \frac{36}{x}$; Abmessungen: 6 m · 3 m

5.59 $V(d) = 104d^2 - 2d^3$; $d = l = 34{,}6$ cm

5.60 $V(L) = -\frac{5}{3}L^3 + 90L^2$; Abmessungen: 36 cm · 24 cm · 30 cm

5.61 $l(x) = 2x + \frac{4{,}5}{x}$; Abmessungen: 1,5 m · 1,5 m

5.62 $A(x) = x(3 - x - \frac{\pi}{4}x) + \frac{\pi}{8}x^2$; Rahmen 1,077 m · 1,077 m, aufgesetzter Halbkreis

5.63 $C = \frac{C_1(8-C_1)}{8}$; $C_1 = C_2 = 4\,\mu$F

5.64 $L = 2(\pi x + 2y)$; Nebenbedingung $A = xy + \frac{\pi}{4}x^2$
führt auf $L(x) = \pi \cdot x + \frac{4A}{x}$, konkret: $L(x) = \pi \cdot x + \frac{2800}{x}$.
Keine Langlöcher, sondern Bohrungen mit $d := x = 29{,}85$ mm.

5.65 $L = 2(\frac{\pi}{2}x + x + 2y)$; aufgrund der NB $A = xy + \frac{\pi}{8}x^2$
resultiert $L(x) = \frac{\pi+4}{2}x + \frac{4A}{x}$, konkret: $L(x) = \frac{\pi+4}{2}x + \frac{2800}{x}$.
Rechteck-Aussparung (28 mm · 14 mm) mit aufgesetztem Halbkreis R 14.

5.66 $A_0(x) = \frac{\pi}{4}x^2 + \frac{4V}{x}$; Abmessungen: $d := x = \sqrt[3]{\frac{8V}{\pi}} \Rightarrow d = 172\,\text{mm}, h = 86\,\text{mm}$.

5.67 $V(x) = -\frac{1}{2}x^3 + \frac{A}{4}x$, konkret: $V(x) = -\frac{1}{2}x^3 + \frac{3}{2}x$;
Abmessungen: $d := x = 100\,\text{mm}$; Dosenhöhe $h = 127{,}3\,\text{mm}$

5.68 $A_0(x) = \frac{\pi}{3}x^2 + \frac{4V}{x}$, konkret: $A_0(x) = \frac{\pi}{3}x^2 + \frac{24.000}{x}$;
Abmessungen: Kugel mit $d := x = \sqrt[3]{\frac{6V}{\pi}} \Rightarrow d = 2{,}2545\,\text{m}$.

5.69 a) $W(b) = \frac{1}{6}b(d^2 - b^2)$; es genügt $\overline{W}(b) = bd^2 - b^3$ zu betrachten.
Abmessungen: $b = \frac{\sqrt{3}}{3}d \Rightarrow b \approx 173\,\text{mm}$; $h = \frac{\sqrt{6}}{3}d \Rightarrow h \approx 245\,\text{mm}$
b) $h : b = \sqrt{2} : 1$
c) Mit $d = |\overline{AB}|$, $q = |\overline{AE}|$ und $p = |\overline{BE}|$ folgt gemäß *Kathetensatz*
$b^2 = q \cdot d = \frac{1}{3}d^2 \Rightarrow b = \frac{\sqrt{3}}{3}d$ bzw. $h^2 = p \cdot d = \frac{2}{3}d \Rightarrow h = \frac{\sqrt{6}}{3}d$,
also $h : b = \sqrt{2} : 1$

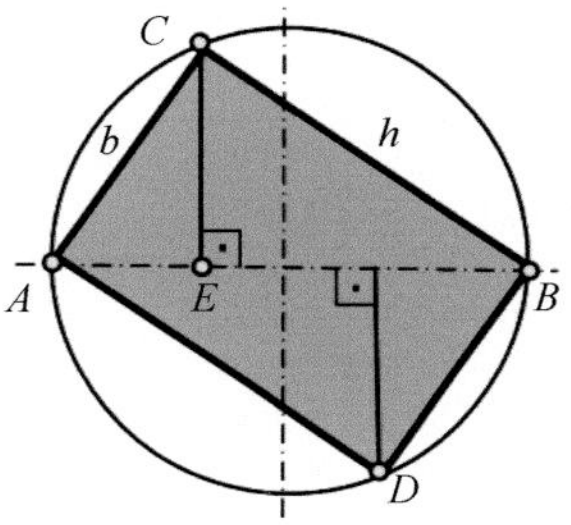

5.70 $A_0(x) = \frac{\pi}{4}x^2 + \pi xh + \frac{\pi}{2}xs$, mit $s = \frac{5}{6}x$ folgt $A_0(x) = \frac{2}{3} \cdot \pi x^2 + \pi xh$;
aufgrund der NB: $V = \frac{\pi}{4}x^2h + \frac{1}{3}\frac{\pi x^2}{4} \cdot \frac{2}{3}x$
resultiert $A_0(x) = \frac{4}{9}\pi x^2 + \frac{4V}{x}$, wobei $A_0(x) = \frac{\pi}{9} \cdot x^2 + \frac{V}{x}$ genügt;
Abmessungen: $d := x = 600\,\text{mm}$, Zylinderhöhe $h = 400\,\text{mm}$,
Kegelhöhe $h_K = 400\,\text{mm}$.

5.71 $V = \frac{1}{3}x^2 \cdot H$; aufgrund der NB: (1) $h^2 = H^2 + (\frac{x}{2})^2$ und (2) $h = \frac{A}{2x}$ folgt
$V(x) = \frac{x^2}{3} \cdot \sqrt{(\frac{A}{2x})^2 - (\frac{x}{2})^2}$;
es genügt zu betrachten $Q(x) = x^4 \cdot (\frac{A^2}{x^2} - x^2) \Rightarrow Q(x) = A^2 \cdot x^2 - x^6$
Abmessungen: Quadratfläche von 10 m · 10 m; $H = 7{,}07\,\text{m}$

5.72 $A(x) = 2x(\frac{1}{8}x^2 - \frac{3}{2})$; Abmessungen: 4 m · 1 m.

5.73 $V = \frac{\pi}{12}d^2H$; in Verbindung mit der Mantellinie s ergeben sich die NB:
(1) $H^2 = s^2 - (\frac{d}{2})^2$ und (2) $d = \frac{\varphi}{180} \cdot s$; somit resultiert
$V(\varphi) = \frac{\pi}{12} \cdot \frac{s^2 \cdot \varphi^2}{180^2} \cdot \sqrt{s^2 - \frac{1}{4} \cdot \frac{s^2 \cdot \varphi^2}{180^2}} \Leftrightarrow V(\varphi) = \frac{s^3}{24} \cdot \frac{\varphi^2}{180^2} \cdot \sqrt{4 - \frac{\varphi^2}{180^2}}$;
es genügt zu betrachten $Q(\varphi) = \varphi^4(4 - \frac{\varphi^2}{180^2}) \Leftrightarrow Q(\varphi) = 4\varphi^4 - \frac{\varphi^6}{180^2}$;
max. Volumen für $\varphi = 293{,}94°$.

5.74 $A(x) = -\frac{2}{3}x^3 + 8x$; Nullstellen $N_1(0|0)$, $N_2(3{,}46|0)$; $N_3(-3{,}46|0)$ entfällt;
$x = 2\,\text{m}$; Abmessungen: $4\,\text{m} \cdot \frac{8}{3}\,\text{m}$

5.75 Parabel $P \equiv y = -\frac{1}{18}x^2 + \frac{5}{3}x$, $A(x) = \frac{1}{2}x(-\frac{1}{18}x^2 + \frac{5}{3}x)$; $x = 20\,\text{m}$, $y = 11{,}\bar{1}\,\text{m}$

5.76 $L = x + y$; mit den NB: (1) $A = \frac{2y+z}{2} \cdot z \Leftrightarrow y = \frac{A}{z} - \frac{z}{2}$ und (2) $z = \frac{1}{2}\sqrt{2} \cdot x$ folgt $L(x) = (1 - \frac{\sqrt{2}}{4})x + \frac{\sqrt{2} \cdot A}{x}$;
Abmessungen: $x = 47\,\text{m}$, $y = 13{,}77\,\text{m}$

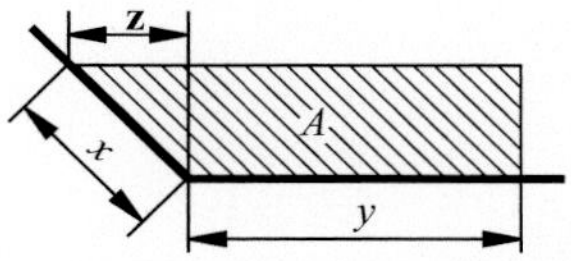

5.77 $d(x) = \sqrt{[(x^2+1)-1]^2 + (x-3)^2}$;
es genügt zu betrachten $Q(x) = d^2(x) = x^4 + x^2 - 6x + 9$;
$Q'(x) = 0$ liefert $x_d = 1$, also $Q(1|2)$.

5.78 $d(x) = \sqrt{(\frac{4\sqrt{2}}{x^2})^2 + x^2}$;
es genügt zu betrachten $Q(x) = d^2(x) = \frac{32}{x^4} + x^2$;
$Q'(x) = 0$ liefert $x_d = 2$, also $P(2|\sqrt{2})$.

5.79 Die Gerade g hat die Nullstelle $N(-\frac{b}{m}|0)$, somit gilt $A = \frac{1}{2}b \cdot (-\frac{b}{m}) = \frac{-b^2}{2m}$;
mit $b = 2 - 3m$ (Punktprobe mit P) ergibt sich $A(m) = \frac{-(2-3m)^2}{2m}$
$\Leftrightarrow A(m) = 6 - \frac{9}{2}m - \frac{2}{m}$.
$A'(m) = 0$ liefert $m = -\frac{2}{3}$, also $g \equiv y = -\frac{2}{3}x + 4$

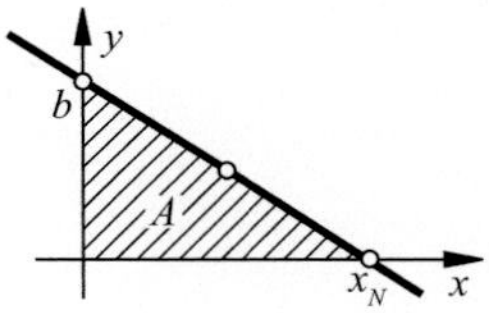

5.80 $y = \frac{1}{27}x^3 \Rightarrow y' = \frac{1}{9}x^2$
$P(u|;v) \Rightarrow m_N = -\frac{9}{u^2} \Rightarrow N \equiv y = -\frac{9}{u^2}x + (\frac{9}{u} + v)$;
der Abschnitt auf der y-Achse ist somit $b = \frac{9}{u} + v \Rightarrow b = f(u) = \frac{9}{u} + \frac{1}{27}u^3$;
es ist $P(3|1)$.

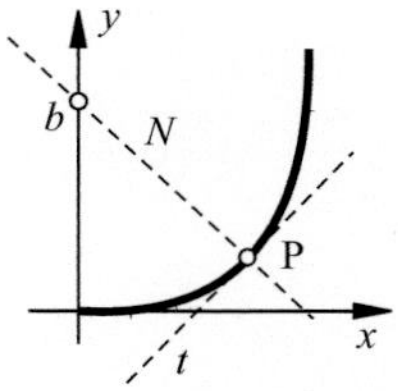

5.81 a) $f_1'(x) = 5x^4 + 6x^2 - 2x$; b) $f_2'(x) = -6x^5 + 5x^4 + 3x^2 - 2x$;
c) $f_3'(x) = 8x^7 - 6x^5 - 8x^3 + 2x$

5.82 a) $f_1'(x) = \frac{3}{2}\sqrt{x}$; b) $f_2'(x) = \sqrt[6]{x^5}$; c) $f_3'(x) = \frac{(3x-1)\cdot\sqrt{x}}{2x} + 1$;
d) $f_4'(x) = \frac{(5x^2-3x+1)\cdot\sqrt{x}}{2x}$; e) $f_5'(x) = \frac{5}{2}x\sqrt{x} - 3\sqrt{x} - 2x + 2$;
f) $f_6'(x) = \frac{(5x^2-1)\cdot\sqrt{x}}{2x} + 2x$

5.83 a) $f_1'(x) = \sin x + x \cdot \cos x$; b) $f_2'(x) = 2x \cdot \cos x - x^2 \cdot \sin x$;
c) $f_3'(x) = \cos^2 x - \sin^2 x$; d) $f_4'(x) = x \cdot \sin x$

5.84 a) $f_1'(x) = \ln x + 1$; b) $f_2'(x) = x(2 \cdot \ln x + 1)$; c) $f_3'(x) = \frac{1}{x^2}(1 - \ln x)$;
d) $f_4'(x) = \mathrm{e}^x(x + 1)$; e) $f_5'(x) = \mathrm{e}^x(\sin x + \cos x)$; f) $f_6'(x) = \mathrm{e}^x(\ln x + \frac{1}{x})$

5.85 a) $f_1'(x) = \frac{-8x}{(x^2-4)^2}$; b) $f_2'(x) = \frac{x^3+x-2}{x^3}$;
c) $f_3'(x) = \frac{8x^3}{(x^4+1)^2}$; d) $f_4'(x) = \frac{1}{\sqrt{x}(1-\sqrt{x})^2}$

5.86 a) $(\tan x)' = \frac{1}{\cos^2 x}$; b) $(\cot x)' = -\frac{1}{\sin^2 x}$

5.87 $B(1|1)$, $f'(x) = \frac{2}{(x+1)^2} \Rightarrow f'(1) = 0{,}5$, somit $t(x) = \frac{1}{2}x + \frac{1}{2}$

5.88 a) $f'(x) = -\frac{2}{(x-1)^2}$, $f'(x) = -2 \Rightarrow x(x-2) = 0$, also $B_1(0|-1)$ und $B_2(2|3)$
b) $t_1(x) = -2x - 1$; $t_2(x) = -2x + 7$

5.89 a) $f'(x) = -\frac{3}{2}x$, $f'(x) = -\frac{3}{(x-1)^2} \Rightarrow x^3 - 2x^2 + x - 2 = 0 \Leftrightarrow (x-2)(x^2+1) = 0$
$\Rightarrow x_0 = 2$
b) $f_1(2) = -3 + c$, $f_2(2) = 3 \Rightarrow -3 + c = 3 \Leftrightarrow c = 6$
c)

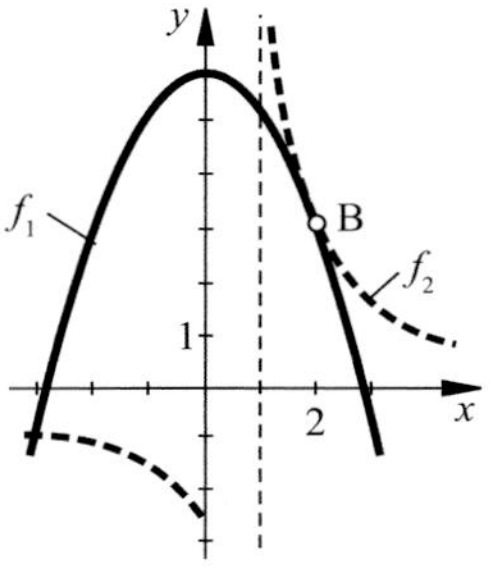

5.90 a) $f_1'(x) = 2(3x^2 - 4x)(6x - 4) = 36x^3 - 72x^2 + 32x$
b) $f_2'(x) = 12x(2x - 1)^2 = 48x^3 - 48x^2 + 12x$
c) $f_3'(x) = 4(x^2 - 3x - 1)^3 \cdot (2x - 3) = 8x^7 - 84x^6 + 300x^5 - \ldots + 100x + 12$

5.91 a) $f_1'(x) = \frac{-2x+2}{(x+1)^3}$; b) $f_2'(x) = \frac{-2x(x+1)}{(2x-1)^4}$; c) $f_3'(x) = \frac{6(2x-1)^2 \cdot (5x^2-4x+1)}{(1-3x^2)^5}$;
d) $f_4'(x) = \frac{4(1+x)}{(1-x)^3}$; e) $f_5'(x) = \frac{2x^5(x^2-3)}{(x^2-1)^3}$; f) $f_6'(x) = \frac{-12a^2x(x^2+a^2)^2}{(x^2-a^2)^4}$

5.92 a) $f_1'(x) = \frac{-1}{\sqrt{1-2x}}$; b) $f_2'(x) = \frac{x-1}{\sqrt{x^2-2x-3}}$; c) $f_3'(x) = \frac{-5 \cdot \sqrt{x-3}}{2(x-3)^2 \cdot \sqrt{x+2}}$;
d) $f_4'(x) = \frac{3x^2(7x-2)}{\sqrt{3x-1}}$; e) $f_5'(x) = \frac{x^2+x-1}{(x+1)\sqrt{x^2-1}}$; f) $f_6'(x) = \frac{1+2 \cdot \sqrt{1-x}}{4\sqrt{1-x} \cdot \sqrt{x-\sqrt{1-x}}}$

5.93 a) $S_y(0|1)$; keine Nullstellen; $T(0|1)$; $y_\mathrm{A} = 0$, $x_{\mathrm{p}1,2} = \pm 1$
b) $N(0|0) \mathrel{\hat{=}}$ Wendepunkt; keine Extrema; $y_\mathrm{A} = 0$, $x_{\mathrm{p}1,2} = \pm 3$
c) $S_y(0|\frac{1}{4})$; $N_1(-1|0)$, $N_2(1|0)$; $T(0|\frac{1}{4})$; kein W; $y_\mathrm{A} = 1$, $x_{\mathrm{p}1,2} = \pm 2$
d) $N_1(-1|0)$, $N_2(0|0)$; $H(-\frac{1}{2}|\frac{1}{25})$; kein W; $y_\mathrm{A} = 1$, $x_{\mathrm{p}1} = -3$, $x_{\mathrm{p}2} = 2$
e) $S_y(0|4)$; keine Nullstellen; $H(0|4)$; $W_{1,2}(\pm 0{,}58|3)$; $y_\mathrm{A} = 0$, keine Polstelle
f) $S_y(0|-3)$; $N_{1,2}(\pm 3|0)$; $T(0|-3)$; $W_{1,2}(\pm 1|-2)$; $y_\mathrm{A} = 1$, keine Polstelle
g) $S_y(0|3)$; $N_{1,2}(\pm 6|0)$; $H(0|3)$; $W_{1,2}(\pm 2|2)$; $y_\mathrm{A} = -1$, keine Polstelle
h) $S_y(0|1)$; $N_{1,2}(-2|0)$; $T(-2|3)$; $W(-4|\frac{1}{9})$; $y_\mathrm{A} = 1$, $x_\mathrm{p} = 2$

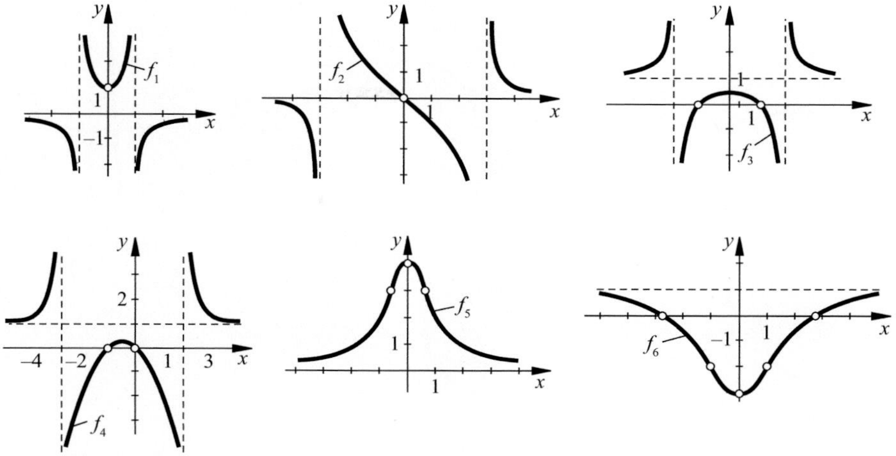

Gf_7 ähnelt denen von f_5 und f_6.

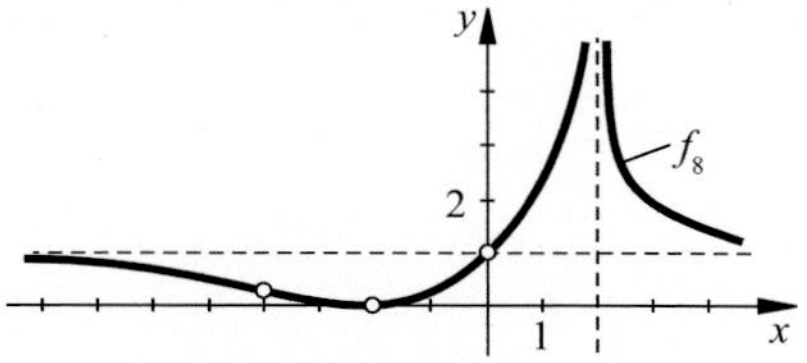

5.94 a) $N(-0{,}5|0)$; $T(-1|-1)$; $W(-1{,}5|-\frac{8}{9})$; $y_{\text{A}} = 0$, $x_{\text{p}} = 0$

b) $N_1(-2|0)$, $N_2(1|0)$; $H(4|1{,}125)$; $W(6|1{,}\overline{1})$; $y_{\text{A}} = 1$, $x_{\text{p}} = 0$;
Graph schneidet Asymptote in $S(2|1)$.

c) $N_1(-1|0)$, $N_2(2|0)$; $T(-1{,}65|-5{,}3)$, $H(3{,}65|1{,}58)$;
$W_1(-2{,}28|-4{,}6)$, $W_2(5{,}3|1{,}4)$; $y_{\text{A}} = 0$, $x_{\text{p}} = 0$

d) $S_y(0|-6)$; $N_1(-3|0)$, $N_2(2|0)$; $H(3{,}\overline{6}|1{,}56)$; $W(5|1{,}5)$; $y_{\text{A}} = 1$, $x_{\text{p}} = 1$;
Graph schneidet Asymptote in $S(2{,}\overline{3}|1)$.

e) $N_1(0|0)$, $N_2(2|0)$; keine Extrema;
Wendepunktbestimmung führt auf $2x^3 - 3x^2 + 6x - 1 = 0$,
dabei muss die Lösung abgeschätzt werden: $x \approx 0{,}18$,
somit $W(0{,}18|0{,}34)$;
$y_{\text{A}} = 1$, $x_{\text{p}1,2} = \pm 1$;
Graph schneidet Asymptote in $S(0{,}5|1)$.

f) $S_y(0|1)$; $N_1(-2|0)$, $N_2(3|0)$; keine Extrema;
Wendepunktbestimmung führt auf $x^3 + 18x + 6 = 0$,
dabei muss die Lösung abgeschätzt werden: $x \approx -0{,}33$,
somit $W(-0{,}33|0{,}9)$;
$y_{\text{A}} = 1$; $x_{\text{p}1} = -3$, $x_{\text{p}2} = 2$; Graph schneidet Asymptote in S_y.
Der Graph v. f_4 ähnelt dem von f_2.

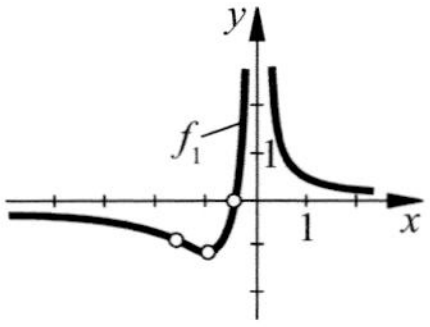

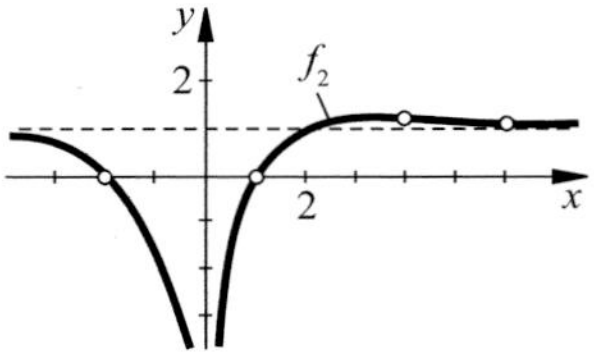

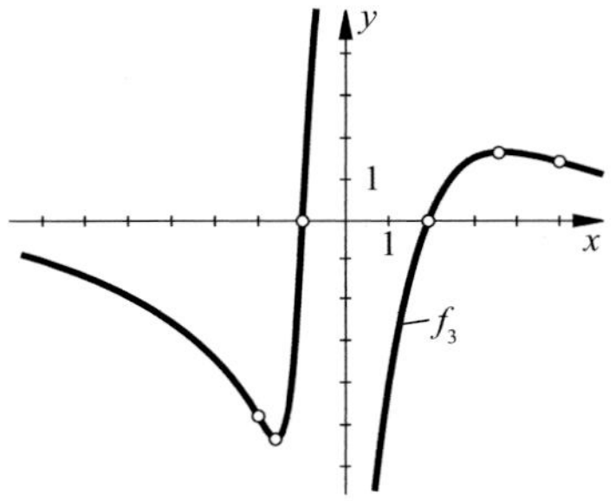

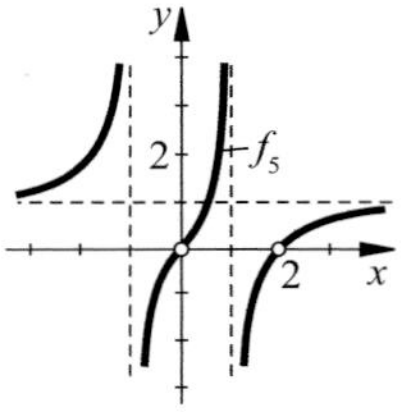

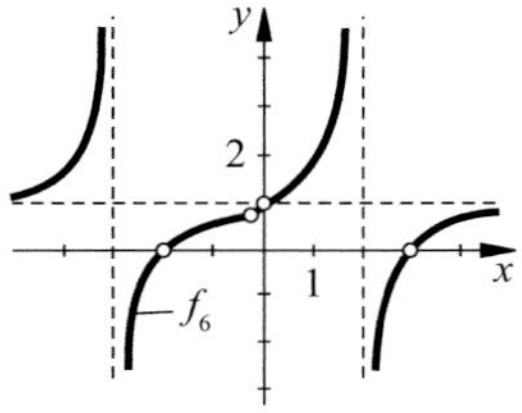

5.95 a) keine Nullstellen; $H(1|-1)$; kein W; $y_A = 0$; $x_{p1} = 0$, $x_{p2} = 2$;
Lücke $L(-1|0,\overline{3})$
b) $N(0|0)$; $H(0,5|0,\overline{1})$; kein W; $y_A = 1$; $x_{p1} = -1$, $x_{p2} = 2$;
Lücke $L(1|0)$

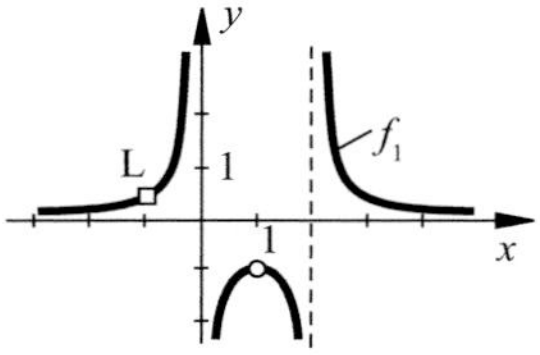

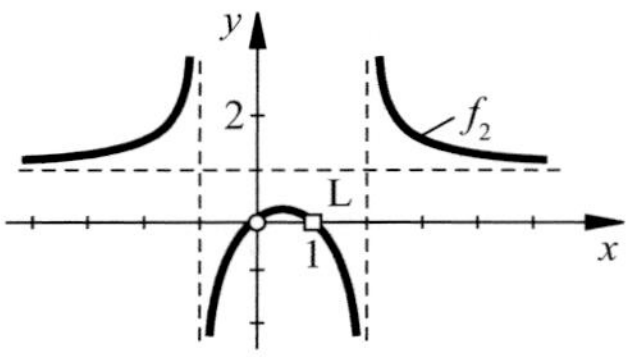

c) $N_1(-0,8|0)$, $N_2(0,8|0)$; $x_p = 0$, $y_A = x$; $H_1(-3,96|-8,3)$, $H_2(1,51|9,95)$, $T_1(-1,51|-9,95)$, $T_2(3,96|8,3)$; $W_1(-2|-9,5)$, $W_2(2|9,5)$
Asymptote schneidet G_{f_3} in $S_1(-0,82|-0,82)$ und $S_2(0,82|0,82)$;
Graph ist punktsymmetrisch zum Ursprung.

5.96 a) $f'(x) = -4 \cdot \frac{x-4}{x^3} = 1$
$\Rightarrow x^3 + 4x - 16 = 0$
$\Leftrightarrow (x-2)(x^2 + 2x + 8) = 0$
$\Rightarrow B(2|4), t \equiv y = x + 2$
b) Schnittpunktbedingung:
$x^3 - 2x^2 - 4x + 8 = 0 \Leftrightarrow (x-2)^2(x+2) = 0$,
also $S(-2|0)$.
c) $N_1(-2|0)$, $N_2(1|0)$; $H(4|4,5)$; $W(6|4,\overline{4})$; $y_A = 4$, $x_p = 0$;
Graph schneidet Asymptote in B.

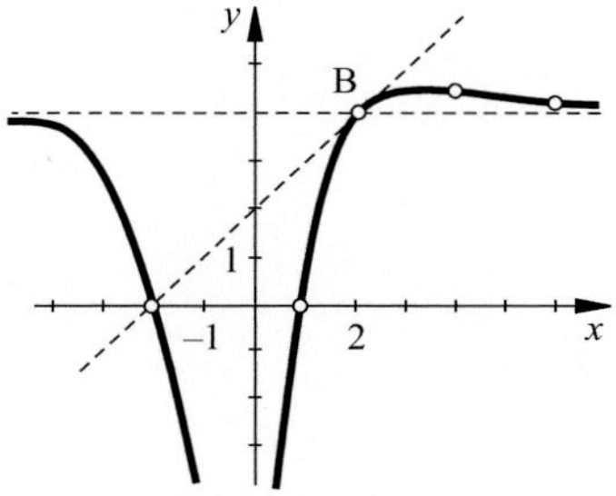

5.97 a) $N_{1,2}(0|0)$; $H(0|0)$, $T(2|4)$; kein W;
schiefe Asymptote: $y_A = x + 1$, $x_p = 1$
b) $N_1(-2{,}6|0)$, $N_2(-0{,}4|0)$; $H(-1|1)$, $T(1|5)$; kein W;
schiefe Asymptote: $y_A = x + 3$, $x_p = 0$
c) $S_y(0|1{,}5)$; keine Nullstellen; $T(1|1)$, $H(3|-3)$; kein W;
schiefe Asymptote: $y_A = -x + 1$, $x_p = 2$
d) $S_y(0|3)$; keine Nullstellen; $H(-2|-1)$, $T(0|3)$; kein W;
schiefe Asymptote: $y_A = x + 2$; $x_p = -1$
e) $S_y(0|-0{,}5)$; $N_{1,2}(-1|0)$; $T(-3|4)$, $H(-1|0)$; kein W;
schiefe Asymptote: $y_A = -x$, $x_p = -2$
f) 1. Fall: $x > 0$: $N_{1,2}(1|0)$; $T(1|0)$; kein W;
schiefe Asymptote: $y_A = x - 2$, $x_p = 0$
2. Fall: $x < 0$: keine Nullstelle; $T(-1|4)$; kein W;
schiefe Asymptote: $y_A = -x + 2$, $x_p = 0$

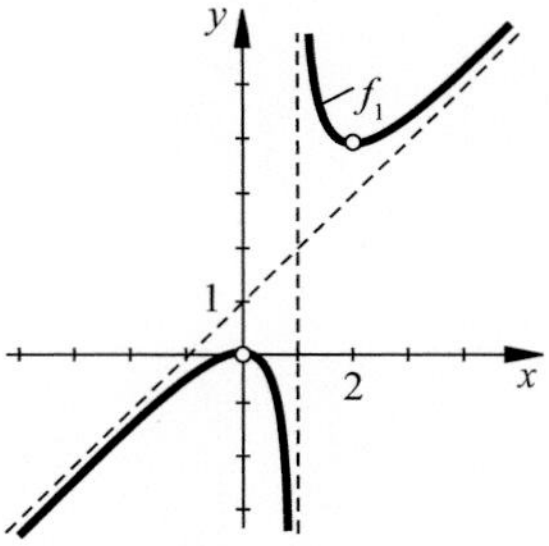

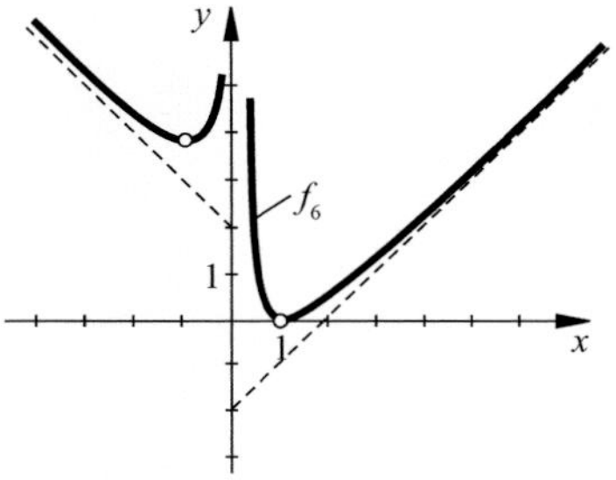

Die Graphen von f_2–f_5 ähneln – entsprechend o. g. Werte – dem von f_1.

5.98 a) $N_1(-1{,}6|0)$, $N_2(0{,}6|0)$, $N_3(2|0)$; $H(1|1)$; $W(2|0)$;
$y_A = -x + 1$, $x_p = 0$;
Graph schneidet Asymptote in $S(\frac{2}{3}|\frac{1}{3})$.

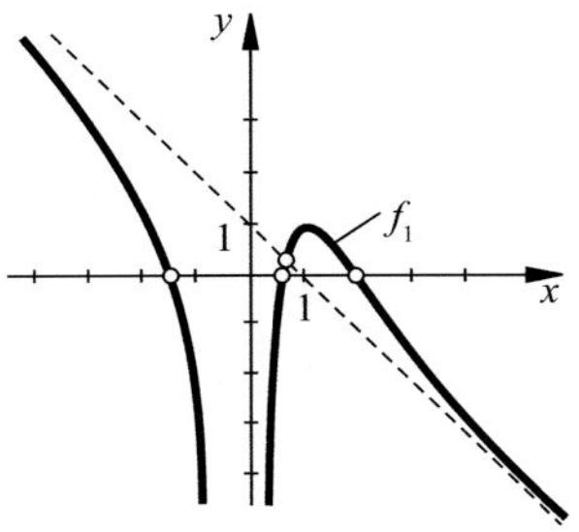

b) $S_y(0|6)$; $N(2|0)$; $T(-4|6)$; $W(8|-4{,}67)$;
$y_A = -\frac{3}{4}x + \frac{3}{2}$, $x_p = -1$.
Graph schneidet Asymptote in $N(2|0)$ und verläuft prinzipiell wie der von f_1.
c) $S_y(0|-1{,}75)$; $N(1|0)$; $H(-5|-8)$; $W(7|6{,}22)$;
$y_A = x - 1$, $x_p = -2$.
Graph schneidet Asymptote in $N(1|0)$ und verläuft prinzipiell wie der von f_1.

5.99 $f(1) = 2$; $f'(1) = 0$
$a = 1, b = 0, c = 1$; $y = \frac{x^2+1}{x}$
keine Nullstelle $\Rightarrow b = 0$; $H(-1|-2)$, $T(1|2)$; kein W;
$y_A = x$, $x_p = 0$

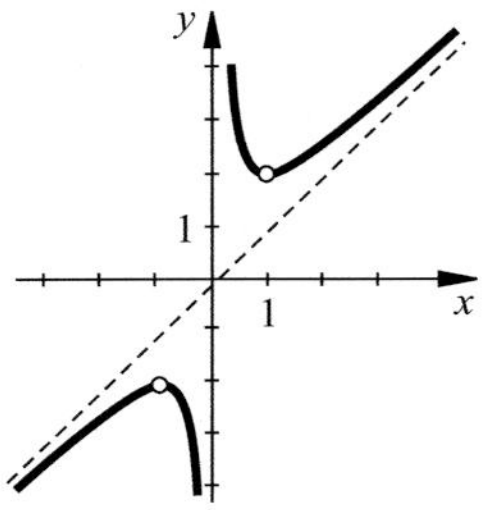

5.100 $f'(x) = \frac{-ax^2+ab}{(x^2+b)^2}$; $f'(0) = -\frac{3}{4}$; im Nenner $x = 2$ einsetzen $\Rightarrow b = -4$
$a = 3$; $y = \frac{3x}{x^2-4}$
$N(0|0)$; keine Extrema; $W(0|0)$;
$y_A = 0$, $x_{p1,2} = \pm 2$;

5.101 $f'(x) = 2 \cdot \frac{acx-bx}{(x^2+c)^2}$
$f''(x) = 2 \cdot \frac{3bx^2-3acx^2+ac^2-bc}{(x^2+c)^3}$
$f(-2) = 0$; $f(0) = 2$; $f''(1) = 0$
$a = -\frac{3}{2}, b = 6, c = 3$; $y = \frac{-3x^2+12}{2x^2+6}$
$S_y(0|2)$; $N_1(-2|0)$, $N_2(2|0)$; $H(0|2)$; $W_{1,2}(\pm 1|1{,}13)$;
$y_A = -1{,}5$; keine Polstelle.

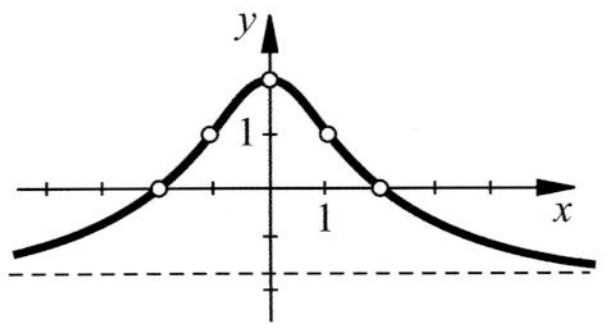

5.102 $a = 1, b = -3; c = +2; y = \frac{x^3-3x+2}{x^2}$

$N_1(-2|0), N_{2,3}(1|0); T(1|0); W(2|1); y_A = x, x_p = 0.$

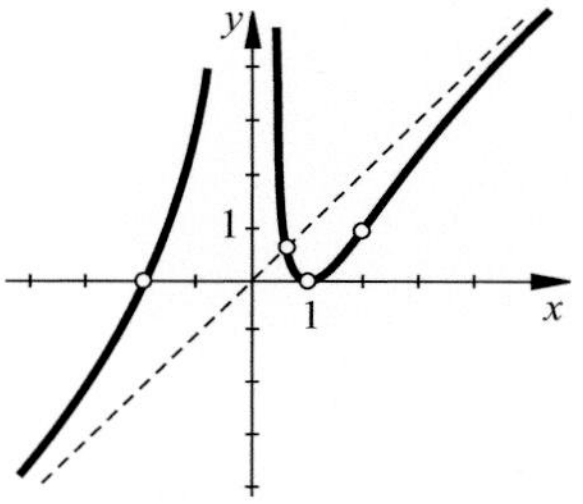

Graph schneidet die Asymptote in $S(\frac{2}{3}|\frac{2}{3})$.

5.103 $k'(x) = 2x - 10 - \frac{24}{x^2} = 0 \Rightarrow x^3 - 5x^2 - 12 = 0;$

Iteration: $x = 5{,}41$, also 5410 Stück

5.104 $h'(x) = \frac{x^3-35x-30}{x^3} = 0 \Rightarrow x^3-35x-30 = 0;$ Iteration: $x = 6{,}305 \Rightarrow h_x = 2234\,\text{m}$

5.105 a) $D'(v) = \frac{-8(v^2-160)}{(v^2+8v+160)^2} = 0 \Rightarrow v = 4\sqrt{10}\,\frac{\text{m}}{\text{s}} \approx 45{,}5\,\frac{\text{km}}{\text{h}} \Rightarrow D = 865\,\frac{1}{\text{h}}$

b) $D''(v) = 0 \Rightarrow v^3 - 480v - 1230 = 0$, also $v = 23{,}14\,\frac{\text{m}}{\text{s}} = 83{,}3\,\frac{\text{km}}{\text{h}}$

Für $v \to \infty$ resultiert eine Verkehrsdichte von $D = 0$.

5.106 $A = 0{,}5 \cdot (20 - x) \cdot y$; mit $\frac{y}{20-x} = \frac{3}{15-x}$ folgt

$A(x) = 0{,}5 \cdot \frac{(20-x)^2}{15-x} \Longrightarrow A'(x) = -1{,}5\frac{(x-20)(x-10)}{(x-15)^2}$, also $x = 10\,\text{dm}$, $y = 6\,\text{dm}$

5.107 c entspricht Hypotenuse: $c^2 = a^2 + (20 - a - c)^2 \Rightarrow c(a) = \frac{a^2-20a+200}{20-a}$

$c'(a) = \frac{-(a^2-40a+200)}{(a-20)^2} = 0$, also $0 = a^2 - 40a + 200 \Rightarrow a = 5{,}86\,\text{m}$

Schlussfolgerung: gleichschenklig-rechtwinkliges Dreieck mit $a = b = 5{,}86\,\text{m}$, $c = 8{,}28\,\text{m}$.

5.108 $A(x) = 2x \cdot \frac{25-x^2}{8+x^2} \Rightarrow A'(x) = -\frac{x^4+49x^2-200}{(x^2+8)^2} = 0 \Rightarrow x^4 + 49x^2 - 200 = 0.$

Mit $x = 1{,}95$ ergeben sich die Abmessungen $3{,}9\,\text{m} \cdot 1{,}8\,\text{m}$.

5.109 $\tan\varphi = \frac{\frac{12{,}5}{x} - \frac{2}{x}}{1+\frac{12{,}5}{x}\cdot\frac{2}{x}} = \frac{10{,}5x}{x^2+25} (\tan\varphi)' = \frac{-10{,}5(x^2-25)}{(x^2+25)^2} = 0 \Rightarrow x = 5\,\text{m}$

5.110 a) $t(2) = 20$, also 20 Minuten Wartezeit. Für $x = 1$ unendlich lange Wartezeit.

b) $k(x) = \frac{20}{(x-1)} \cdot \frac{32}{60} \cdot 33 + 22x = \frac{352}{x-1} + 22x$

$k'(x) = -\frac{352}{(x-1)^2} + 22 = 0 \Rightarrow 22x^2 - 44x - 330 = 0 \Rightarrow 5$ Arbeiter

5.111 a) $\tan x = \cot x = \frac{1}{\tan x} \Leftrightarrow \tan^2 x = 1 \Rightarrow x = \frac{\pi}{4}$, also $S(\frac{\pi}{4}|1)$;

$(\tan x)' = \frac{1}{\cos^2 x} \Rightarrow m_1(\frac{\pi}{4}) = 2$ und $(\cot x)' = \frac{-1}{\sin^2 x} \Rightarrow m_2(\frac{\pi}{4}) = -2$,

also $\varepsilon = \arctan(-2) - \arctan 2 = 53{,}13°$

b) $\sin x = \cot x = \frac{\cos x}{\sin x} \Leftrightarrow \cos^2 x + \cos x - 1 = 0 \Rightarrow \cos x = 0{,}618$, also $x \approx 0{,}91$ und somit $S(0{,}91|0{,}786)$

$(\sin x)' = \cos x \Rightarrow m_1(0{,}9) = 0{,}618$ und $(\cot x)' = \frac{-1}{\sin^2 x} \Rightarrow m_2(0{,}9) = -1{,}617$

$\varepsilon = \arctan(-1{,}617) - \arctan 0{,}618 \approx 90°$

c) $\tan x = \cos x \Leftrightarrow \sin^2 x + \sin x - 1 = 0 \Rightarrow \sin x = 0{,}618$, also $x \approx 0{,}67$ und somit $S(0{,}67|0{,}786)$, $\varepsilon = 90°$, $(\cos\ 38{,}17° = \tan\ 38{,}17°)$

$(\tan x)' = \frac{1}{\cos^2 x} \Rightarrow m_1(0{,}67) = 1{,}63$ und $(\cos x)' = -\sin x \Rightarrow m_2(0{,}67) = -0{,}62$
$\varepsilon = \arctan(-0{,}62) - \arctan 1{,}63 \approx (-)90°$

5.112 $(\sin x)'' = -\sin x$ $(\cos x)'' = -\cos x$ $(\tan x)'' = \frac{2\sin x}{\cos^3 x}$ $(\cot x)'' = \frac{2\cos x}{\sin^3 x}$

5.113 a) $f_1(x) = 2\cos 2x$; b) $f_2'(x) = 3\sin 3x$;
c) $f_3'(x) = \frac{2\sin x}{\cos^3 x}$; d) $f_4'(x) = 2x\cos x^2$;
e) $f_5'(x) = -\frac{1}{2\sqrt{x}}\sin\sqrt{x}$; f) $f_6'(x) = \frac{-1}{\sin^2 2x \cdot \sqrt{\cot 2x}}$;
g) $f_7'(x) = \frac{-\sin x \cdot \cos x}{\sqrt{1+\cos^2 x}}$;
h) $f_8'(x) = \frac{-\tan x}{\cos^2 x \cdot \sqrt{1-\tan^2 x}} = \frac{-\sin x}{\cos^3 x \cdot \sqrt{1-\tan^2 x}}$

5.114 a) $f_1'(x) = \sin x + x\cos x$; b) $f_2'(x) = 2x\cos x - x^2$;
c) $f_3'(x) = \sqrt{x} \cdot \frac{\sin 2x+4}{4\cdot\cos^2 x}$; d) $f_4'(x) = \frac{2x+\sin 2x}{x^2\sin^2 x}$;
e) $f_5'(x) = \frac{1}{1-\sin x}$; f) $f_6'(x) = \frac{2+\sin x}{\cos^2 x}$;
g) $f_7'(x) = \frac{2\sin x\cdot\cos^2 x+\sin^3 x}{\cos^2 x} = \sin x(2+\tan^2 x)$;
h) $f_8'(x) = \frac{-4\cos^2 x}{(\sin 2x-1)^2}$

5.115 π-Periodizität; es genügt das Intervall $[0;\pi]$ zu betrachten:
$N_{1,2}(0|0)$, $N_{3,4}(\pi|0)$; $T_1 \mathrel{\hat=} N_{1,2}$, $H(0{,}5\pi|2)$, $T_2(\pi|0)$;
$W_1(0{,}25\pi|1)$, $W_2(0{,}75\pi|1)$.
Graph ist symmetrisch zur y-Achse.

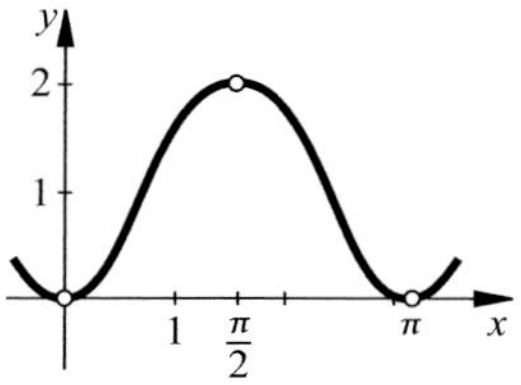

5.116 a) 2π-Periodizität; es genügt das Intervall $[0;2\pi]$ zu betrachten:
$N_1(0|0) \mathrel{\hat=} S_1$, $N_2(\pi|0) \mathrel{\hat=} W_2$, $N_3(2\pi|0) \mathrel{\hat=} S_2$; $T(\frac{2}{3}\pi|-2{,}6)$, $H(\frac{4}{3}\pi|2{,}6)$;
$W_1(1{,}32|-1{,}45)$; $W_3(4{,}97|1{,}45)$.
Graph ist punktsymmetrisch zum Ursprung.

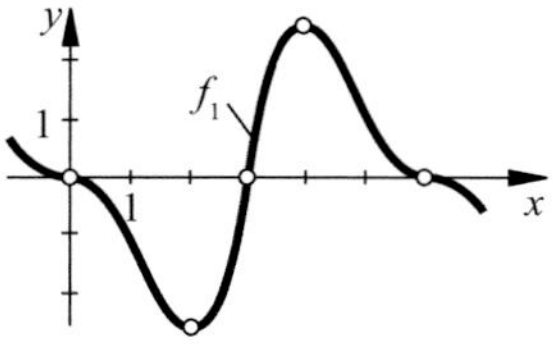

b) 2π-Periodizität; es genügt das Intervall $[0;2{,}5\pi]$ zu betrachten:
$S_y(0|1)$; $N_1(0{,}5\pi|0) \mathrel{\hat=} T_1$, $N_2(2{,}5\pi|0) \mathrel{\hat=} T_2$; $H(1{,}5\pi|4)$;
$W_1(3{,}67|2{,}25)$, $W_2(5{,}76|2{,}25)$.

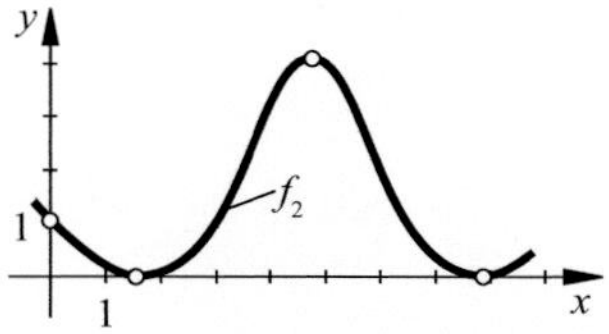

c) 2π-Periodizität; es genügt das Intervall $[-0{,}5\pi; 1{,}5\pi]$ zu betrachten:
$S_y(0|2)$; $N_1(-0{,}5\pi|0) \mathrel{\hat{=}} T_1$, $N_2(1{,}5\pi|0) \mathrel{\hat{=}} T_3$, $H_1(\frac{\pi}{6}|2{,}25)$, $T_2(0{,}5\pi|2)$, $H_2(\frac{5}{6}\pi|2{,}25)$; $W_1(-0{,}64|1{,}06)$, $W_2(1|2{,}13)$, $W_3(2{,}14|2{,}13)$, $W_4(3{,}78|1{,}06)$.

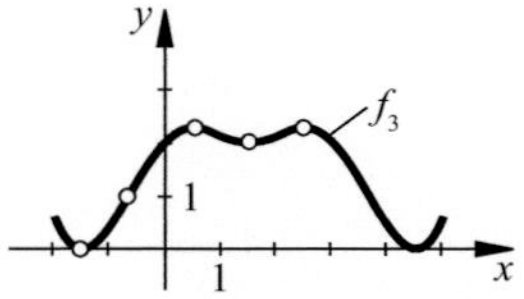

5.117 a) 2π-Periodizität; es genügt, das Intervall $[-0{,}25\pi; 1{,}75\pi]$ zu betrachten:
$S_y(0|1)$; $N_1(-\frac{\pi}{4}|0) \mathrel{\hat{=}} W_1$, $N_2(\frac{3}{4}\pi|0) \mathrel{\hat{=}} W_2$, $N_3(\frac{7}{4}\pi|0) \mathrel{\hat{=}} W_3$; $H(\frac{\pi}{4}|\sqrt{2})$, $T(\frac{5}{4}\pi|-\sqrt{2})$.

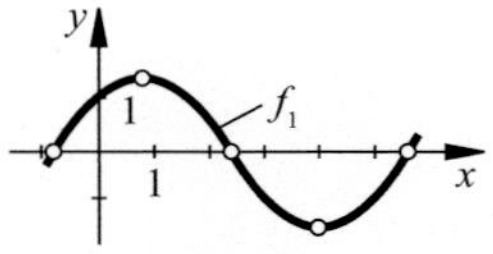

b) 2π-Periodizität; zwecks besserer Veranschaulichung wird Intervall $[-0{,}5\pi; 2\pi]$ betrachtet:
$N_1(-0{,}5\pi|0)$, $N_2(0|0)$, $N_3(1{,}5\pi|0)$, $N_4(2\pi|0)$; $T_1(-0{,}25\pi|-0{,}41)$, $H(0{,}75\pi|2{,}41)$, $T_2(1{,}75\pi|-0{,}41)$; $W_1(0{,}25\pi|1)$, $W_2(1{,}25\pi|1)$.

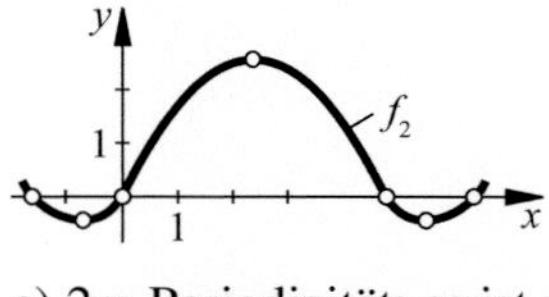

c) 2π-Periodizität; es ist zweckmäßig, das Intervall $[0; 2{,}5\pi]$ zu betrachten:
$S_y(0|1)$; $N_1(0{,}38|0)$, $N_2(2{,}77|0)$, $N_3(6{,}67|0)$; $T_1(0{,}5\pi|-3)$, $H_1(\frac{7}{6}\pi|1{,}5)$, $T_2(1{,}5\pi|1)$, $H_2(\frac{11}{6}\pi|1{,}5)$, $T_3(2{,}5\pi|-3)$; $W_1(0{,}64|-0{,}9)$, $W_2(2{,}5|-0{,}9)$, $W_3(4{,}2|1{,}3)$, $W_4(5{,}3|1{,}3)$, $W_5(6{,}92|-0{,}9)$.

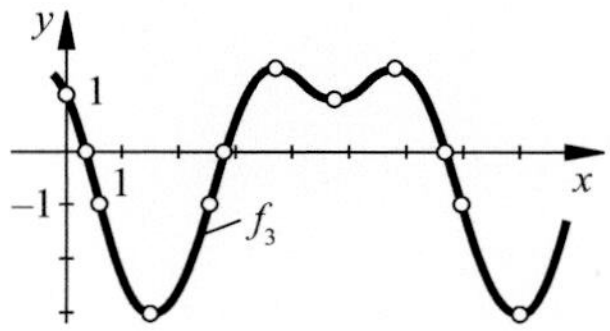

5.118 a) 2π-Periodizität; es genügt das Intervall $[0; 2\pi]$ zu betrachten:
$N(0|0) \mathrel{\hat{=}} S_1$; keine Extrema; $W(\pi|\pi)$, $S_2(2\pi|2\pi)$.
Graph ist punktsymmetrisch zum Ursprung.
b) π-Periodizität; zwecks Vergleichs mit f_1 wird das Intervall $[0; 2\pi]$ betrachtet:
$N(0|0)$; $H_1(\frac{\pi}{3}|1{,}9)$, $T_1(\frac{2}{3}\pi|1{,}2)$; $H_2(\frac{4}{3}\pi|5{,}1)$, $T_2(\frac{5}{3}\pi|4{,}4)$; $W_1(0|0)$,
$W_2(0{,}5\pi|0{,}5\pi)$, $W_3(\pi|\pi)$, $W_4(1{,}5\pi|1{,}5\pi)$, $W_5(2\pi|2\pi)$.
Der Graph ist punktsymmetrisch zum Ursprung.
Hinweis: N, T_1, W_3, H_2 und W_5 liegen auch auf G_{f_1}.

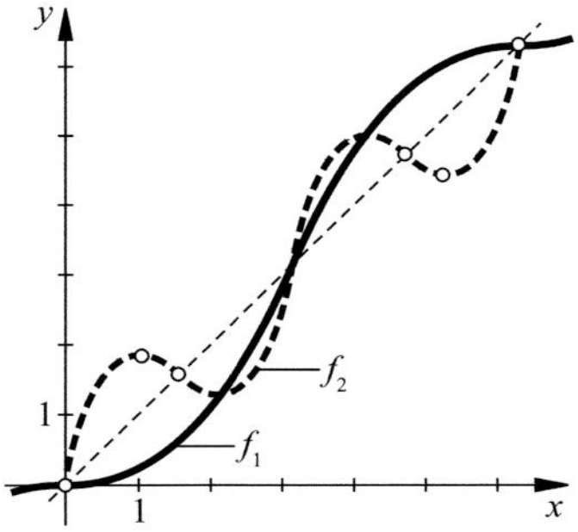

5.119 $A(\alpha) = 2 \cdot 0{,}5s \cdot \sin\alpha \cdot s \cdot \cos\alpha = 0{,}5s^2 \cdot \sin 2\alpha$, also
$A'(\alpha) = s^2 \cdot \cos 2\alpha = 0 \Rightarrow 2\alpha = 90° \Leftrightarrow \alpha = 45°$.

5.120 $l_U = 2s + c$, mit $c = 2s \cdot \sin\alpha$ ergibt sich $l_U(\alpha) = 2s(1 + \sin\alpha)$,
mit $s = 2r \cdot \cos\alpha$ folgt $l_U(\alpha) = 4r \cdot \cos\alpha \cdot (1 + \sin\alpha)$
oder verkürzt: $\overline{l}_U(\alpha) = \cos\alpha \cdot (1 + \sin\alpha)$
Notwendige Bedingung für Extrema liefert $\overline{l}'_U(\alpha) = -2\sin^2\alpha - \sin\alpha + 1 = 0$,
also $\sin^2\alpha + \frac{1}{2}\sin\alpha - \frac{1}{2} = 0$
$(\sin\alpha + 1)(\sin\alpha - 0{,}5) = 0 \Rightarrow \sin\alpha = 0{,}5$, also $\alpha = 30°$
Es ergeben sich gleichseitige Dreiecke mit $s = r \cdot \sqrt{3}$.
Anmerkung: r ist der Radius des Umkreises

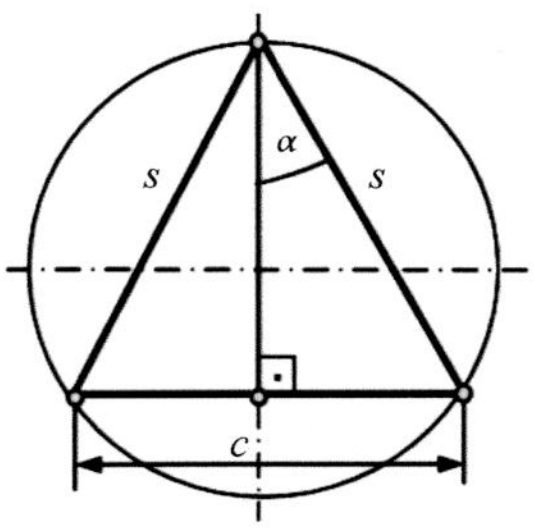

5.121 $A(\alpha) = a^2 \cdot (\sin\alpha + \frac{1}{2}\sin 2\alpha) \Rightarrow A'(\alpha) = a^2(\cos\alpha + \cos 2\alpha) = 0$
$\Rightarrow \alpha_{\max} = 60°$
Zwischenrechnung: $\cos\alpha + \cos 2\alpha = 0 \Leftrightarrow \cos\alpha + 2\cos^2\alpha - 1 = 0$,
also $\cos^2\alpha + \frac{1}{2}\cos\alpha - \frac{1}{2} = 0$
$\cos\alpha = -\frac{1}{4} + \sqrt{\frac{1}{16} + \frac{1}{2}}$
$\cos\alpha = \frac{1}{2} \Rightarrow \alpha = 60°$

5.122 a) Es genügt zu betrachten $\overline{F}(\alpha) = \frac{1}{\cos\alpha + \mu\cdot\sin\alpha}$, also
$\overline{F}'(\alpha) = \frac{-1\cdot(-\sin\alpha + \mu\cdot\cos\alpha)}{(\cos\alpha+\mu\cdot\sin\alpha)^2} = 0$
$\Rightarrow \sin\alpha = \mu\cdot\cos\alpha \Leftrightarrow \tan\alpha = \mu$, somit $\alpha = \arctan\mu$,
mit $\mu = 0{,}8$ folgt $\alpha = 38{,}66°$;
b) $F_R = F\cos\alpha \wedge F_R = (F_G - F\sin\alpha)\cdot\mu \Rightarrow F\cos\alpha = F_G\cdot\mu - F\sin\alpha\cdot\mu$
$\Leftrightarrow F = \frac{\mu\cdot F_G}{\cos\alpha+\mu\cdot\sin\alpha}$

5.123 $l = f(\alpha) = \frac{a}{\sin\alpha} + \frac{b}{\cos\alpha}$; $l'(\alpha) = 0$ führt auf $\tan\alpha = \sqrt[3]{\frac{a}{b}}$,
mit $a = 2{,}1$ m und $b = 1{,}4$ m ist $\alpha = 48{,}86° \Rightarrow l = 4{,}9$ m

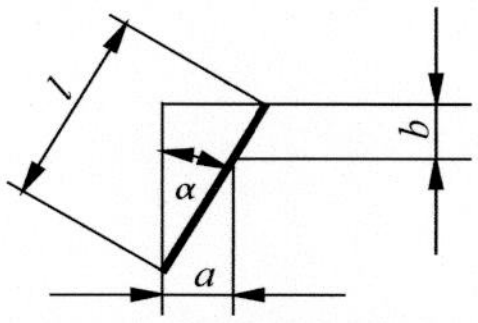

5.124 *1. Lösung*: Unter Berücksichtigung, dass vor dem Fahrstuhlschacht Bewegungseinschränkung nach den Seiten besteht, die Raumdiagonale im Schachtinneren *nicht* ausgenutzt werden kann, gilt für die gesuchte Höhe h folgender Ansatz:
$h(\alpha) = (b - a)\cdot\tan\alpha$,
mit $b = l\cdot\cos\alpha$ folgt $h(\alpha) = (l\cdot\cos\alpha - a)\cdot\tan\alpha$ oder konkret
$h(\alpha) = (6\cdot\cos\alpha - 2)\cdot\tan\alpha$, wobei α der Winkel ist, den die jeweils in den Liftschacht einzubringende Führungsschiene mit der Bodenplatte vor dem Liftschacht einschließt.
Somit: $h'(\alpha) = 6\cos\alpha - \frac{2}{\cos^2\alpha} = 0 \Rightarrow \cos^3\alpha = \frac{1}{3} \Rightarrow \alpha \approx 46{,}1°$, also $h = 2{,}25$ m.
2. Lösung: Unter Berücksichtigung, dass vor dem Fahrstuhlschacht keine Bewegungseinschränkung nach den Seiten besteht; die Raumdiagonale im Schachtinneren ausgenutzt werden kann, gilt für die gesuchte Höhe h folgender Ansatz:
$h(\alpha) = (6\cos\alpha - 2\sqrt{2})\cdot\tan\alpha = 6\sin\alpha - 2\sqrt{2}\tan\alpha$
$h'(\alpha) = 6\cos\alpha - \frac{2\sqrt{2}}{\cos^2\alpha} = 0 \Rightarrow \cos^3\alpha = \frac{\sqrt{2}}{3} \Rightarrow \alpha \approx 38{,}9°$, also $h = 1{,}49$ m.

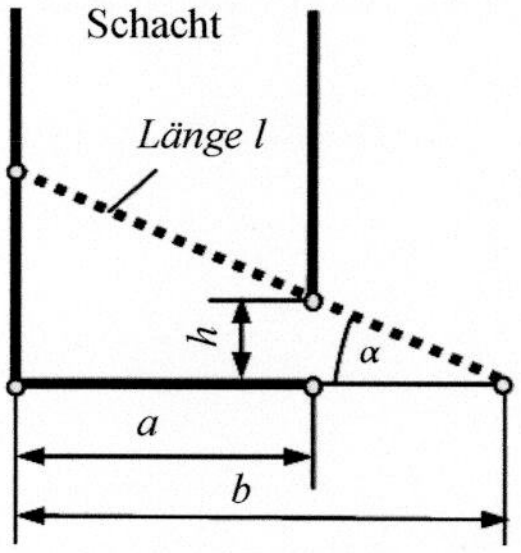

5.125 a) α sei der Winkel zwischen der Tischnormalen und der kürzesten Geraden s zwischen der Leuchte und dem Tischrand. Dann ist $s = \frac{d}{2\sin\alpha}$, konkret folgt mit $d = 2$ m $s = \frac{1}{\sin\alpha}$;
eingesetzt: $E = \frac{I}{(\frac{1}{\sin\alpha})^2}\cdot\cos\alpha = I\cdot\sin^2\alpha\cdot\cos\alpha$;

b) $E'(\alpha) = I \cdot \sin\alpha \cdot (2 - 3\sin^2\alpha) = 0 \Rightarrow \sin^2\alpha = \frac{2}{3}$

$\Rightarrow \alpha = \arcsin\sqrt{\frac{2}{3}} = 0{,}955\,\text{rad}$

$h = \frac{1\,\text{m}}{\tan 0{,}955} = 0{,}71\,\text{m}$

Alternativ: Rechnung im Gradmaß

$\alpha = \arcsin\sqrt{\frac{2}{3}} = 54{,}74°$, somit $h = \frac{1\,\text{m}}{\tan 54{,}74°} = 0{,}71\,\text{m}$.

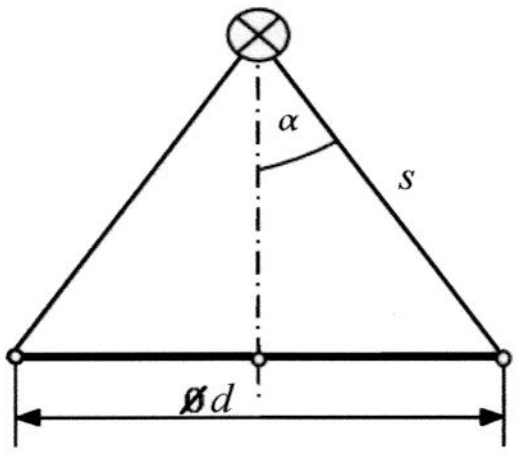

5.126 Die Graphen zu f_1 und f_2 bzw. zu f_3 und f_4 sind achsensymmetrisch zur y-Achse: $f_2(x) = (\frac{1}{3})^{(-x)} = (3^{-1})^{-x} = 3^x$ bzw. $f_4(x) = (\frac{5}{2})^{(-x)} = ((\frac{2}{5})^{-1})^{-x} = (\frac{2}{5})^x$

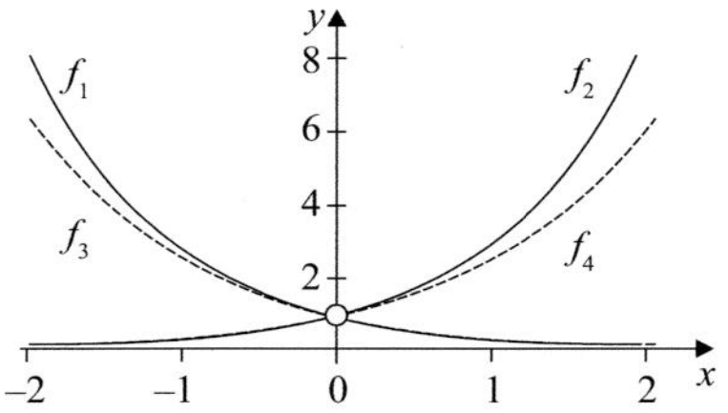

5.127 Der Graph von f_4 hat die gleiche Charakteristik wie der von f_1. Er verläuft aber mit größer werdenden Abszissen steiler, so dass es zum Schnittpunkt kommt:
$f_4(x) = 4 \cdot 3^{x-1} = \frac{4}{3} \cdot 3^x$
Schnittpunktbedingung: $\frac{4}{3} \cdot 3^x = 3 \cdot 2^x \Rightarrow (\frac{3}{2})^x = \frac{9}{4} \Rightarrow x = 2$, also $S(2|12)$
$f_3(x) = -2 \cdot 2^x \cdot 2^{-2} = -0{,}5 \cdot 2^x$,
also erfolgt sowohl eine Stauchung des Graphen zu f_1 als auch eine Spiegelung an der x-Achse.
Der Graph zu f_2 geht aus dem Graphen zu $g(x) = 2^x$ durch Stauchung und durch Spiegelungen sowohl an y- als auch an x-Achse hervor.

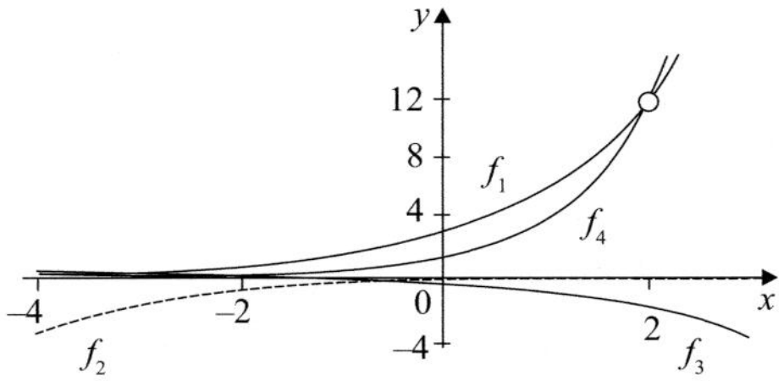

5.128 a) $K_{21} = 1339{,}41$ €; b) $K_{12} = 1399{,}10$ €; c) $K_{10} = 1403{,}30$ €

5.129 2000: $K_{2000} = 4{,}7255 \cdot 10^{23}$ € (Hinweis betreffs Größenordnung: 1 Mrd. $= 10^9$)

5.130 B: $K = 20.000\,€ + \frac{40.000\,€}{1{,}05^2} = 56.281{,}18\,€$ (finanziell am günstigsten)
C: $K = 5000\,€ + \frac{10.000\,€}{1{,}05} + \frac{50.000\,€}{1{,}05^4} = 55.658{,}93\,€$
D: $K = \frac{10.000\,€}{1{,}05} + \frac{10.000\,€}{1{,}05^3} + \frac{50.000\,€}{1{,}05^6} = 55.472\,€$

5.131 $K_0 \cdot 1{,}04^{12} = 10.000 \cdot 1{,}08^6\,€ \Rightarrow K_0 = 9911{,}57\,€$;
Endkapital: 15.868,74 €

5.132 a) $p = 7{,}18\,\%$; b) $p = 4{,}73\,\%$; c) $p = 3{,}53\,\%$

5.133 a) Verdoppelung: $n = \frac{\log 2}{\log 1{,}03} \Rightarrow n = 23{,}45$ Jahre
Verdreifachung: $n = \frac{\log 3}{\log 1{,}03} \Rightarrow n = 37{,}17$ Jahre;
b) 14,21 bzw. 22,52 Jahre;
c) 9,01 bzw. 14,27 Jahre

5.134 a)

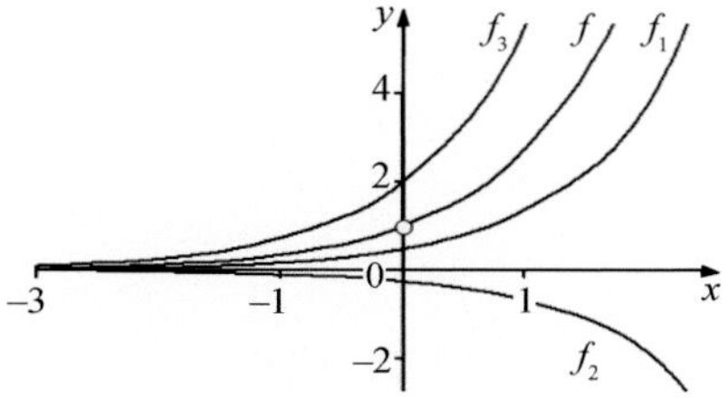

b)

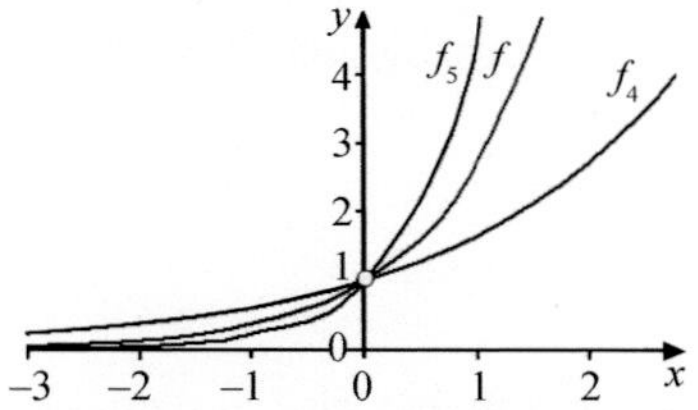

c) Graph v. f_6 ergibt sich aus Verschiebung von G_f um +2 Einheiten in y-Richtung.
Graph v. f_7 ergibt sich aus Verschiebung von G_f um −1 Einheit in y-Richtung.
Graph v. f_8 ergibt sich aus Spiegelung von G_f an der x-Achse und Verschiebung um +1 Einheit in y-Richtung, also $S_y(0|0)$;
d) Graph v. f_9 ergibt sich aus Spiegelung von G_{f1} an der x-Achse und Verschiebung um +2 Einheit in y-Richtung, also $S_y(0|1{,}5)$.

5.135 a) Graph v. g_1 ergibt sich durch Spiegelung des Graphen v. f_2 am Ursprung.
Graph v. g_2 ergibt sich durch Spiegelung des Graphen v. f_1 an der y-Achse.
Graph v. g_3 ergibt sich durch Spiegelung des Graphen v. f_3 an der x-Achse.
b) Graph v. g_4 ergibt sich prinzipiell durch Spiegelung des Graphen v. f_4 an der y-Achse; er verläuft im 2. Quadranten im Vergleich weniger steil als der von f_4.
Graph v. g_5 ergibt sich prinzipiell durch Spiegelung des Graphen v. f_5 an der y-Achse; er verläuft im 2. Quadranten im Vergleich weniger steil als der von f_5.
c) Graph v. g_6 ergibt sich aus Verschiebung von G_g um −1 Einheit in y-Richtung.
Graph v. g_7 ergibt sich aus Verschiebung von G_g um +2 Einheiten in y-Richtung.
Graph v. g_8 ergibt sich aus Spiegelung von G_g an der x-Achse und Verschiebung um +1 Einheit in y-Richtung, also $S_y(0|0)$.

d) Graph v. g_9 ergibt sich aus Spiegelung von G_{g1} an der x-Achse und Verschiebung um $+2$ Einheit in y-Richtung, also $S_y(0|1{,}5)$.

5.136 a)

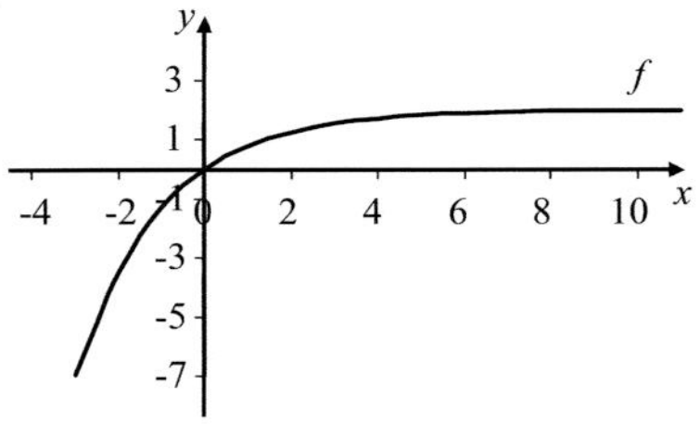

b)

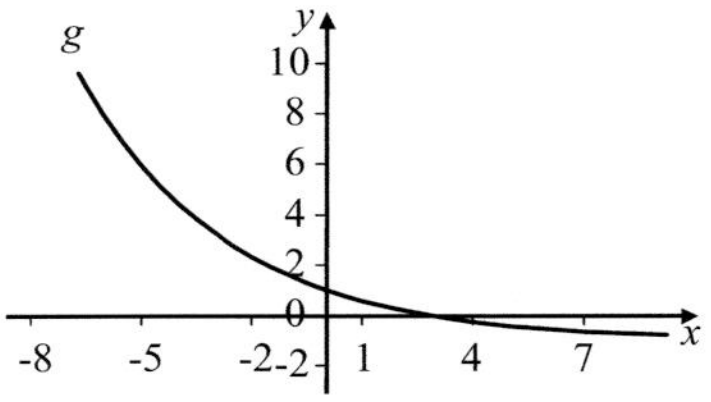

5.137 „Glockenkurve", symmetrisch zur y-Achse mit Hochpunkt $H \hat{=} S_y(0|1)$; Wendepunkte bei $W_1(-0{,}71|0{,}61)$ und $W_2(0{,}71|0{,}61)$; Asymptote $A(x) = 0$

5.138 $h(100) = 350\cosh(\frac{100}{350}) - 335 = 29{,}38$: Die Approximation ist o.k. $h(0) = 15\,\text{m} \Rightarrow$ Durchhängung: $14{,}38\,\text{m}$

5.139 a) $r = 0{,}1 \cdot \ln 1{,}25 \Rightarrow r \approx 0{,}0223$; b) $t \approx 13$ Jahre

5.140 a) $\lambda = \frac{\ln 2}{4{,}5 \cdot 10^9} \approx 1{,}54 \cdot 10^{-10} \cdot \frac{1}{\text{Jahre}}$; b) $t \approx 65{,}3$ Mio. Jahre

5.141 Zerfallsrate $r = 0{,}20118$, also knapp 20 Tage

5.142 a) $\tau = 5\text{s}$; b) $U(t) = 230\,\text{V} \cdot \text{e}^{-0{,}2t}$; c) $t \approx 7{,}15\,\text{s}$; d) $I(0{,}5) \approx 0{,}042\,\text{mA}$

5.143 a) $[k] = [\frac{\text{kg}\cdot\text{m}^{-3}\cdot\text{m}\cdot\text{s}^{-2}}{\text{bar}}] = [\frac{\text{kg}\cdot\text{m}^{-2}\cdot\text{s}^{-2}}{10^5\text{N}\cdot\text{m}^{-2}}] = [\ldots] = [\frac{0{,}01}{\text{km}}] \Rightarrow k \approx 0{,}125\frac{1}{\text{km}}$

Aus dem vorgegebenen Zahlenwert für k erschließt sich die Dichte der Luft zu $r_0 \approx 1{,}29\,\text{kg} \cdot \text{dm}^{-3}$.

b) 0,7 bar

c) 5545 m

5.144 Abkühlungskonstante $k \approx 0{,}05754\frac{1}{°\text{C}}$, also $t \approx 24\,\text{min}$.

5.145 $t = 0$: $T(x) = T_\text{u} + (100 - T_\text{u})\text{e}^{-k\cdot t}$

$t = 5$: $60 = T_\text{u} + (100 - T_\text{u})\text{e}^{-5k} \Rightarrow \frac{(60-T_\text{u})^2}{(100-T_\text{u})^2} = (\text{e}^{-5k})^2$

$t = 10$: $40 = T_\text{u} + (100 - T_\text{u})\text{e}^{-10k} \Leftrightarrow \frac{40-T_\text{u}}{100-T_\text{u}} = \text{e}^{-10k}$

Gleichsetzen und umstellen: $(60 - T_\text{u})^2 = (40 - T_\text{u})(100 - T_u) \Rightarrow T_\text{u} = 20\,°\text{C}$

k berechnen: $T(5) = 20 + 80\text{e}^{-5k} = 60$, $\text{e}^{-5k} = 0{,}5 \Rightarrow k = 1{,}3863$,

also Funktionsgleichung $T(t) = 20 + 80\text{e}^{-0{,}13863\cdot t}$.

1. $T(30) = 20 + 80\text{e}^{-0{,}13863\cdot 30} = 21{,}25 \Rightarrow T(30) = 21{,}25\,°\text{C}$
2. $50 = 20 + 80\text{e}^{-0{,}13863\cdot t} \Rightarrow t = 7{,}08\,\text{min} \approx 425\,\text{s}$

5.146 a) $f_1(x)$: $S_y(0|60)$; keine Nullstelle;
Asymptote $A(x) = \lim_{x\to\infty} 20 \cdot (1 + 2\mathrm{e}^{-0,2x}) = 20$
$f_2(x)$: Nullstelle $N(0|0)$; Asymptote $A(x) = \lim_{x\to\infty} 40 \cdot (1 - \mathrm{e}^{-0,1x}) = 40$
Schnittpunktermittlung:
$20(1 + 2 \cdot \mathrm{e}^{-0,2x}) = 40(1 - \mathrm{e}^{-0,1x})$ oder $\mathrm{e}^{-0,2x} + \mathrm{e}^{-o,1x} - 1 = 0$,
Substitution $z := \mathrm{e}^{-0,1x}$ liefert $z^2 + z - 0{,}5 = 0$, also $z = 0{,}366$ (oder $z = -1{,}366$)
Resubstitution liefert $x = 10{,}05$, also $S(10{,}05|25{,}36)$: $l_{\text{Rohr}} \approx 10\,\text{m}$;
b) Graph

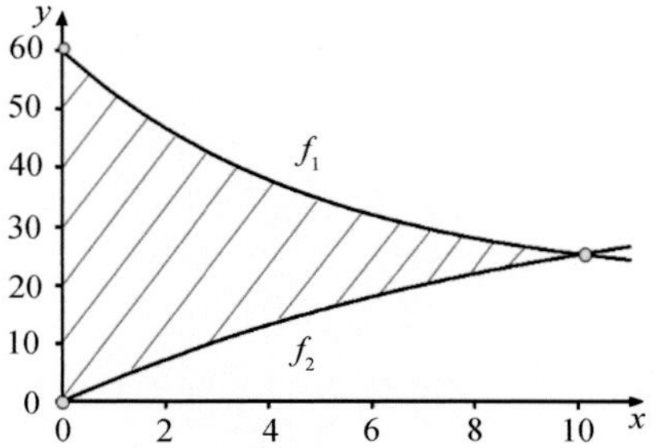

5.147 a) $S_y(0|-2)$; $N(2|0)$; $f'(x) = (x-1)\mathrm{e}^x = 0 \Rightarrow x_E = 1$, also $T(1|\mathrm{e})$,
$f''(x) = x\mathrm{e}^x = 0 \Rightarrow x_W = 0$, also $W(0|-2)$.
$\lim\limits_{x\to-\infty} (x-2) \cdot \mathrm{e}^x = -0$, $\lim\limits_{x\to\infty} (x-2) \cdot \mathrm{e}^x = \infty$

5.148 a) $S_y(0|-1)$; $N_1(-1|0)$, $N_2(1|0)$
$f'(x) = (x^2 + 2x - 1)\mathrm{e}^x = 0$, also $H(-2{,}41|0{,}43)$, $T(0{,}41|-1{,}25)$
$f''(x) = (x^2 + 4x + 1)\mathrm{e}^x = 0$, also $W_1(-3{,}73|0{,}31)$, $W_2(-0{,}27|-0{,}71)$
$\lim\limits_{x\to-\infty} (x^2 - 1) \cdot \mathrm{e}^x = +0$, $\lim\limits_{x\to\infty} (x^2 - 1) \cdot \mathrm{e}^x = \infty$
Verallgemeinerung des Grenzwertverhaltens für quadratische Polynome:

$P(x)$ ist 2. Grades	$P(x)$ mit *negativem* K		$P(x)$ mit *positivem* K	
$f(x) = P(x) \cdot \mathrm{e}^x$	$\lim\limits_{x\to-\infty} f(x) = -0$	$\lim\limits_{x\to+\infty} f(x) = -\infty$	$\lim\limits_{x\to-\infty} f(x) = +0$	$\lim\limits_{x\to+\infty} f(x) = +\infty$
$g(x) = P(x) \cdot \mathrm{e}^{-x}$	$\lim\limits_{x\to-\infty} g(x) = -\infty$	$\lim\limits_{x\to+\infty} g(x) = -0$	$\lim\limits_{x\to-\infty} g(x) = +\infty$	$\lim\limits_{x\to+\infty} g(x) = +0$

b) $f'(-1) = -\frac{2}{e} \Rightarrow m_N = \frac{e}{2}$, also $N(x): y = \frac{e}{2}x + \frac{e}{2}$ oder $y = 1{,}36x + 1{,}36$

5.149 a) $S_y(0|-3)$: tiefster Punkt des Fahrzeugaufbaus bei 3 cm
$N(1|0)$: Nach $t_0 = 0{,}1$ s wird die Normalniveaulinie durchschritten.
$f'(t) = 3(2-t) \cdot \mathrm{e}^{-t} = 0 \Rightarrow t_H = 2$, also $H(2|0{,}41)$;
höchster Punkt des Fahrzeugaufbaus nach $t_\text{E} = 0{,}2\,s$: Auslenkung: 0,41 cm.
$f''(t) = 3(t-3) \cdot \mathrm{e}^{-t} = 0 \Rightarrow t_W = 3$, also $W(3|0{,}3)$;
b) Graph beginnt wegen des eingeschränkten Definitionsbereichs in S_y im 4. Quadranten, hat Nulldurchgang bei N und nähert sich im 1. Quadranten von oben asymptotisch der t-Achse: $A(t) = \lim_{t\to\infty}[3(t-1) \cdot \mathrm{e}^{-t}] = 0$.

7.6 Kapitel 6 „Integralrechnung"

6.1 a) 4 FE; b) 8 FE; c) $6{,}\overline{3}$FE; d) 3 FE; e) 3,75 FE; f) 3 FE

6.2 a) $b = 4$; b) $a = -2$; c) $a = 0$; d) $b = 2$

6.3 $I = \frac{2}{3}$ ($\neq$ Flächenmaßzahl)

6.4 $I = -1$ ($\neq$ Flächenmaßzahl)

6.5 a) 0; nein, $x_0 \in]-1; 2[$;
b) 0
c) $\frac{8}{3}$
d) $\frac{5}{4}$
e) $\frac{43}{15}$
f) 0

6.6 a) $-\frac{8}{3}$; b) -4; c) 108

6.7 a) $b^2 - b - 6 = 0 \Leftrightarrow (b-3)(b+2) = 0 \Rightarrow b = 3$
b) $b^3 - b^2 + b - 1 = 0 \Leftrightarrow (b-1)(b^2+1) = 0 \Rightarrow b = 1$
c) $b^4 - 3b^2 - 4 = 0 \Leftrightarrow (b^2-4)(b^2+1) = 0 \Rightarrow b = 2$

6.8 a) $b = 3$
b) $b^2 + b - 6 = 0 \Rightarrow b_1 = 2$ ($b_2 = -3$)
c) $b^3 + 3b - 4 = 0 \Rightarrow b_1 = 1,\ b_{2,3} \notin \mathbb{R}$
d) $b^3 + 3b^2 + 5b - 9 = 0 \Rightarrow b_1 = 1,\ b_{2,3} \notin \mathbb{R}$

6.9 a) 8 FE; b) $11{,}8\overline{3}$ FE; c) 2,25 FE; d) 5,06 FE; e) 3,08 FE; f) 0,42 FE

6.10 a) $4{,}2\overline{6}$ FE; b) $4{,}2\overline{6}$ FE; c) 4,05 FE; d) 5,4 FE

6.11 a) $10{,}\overline{6}$ FE; b) $5{,}\overline{3}$ FE; c) (–) 12,15 FE

6.12 $f(x) = -x^3 + 2x^2$ (Zwischenergebnis: $\frac{4}{3} = \int_0^2 (ax^3 + bx^2)\,\mathrm{d}x \Rightarrow 3a + 2b = 1$)

6.13 $f(x) = -8x^3 + 16x^2 - 11x + 3$
(Zwischenergebnis: $\frac{5}{6} = \int_0^1 (ax^3 + bx^2 + cx + 3)\,\mathrm{d}x \Rightarrow 3a + 4b + 6c = -26$)

6.14 $f(x) = x^3 - 3x^2 + 4$; $N_1(-1|0)$, $N_{2,3}(2|0)$, also $A = \int_{-1}^2 (x^3 - 3x^2 + 4)\,\mathrm{d}x$
$\Rightarrow A = 6{,}75$ FE
(Zwischenergebnis: $4 = \int_0^2 (ax^3 + bx^2 + cx + 4)\,\mathrm{d}x \Rightarrow 6a + 4b + 3c = -6$)

6.15 $f(0) = 2{,}5$; $f(\pm 4) = 0$
$V = 30\,\mathrm{m} \cdot 2 \cdot \int_0^4 (-\frac{5}{32}x^2 + \frac{5}{2})\,\mathrm{d}x \cdot \mathrm{m}^2 = 400\,\mathrm{m}^3$

6.16 $f(0) = 8$; $f(\pm 20) = 0$
$V = 24\,\mathrm{m} \cdot [42 \cdot 10 - 2 \cdot \int_0^{20} (-\frac{1}{50}x^2 + 8)\,\mathrm{d}x]\mathrm{m}^2 \Rightarrow V = 4960\,\mathrm{m}^3$

6.17 $f(0) = -60$; $f(\pm 60) = f'(\pm 60) = 0$
Funktionsgleichung: $y = -\frac{1}{216}x^4 + \frac{1}{3}x^2 - 6 \Rightarrow A = 38{,}4\,\mathrm{cm}^2$

6.18 $A = \frac{125}{3}$ FE (Schnittstellen: $x_1 = -4$; $x_2 = 6$)

6.19 a) $A = \frac{9}{8}$ FE (Schnittstellen: $x_1 = 0$; $x_2 = \frac{3}{2}$)
b) Parabelfläche: $A_P = \frac{8}{3}$ FE, somit ist das Verhältnis $A_P : A \approx 2{,}4 : 1$

6.20 $A = \int_2^6 (0{,}75x^2 - 6x + 9)\,\mathrm{d}x \Rightarrow A = 8\,\mathrm{km}^2$,
somit $V = 8 \cdot 10^6\,\mathrm{m}^2 \cdot 10^{-2}\,\mathrm{m} = 80.000\,\mathrm{m}^3$

6.21 $f(x) = -\frac{1}{3}x^2 - 2x - \frac{5}{3}$, $A = \frac{125}{18}$ FE

6.22 $t_1(x) = 3x + 4$, $t_2(x) = -5x + 20$; $t_1 \cap t_2 = \{(2|10)\}$
$A = \int_0^2 [(3x + 4) - (-x^2 + 3x + 4)]\,dx + \int_2^4 [(-5x + 20) - (-x^2 + 3x + 4)]\,dx$
$\Rightarrow A = \frac{16}{3}$ FE

6.23 Schnittstellen: $x_1 = -2$, $x_2 = 1$, somit $A = \int_{-2}^{1} (-\frac{3}{2}x^2 - \frac{3}{2}x + 3)\,dx$
$\Rightarrow A = 6{,}75$ FE

6.24 Parabelfläche: $A_P = \frac{9}{4}$FE; abgeteilte Fläche: $A_{\text{Teil}} = \frac{7}{6}$ FE
Teilungsverhältnis $V_T = \frac{\frac{9}{4} - \frac{7}{6}}{\frac{7}{6}}$, also $V_T = 13 : 14$

6.25 a) Schnittpunkte $S_1(0|0)$ und $S_2(3|0)$, somit $A = \int_0^3 (-2x^2 + 6x)\,dx \Rightarrow A = 9$ FE
f_1: $N_{1,2}(0|0)$, $N_3(3|0)$; f_2 : $N_1(0|0)$, $N_2(2|0)$, $N_3(3|0)$.
Beide Graphen verlaufen von „links unten nach rechts oben".
b) Schnittpunkte $S_1(0|0)$ und $S_2(3|0)$, somit $A = \int_0^3 (\frac{1}{3}x^3 - 2x^2 + 3x)\,dx$
$\Rightarrow A = 2{,}25$ FE
f_1: $N_1(0|0)$, $N_2(1|0)$, $N_3(3|0)$; f_2: $N_{1,2}(0|0)$, $N_3(3|0)$.
Beide Graphen verlaufen von „links unten nach rechts oben".

6.26 a) Schnittpunktbedingung: $x^3 + 2x^2 - 5x - 6 = 0$,
also $S_1(-3|0)$, $S_2(-1|2)$ und $S_3(2|5)$
$A = \int_{-3}^{-1} (\frac{1}{2}x^3 + x^2 - \frac{5}{2}x - 3)\,dx + \left|\int_{-1}^{2} (\frac{1}{2}x^3 + x^2 - \frac{5}{2}x - 3)\,dx\right|$
$A = \frac{8}{3} + \frac{63}{8} \approx 10{,}54$ FE
b) Schnittpunktbedingung: $x^3 + 4x^2 + x - 6 = 0$,
also $S_1(-3|0)$, $S_2(-2|2)$ und $S_3(1|-4)$.
$A = \int_{-3}^{-2} (\frac{1}{2}x^3 + 2x^2 + \frac{1}{2}x - 3)\,dx + \left|\int_{-2}^{1} (\frac{1}{2}x^3 + 2x^2 + \frac{1}{2}x - 3)\,dx\right|$
$A = \frac{7}{24} + \frac{71}{12} = 5{,}91\overline{6}$ FE
f_1: $N_1(-3|0)$, $N_2(-1|0)$, $N_3(2|0)$;
Graph verläuft von „links unten nach rechts oben".
c) Schnittpunktbedingung: $x^3 - 2x^2 - x + 2 = 0$,
also $S_1(-1|\frac{4}{3})$, $S_2(1|\frac{2}{3})$ und $S_3(2|\frac{4}{3})$
$A = \int_{-1}^{1} (x^3 - 2x^2 - x + 2)\,dx + \left|\int_{1}^{2} (x^3 - 2x^2 - x + 2)\,dx\right|$
$A = \frac{8}{3}$FE $+ \frac{37}{12}$FE $= 3{,}08\overline{3}$ FE;
f_1: Eine Nullstelle mit der nicht-ganzzahligen Abszisse $x_N \approx -1{,}33$;
Graph verläuft von „links unten nach rechts oben".
f_2: $N_{1,2}(0|0)$, $N_3(3|0)$;
Graph verläuft von „links oben nach rechts unten".

6.27 Tangente $t(x) = \frac{1}{3}x - \frac{8}{3}$ schneidet G_f in $S(-2|-\frac{10}{3})$
$A = \int_{-2}^{2} (\frac{1}{3}x^3 - \frac{2}{3}x^2 - \frac{4}{3}x + \frac{8}{3})\,dx \Rightarrow A = 7{,}\overline{1}$ FE
f: $N_1(-1|0)$, $N_2(0|0)$, $N_3(3|0)$;
Graph verläuft von „links unten nach rechts oben".

6.28 $W(2|2)$, Wendetangente $t_W(x) = 2x - 2$ schneidet G_f in $S(-2|-6)$.
$A = \int_{-2}^{2} (-\frac{1}{8}x^4 + \frac{1}{2}x^3 - 2x + 2)\,dx \Rightarrow A = 8$ FE;

f: $N_{1,2,3}(0|0)$ (Sattelpunkt), $N_4(4|0)$;
Graph verläuft von „links unten nach rechts oben".

6.29 Parabelgleichungen $p_1(x) = \frac{7}{25}x^2 - x + 2$ und $p_2(x) = -\frac{4}{15}x^2 + \frac{32}{15}x$
Schnittstellen: $x_1 = \frac{30}{41} \approx 0{,}732$ und $x_2 = 5$
$A = 0{,}696\,\mathrm{m}^2 + 7{,}0849\,\mathrm{m}^2 = 7{,}78\,\mathrm{m}^2$, das sind 31,12 % der Gesamtfläche

6.30 a) $F_1(x) = \frac{1}{2}x^6 - x^4 + \frac{1}{2}x^2 + C$; b) $F_2(x) = \frac{4}{3}x \cdot \sqrt{x} + C$; c) $F_3(x) = \frac{3}{5}x \cdot \sqrt[3]{x^2} + C$;
d) $F_4(x) = \frac{2}{5}x^2 \cdot \sqrt{x} + C$; e) $F_5(x) = 2\sqrt{x} + C$;
f) $F_6(x) = \frac{4}{7}x \cdot \sqrt[4]{x^3} + C$; g) $F_7(x) = -\frac{1}{2} \cdot \frac{1}{x^2} + C$; h) $F_8(x) = -\frac{2}{9} \cdot \frac{1}{x^3} + C$;
i) $F_9(x) = \frac{2}{3}x\sqrt{x} + \ln|x| + C$

6.31 a) $F_1(x) = x^3 - x^2 + x + 1$; b) $F_2(x) = -\frac{1}{4}x^4 + \frac{1}{2}x^2 - x + \frac{11}{4}$;
c) $F_3(x) = \frac{1}{3}x^4 - \frac{1}{3}x^3 + x^2 + x$; d) $F_4(x) = -x^5 + \frac{1}{2}x^4 + \frac{5}{2}$;
e) $F_5(x) = \frac{1}{5}x^5 - x^3 + 2x + \frac{4}{5}$; f) $F_6(x) = x^6 + \frac{1}{4}x^4 - \frac{1}{2}x^2 + \frac{1}{2}x - \frac{3}{4}$

6.32 a) $f(x) = x^2 - x + C$; Graph geht durch den Ursprung, also $C = 0$
b) $f(x) = x^2 - x + C$;
Punktprobe mit $P(-2|5)$ führt auf $C = -1$, also $f(x) = x^2 - x - 1$

6.33 a) $f(x) = \frac{1}{3}x^3 - \frac{1}{2}x^2 - 6x + C$; $P(-3|2{,}5)$ liefert $C = -2$
b) $f(x) = \frac{1}{3}x^3 - x^2 + 6x + C$; $P(1|\frac{4}{3})$ liefert $C = -4$

6.34 $\int_1^2 \frac{x^2+2}{x^2}\,\mathrm{d}x = \int_1^2 (1 + \frac{2}{x^2})\,\mathrm{d}x = [x - 2^{x-1}]_1^2 = 2$

6.35 $F(x) = x + \frac{35}{x} + \frac{15}{x^2} + C$;
Punktprobe mit $P(5|5{,}6)$ liefert $C = -7$, also $F(x) = \frac{x^3-7x^2+35x+15}{x^2}$

6.36 a) $V_x = 39\pi$ VE; b) $V_x = 12{,}\overline{6}\pi$ VE; c) $V_x = 9{,}75\pi$ VE; d) $V_x = 0{,}8\pi$ VE

6.37 $V = \frac{16}{15}\pi \approx 3{,}35$ VE

6.38 $V = 8\pi \approx 25{,}13$ VE

6.39 $200 = \pi \cdot \int_0^h (2 \cdot \sqrt{x})^2 \cdot \mathrm{d}x \Rightarrow h = \frac{10}{\sqrt{\pi}} \Rightarrow h = 5{,}64\,\mathrm{cm}$

6.40 a) $-2 \leq x \leq 2$; b) $V_x = \frac{32}{3}\pi$ VE; c) $V = 2\pi \int_0^r (r^2 - x^2)\,\mathrm{d}x = \cdots = \frac{4}{3}\pi r^3$

6.41 a) Schnittpunktbedingung liefert u. a. Schnittstelle $x_S = \frac{2}{3}\sqrt{3} \approx 1{,}155$
$\Rightarrow y_S = \frac{8}{3}\,\mathrm{m}$
b) $V_y = \pi \left[\int_{8/3}^4 (4 - y)\,\mathrm{d}y - \int_{8/3}^3 (12 - 4y)\,\mathrm{d}y\right] = \frac{2}{3}\pi \Rightarrow V_y \approx 2{,}094\,\mathrm{m}^3$

6.42 $V_y = \pi \int_{-1}^{-0.25} (1 - y^2)\,\mathrm{d}y \Rightarrow V_y \approx 13251$

Sachverzeichnis

K.-H. Pfeffer, T. Zipsner, *Mathematik für Technische Gymnasien und Berufliche Oberschulen Band 1*, DOI 10.1007/978-3-658-09265-8

Printed in the United States
By Bookmasters